DIE FORMEN DER NATUR

DIE FORMEN DER NATUR

Faszinierende Muster und wie sie entstanden

Fotografien von
DAVID MAITLAND

at VERLAG

Einführung 6

Weiterführende Literatur 282
Register 284
Dank 288

1 FORM 11

2 SYMMETRIE 47

3 SPIRALEN 81

4 GRÖSSE 111

5 RAUM 139

6 FLUSS 173

7 FARBE 203

8 SKELETTE 229

9 SCHÖNHEIT 257

Einführung

Ich hatte das Glück, in St. Andrews, einer wunderschönen Stadt an der Ostküste Schottlands aufzuwachsen. Schon als Kind war eine meiner größten Leidenschaften, ausgiebige Streifzüge dem Strand entlang zu machen und mich durch unzählige Haufen »toten« Materials zu wühlen – Überbleibsel dessen, was das Meer an Land geworfen hatte: Knäuel aus Seetang, unbekanntes Meeresgetier und leblose Kreaturen aller Art. Tierschädel, Knochen und ähnlich morbide Objekte zogen mich magisch an. Ich war wie verzaubert von der Schönheit dieser makabren Dinge – nun ja, sie waren vielleicht nicht unbedingt makaber, aber auf jeden Fall ungewöhnlich. Der Beckenknochen eines Vogels, der aussah wie ein Tierschädel, das Skelett einer Scholle, ein mumifizierter Babyhai, ein Seestern, ein Meerjungfrauenbeutel, rätselhafter Schaum, der sich als schwammiger Klumpen leerer Schneckeneier herausstellte, Muscheln, Federn und gruselige Seekartoffeln.

Mein Zimmer hatte sich schon bald in ein Museum verwandelt. Jeden Tag nahm ich die faszinierenden Gegenstände, die ich gesammelt hatte, in die Hand und bewunderte ihre einzigartige Komplexität – den perfekten kleinen Kreis aus vierzehn winzigen Knochen in der Augenhöhle eines Seevogels, die sternförmigen kleinen Löcher in der Oberfläche einer Seekartoffel oder die wunderschönen Muster meiner Federsammlung. Nach und nach wurde mein Museum immer größer, und es kamen Schmetterlinge und Falter hinzu, Tierhäute, Fossilien und tierische Bauwerke wie Vogel- oder Wespennester. All diese Dinge waren in meinen jungen Augen von erlesener Schönheit. Erst im Laufe meiner akademischen Karriere wurde mir bewusst, dass ich wie eine Elster zwanghaft »glänzende« Dinge hortete. Nur dass meine Objekte der Begierde andere Gemeinsamkeiten aufwiesen als die der Elster, Gemeinsamkeiten, die einem erst auffielen, wenn man die Dinge zusammen und unter Gesichtspunkten wie Form, Musterung und Farbgebung betrachtete.

Das Wespennest landete ursprünglich nur deshalb in meiner Sammlung, weil ich irgendwo gelesen hatte, Wespenlarven seien die optimalen Köder, um Forellen zu angeln. Aber als ich das Nest dann aufschnitt, war ich fasziniert von der fast unnatürlichen Präzision der sechseckigen Zellen, in denen die Larven steckten, die den Waben von Bienen sehr ähnlich sahen. Die Wespen hatten ihr Nest jedoch nicht aus Wachs gebaut, sondern aus zerkautem Holz. Die Geschichte jedes einzelnen Baums und jedes Zaunpfostens, den die Wespen besucht hatten, war wie auf Papier festgehalten, niedergeschrieben in einem komplexen Streifenmuster aus unterschiedlichem Holz. Aber warum waren die Zellen sechseckig und nicht einfach rund?

Wespenteppich
Dieser wunderschön gefärbte Teppich ist Teil des Nests der Gemeinen Wespe, *Vespula vulgaris*. Für jeden Farbstreifen hat eine weibliche Arbeiterwespe Holz zerkaut und wieder ausgespuckt, jeweils von einer anderen Baumart oder unterschiedlich verwitterten oder gestrichenen hölzernen Oberflächen.

Als ich anfing, mich auch mit dieser Frage näher zu befassen, fiel mir auf, dass die Augen von Schmetterlingen, Faltern und Käfern nicht nur eine Linse hatten, sondern aus Hunderten winzigen Linsen zusammengesetzt waren, die ebenfalls die Form von Honigwaben hatten. Wieder Sechsecke, warum?

In meinem Museum gab es auch versteinerte Ammoniten, Muscheln und den Schädel eines Schafbocks. Und auch sie wiesen unübersehbar eine gemeinsame geometrische Figur auf – die Spirale. Man findet diese Form überall, in der Anordnung der Samen in der Blüte einer Sonnenblume, in der Oberflächenmusterung einer Ananas oder eines Tannenzapfens, im Webmuster von Spinnennetzen, und sogar außerhalb unseres Planeten in den Spiralgalaxien im All. Andere Muscheln in meiner Sammlung hatten Streifen, die an die gerippten Vertiefungen erinnerten, die die Wellen in den Strand graben, oder an das schwarz-weiße Tarnmuster von Zebras oder an die geriffelten Formationen von Altokumulus-Wolken.

Diese Ähnlichkeiten in Muster und Form treten in scheinbar völlig unterschiedlichen Umgebungen und Kontexten auf, was sie umso bemerkenswerter macht. Man entdeckt sie sowohl in der organischen als auch in der anorganischen Welt und sogar im Kosmos, was darauf schließen lässt, dass ihre Entstehung wahrscheinlich nicht allein der Genetik und den Prozessen der biologischen Evolution zuzuschreiben ist. Aber welche Kräfte wirken noch auf die Erscheinungsformen des Lebens?

Dieses Buch, *Die Formen der Natur,* nimmt Sie mit auf eine visuelle Reise durch die zahllosen Strukturen, Formen und Muster der Natur; es will aufzeigen, wie einfache Prinzipien der Geometrie dazu beitragen können, Antworten zu finden auf die Frage, wie und warum die verschiedensten Dinge wiederkehrende Formen und Symmetrien aufweisen. Ich habe meine persönliche Entdeckungsreise, die als Kind an einem schottischen Strand begann, fortgesetzt, und diese faszinierenden Ähnlichkeiten über viele Jahre in meinen Fotografien festgehalten und herausgearbeitet.

Trotz der alten Redensart, dass »keine Schneeflocke der anderen gleicht«, kann man mit Sicherheit sagen, dass niemand jemals eine fünfzackige Schneeflocke zu Gesicht bekommen wird. In der Geometrie gibt es zwar fünf reguläre Polyeder, dennoch sind Kristalle nicht in der Lage, eine pentagonale Symmetrie zu bilden. Auch die Größe spielt für die Form der Dinge eine Rolle und bringt entscheidende Einschränkungen mit sich. Man kann keinen Floh in der Größe eines Elefanten bauen. Und selbst wenn doch, wäre dieser nicht in der Lage, über das Empire State Building zu springen. Es existieren universelle physikalische Kräfte (ich nenne sie die »Kräfte der Natur«), die auf die vielen Wunder unserer Welt und des Universums einwirken. Indem wir die visuellen Formen, die diese Kräfte erschaffen, zusammentragen und ihre verbindende Geometrie unter der Prämisse, dass die Form der Funktion folgt, quantifizieren, können wir einige der Rätsel hinter den Wundern der Schöpfung lösen – und dabei eine Sprache finden, die in der Lage ist, das zu beschreiben und zusammenzubringen, was Charles Darwin als »der Natur endlose Formen von unübertroffener Schönheit« bezeichnete.

Seerosenspiralen

Querschnitt durch das aufblühende Blatt einer Gelben Teichrose (*Nuphar lutea*). Auffällig ist hier die symmetrisch gespiegelte Doppelspirale – links rechtsgängig und rechts linksgängig –, die einen sofort an ein Gesicht denken lässt. Das spiralförmige Wachstumsmuster vermittelt einen guten Eindruck davon, wie es Pflanzen gelingt, lange, flache Objekte (wie ein Blatt) auf sehr engem Raum (in einer Knospe) zu verstauen.

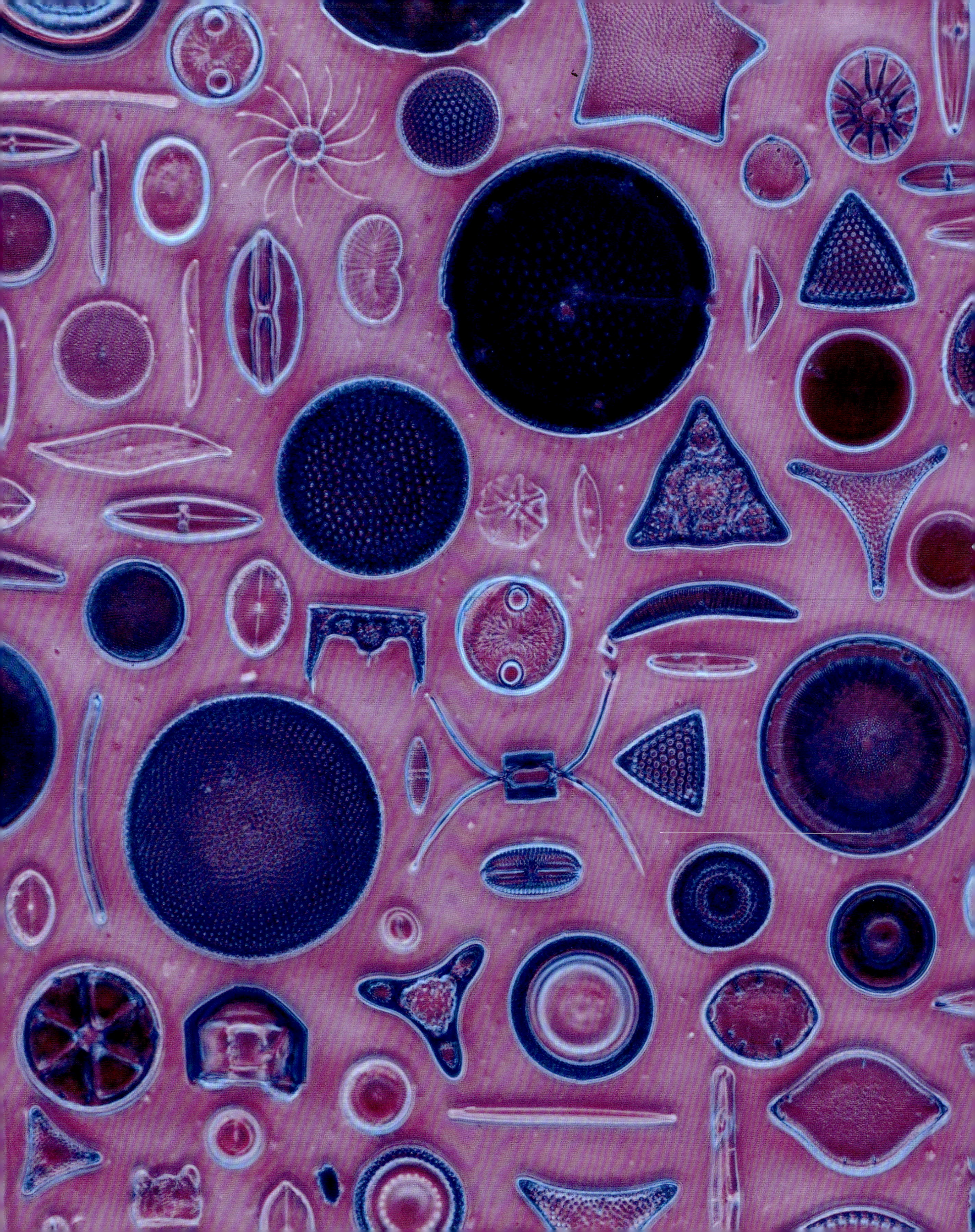

1
FORM

Über Form

Warum sind mehrzellige Organismen eigentlich keine formlose Masse aus feuchtem Gewebe? Ein paar Lebewesen, wie beispielsweise Quallen, die das Meer als schwabbelige, unförmige Klumpen an den Strand wirft, kommen dem zwar recht nahe, aber in ihrer natürlichen Umgebung werden auch Quallen vom Wasser gestützt und erhalten durch ein hydrostatisches Skelett die nötige Form.

Auch Kraken sind keine plumpen, mit Wasser gefüllten Beutel, sondern besitzen ein Hydroskelett, das sie stabil und manövrierfähig macht. Ihre Arme und Hüllen bestehen fast ausschließlich aus Muskeln, sogenannten muskulären Hydrostaten (zu denen übrigens auch unsere Zungen und Elefantenrüssel zählen), weshalb sie mit ihren wässrigen Körpern erstaunliche Dinge anstellen können. Beim Schnorcheln in der Ballito Bay in Südafrika konnte ich einmal einen Kraken dabei beobachten, wie er zwischen Felsspalten entlang der Küste Quadratkrabben jagte. Diese Krabben können sowohl Luft als auch Wasser atmen und sind darauf spezialisiert, halb im und halb außerhalb des Wassers zu leben. Ihre Skelette bilden sich an der Außenseite des Körpers als gelenkige, mit Kalzium verstärkte Hautpanzer. Das ermöglicht ihnen, sich vor Angriffen an Land oder aus der Luft ins Wasser zu retten, oder aber ans Ufer zu krabbeln, um räuberischen Fischen oder Kraken zu entkommen.

Quadratkrabben sind klug und haben ausgezeichnete Augen. Als ich sie beobachtete, krabbelten sie am Fels entlang direkt aus dem Wasser, außer Reichweite des Kraken, der unter ihnen jagte. Aber waren sie wirklich in Sicherheit? Hin und wieder streckte »mein« Krake den Kopf aus dem Wasser und sah sich um. Bis er sich schließlich ohne Vorwarnung, aber offensichtlich mit einem klaren Ziel vor Augen, aus dem Wasser hievte. An Land war er plump und behäbig – die Schwerkraft forderte ihren Tribut –, dennoch schob sich der Krake unbeirrt vorwärts, warf wie ein Fliegenfischer seine Tentakel aus, und im Bruchteil einer Sekunde landete die Spitze eines Fangarms auf dem Rücken der Krabbe. Die Saugnäpfe verfingen, und der Krake zog seine Beute mit sich in die Tiefe.

Mit ihren weichen Skeletten sind Kraken wahre Verwandlungs- und Entfesselungskünstler. Solange eine Öffnung nicht schmäler ist als sein harter, chitinhaltiger Schnabel, kann sich ein Krake überall hindurchquetschen. Auf der Jagd nach Beute und beim Verstecken in engen Felsspalten ist das ein großer Vorteil. Mit seinem Hydroskelett, das für das Leben an Land nicht gemacht ist und das keinen Schutz gegen das Austrocknen unter der südafrikanischen Sonne bietet, war mein Krake hart an seine Grenzen gegangen.

VORHERIGE DOPPELSEITE
Diatomeen (Kieselalgen)
Diatomeen, die weder zu den Tieren noch zu den Pflanzen zählen, sind mikroskopisch kleine, einzellige Kreaturen, die in exquisit geformten Gehäusen aus Glas (SiO_2) leben. Die Vielfalt ihrer Körperformen ist überwältigend. Egal, welche geometrische Figur man sich auch ausdenkt – Kreis, Quadrat, Dreieck, Würfel –, es findet sich mit großer Wahrscheinlichkeit eine entsprechende Diatomee, weshalb diese Kreaturen der perfekte Einstieg in die Formen der Natur sind.

Form und Gestalt – die Morphologie – eines Organismus sind das Ergebnis, oder die Summe, wenn man so will, aller evolutionären Prozesse und Anpassungen, die ihn und seine Bestandteile im Laufe der Zeit geformt haben, damit er in seiner Umgebung besser zurechtkommt und letztendlich überlebt. Form und Funktion sind untrennbar miteinander verbunden. Jeder Designer, Architekt oder Ingenieur wird unterschreiben: Die Form folgt der Funktion. Das heißt, die Form eines Objekts darf dessen Funktion in keiner Weise beeinträchtigen.

Lebewesen führen einen ständigen Kampf gegen ihre Umgebung. Bei einem einzelligen Organismus verhindert die Zellmembran, die ihn zusammenhält, dass er mit seiner Umwelt verschmilzt. Bei Protisten hingegen sind die Zellwände durchlässig, dafür werden sie durch Zellulosefasern, Kalziumkarbonat oder wie im Fall von Diatomeen durch Glas verstärkt.

Für einzellige Organismen kann es von Vorteil sein, sich in Gruppen zusammenzuschließen, in denen Individuen spezielle Funktionen übernehmen. Fügen sich strukturelle Einheiten mit einer ähnlichen Form zu segmentierten Organismen mit einem modularen Bauplan zusammen, ist das ein entscheidender Vorteil. Die genetische Programmierung für einen einzelnen Baustein wird einfach wiederholt, um ein Ganzes zusammenzusetzen.

Dadurch werden innerhalb eines mehrzelligen Organismus' unabhängige Körperteile mit einer Vielzahl an Formen und Funktionen möglich. Einzelne Körpersegmente spezialisieren sich und werden zu Herz oder Lunge, Blatt oder Blüte, Fruchtkörper oder Pilzgeflecht, Flügel, Bein oder Auge. Bei einem Tausendfüßer – einem klassischen segmentierten Tier – programmieren dieselben Gene, die in einem Segment für die Entwicklung einer Gliedmaße verantwortlich sind, in einem anderen eine völlig andere Struktur, wie beispielsweise im vordersten Segment (Kopf) Mundwerkzeuge, Antennen und Augen.

Obwohl sich keiner von uns daran erinnert, haben wir alle den Prozess der Morphogenese (von griechisch »Form« und »Schöpfung«) durchlaufen, der einsetzt, sobald sich eine einzelne befruchtete Eizelle teilt und sich zu einer Einheit aus unterschiedlichen Organsystemen, einem Tier, einer Pflanze oder einem Pilz entwickelt. Die Morphogenese vollzieht sich in unterschiedlichen Stadien. Bei einer kompletten Morphogenese, wie wir sie von Insekten kennen – vom Ei über die Raupe und Puppe zum Schmetterling –, können die einzelnen Stadien so unterschiedlich sein, dass frühe Biologen Larven und ausgewachsene Tiere hin und wieder fälschlicherweise als zwei unterschiedliche Arten klassifizierten.

Im Jahr 1969 schrieben Steven Vogel und Stephen Wainwright: »Struktur ohne Funktion ist eine Leiche, Funktion ohne Struktur ist ein Geist.« Hier wollen wir uns mit lebenden Formen befassen.

HALBZELLEN

Zieralge (*Micrasterias rotata*)

Zieralgen (Desmidiales) wie diese *Micrasterias rotata* sind photosynthetisch aktive, einzellige, grüne Mikroalgen. Ihre schöne und dabei eigenartig symmetrische Form wird von einer durchlässigen Zellulosehaut umhüllt, durch die sie einen schützenden Schleim (Mukus) absondern.

Unglücklicherweise ist die komplexe Taxonomie von *Micrasterias* eine Wissenschaft für sich, wofür Fortschritte in der Genomsequenzierung verantwortlich sind. *Micrasterias* zählt zu einer Sammlung diverser Süßwassergrünalgen, den Charophyten, aus denen sämtliche Landpflanzen entstanden sind. Was uns hier interessiert, ist die »Gruppe« der Charophyten, zu der *Micrasterias* gezählt wird: die Zygnematophyceae, sogenannte Schmuckalgen. *Spirogyra,* die dafür bekannt sind, mit ihrem Gewirr aus dünnen grünen Fäden Gartenteiche zuzuwuchern, gehören auch in diese Gruppe.

Charophyten findet man an den unterschiedlichsten Orten, aber immer im Süßwasser: an den Rändern der Thermalquellen im Yellowstone-Nationalpark, in den violetten Algenmatten in den Tiroler Alpen in Österreich und Italien oder in dem grünen Schmodder, der sich im Regenwasser von ephemeren Tümpeln bildet. Und wer in einem Moor eine Handvoll Torfmoos auspresst, wird darin auch *Micrasterias* finden.

Micrasterias sind flache, scheibenförmige Zellen mit hübsch gezackten seitlichen Lappen, deren Symmetrie sofort ins Auge fällt. Was wie eine Zelle aussieht, sind tatsächlich zwei seitenverkehrte Halbzellen – die untere Hälfte ein Spiegelbild der oberen. Diese sind in der Mitte an einer engen Stelle, die auf dem Foto aussieht wie die Brücke zwischen zwei roten »Augen«, miteinander verbunden. Jede Halbzelle ist in sich bilateralsymmetrisch, sodass der gesamte Organismus eine Spiegelsymmetrie mit zwei Achsen aufweist.

Micrasterias sind relativ groß (ungefähr 200 µm / 0,2 mm) und leicht zu züchten, da sie sich auf einfache, asexuelle Art fortpflanzen. Dadurch sind sie zu einem Modellorganismus für die Wissenschaft geworden, an dem erforscht wird, wie die Morphogenese (Wachstum und Form einzelner Zellen und Bausteine) die Gesamtform eines Organismus (seinen Bauplan) bestimmt. *Micrasterias* sind modular aufgebaut. Sie bestehen aus zwei gleichen Teilen, die als Einheit zusammenarbeiten.

Eine solche Architektur weisen typischerweise Gefäßpflanzen auf, die aus sich wiederholenden, zueinander symmetrischen Segmenten aufgebaut sind – man spricht von »metameren« Pflanzen. Auch Tausendfüßer, Schnurfüßer, Raupen (siehe Seiten 18, 20, 70) und Seespinnen sind aus einer Reihe gleichgearteter Module oder Segmente aufgebaut, die als Ganzes funktionieren. Tatsächlich sind alle Ringelwürmer, Gliederfüßer und Chordatiere segmentiert – und damit metamer. Bei Wirbeltieren wie dem Menschen ist die Segmentierung zwar weniger offensichtlich, aber es gibt sie. Ein gutes Beispiel sind die Knochensegmente, aus denen sich unsere Wirbelsäule zusammensetzt.

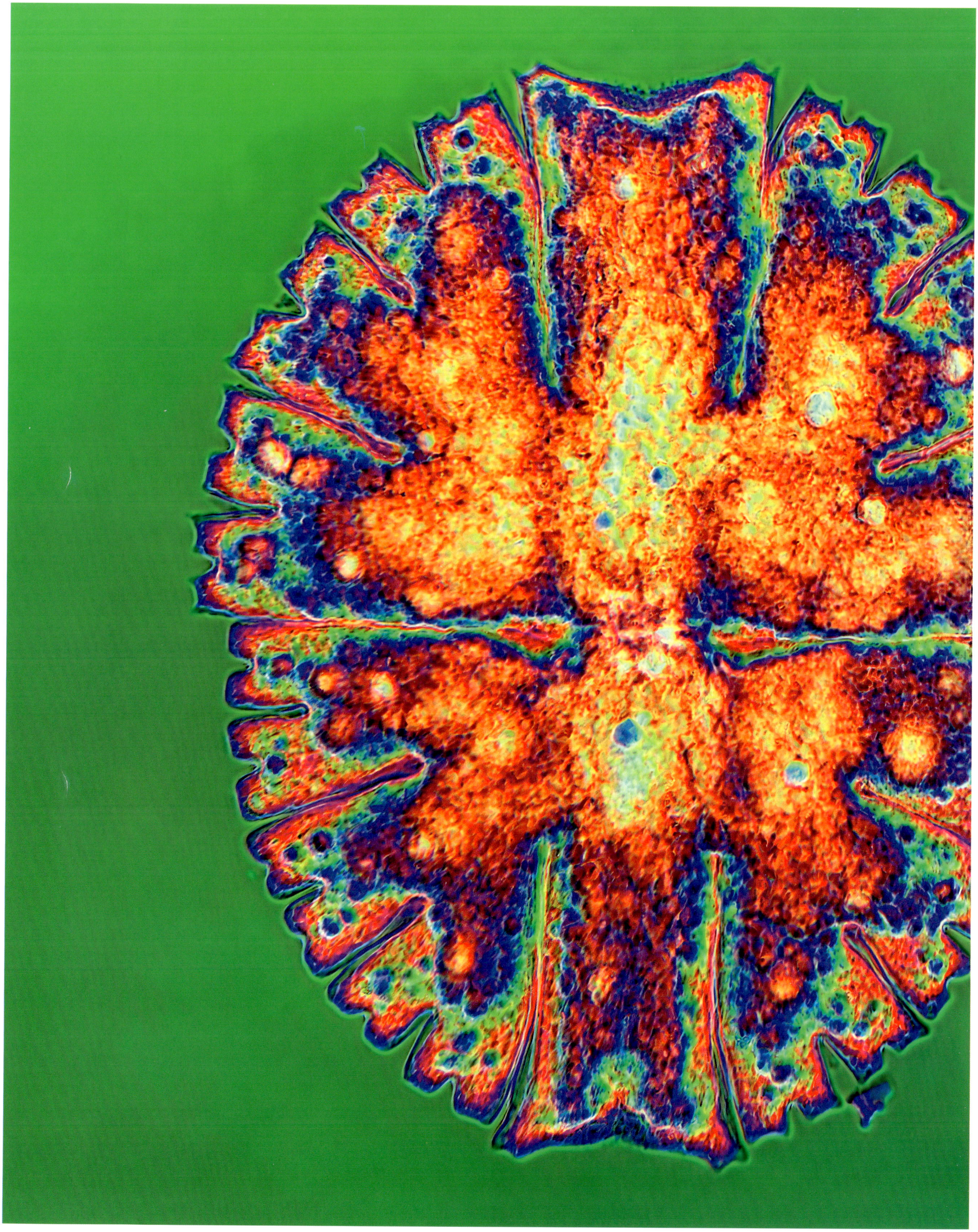

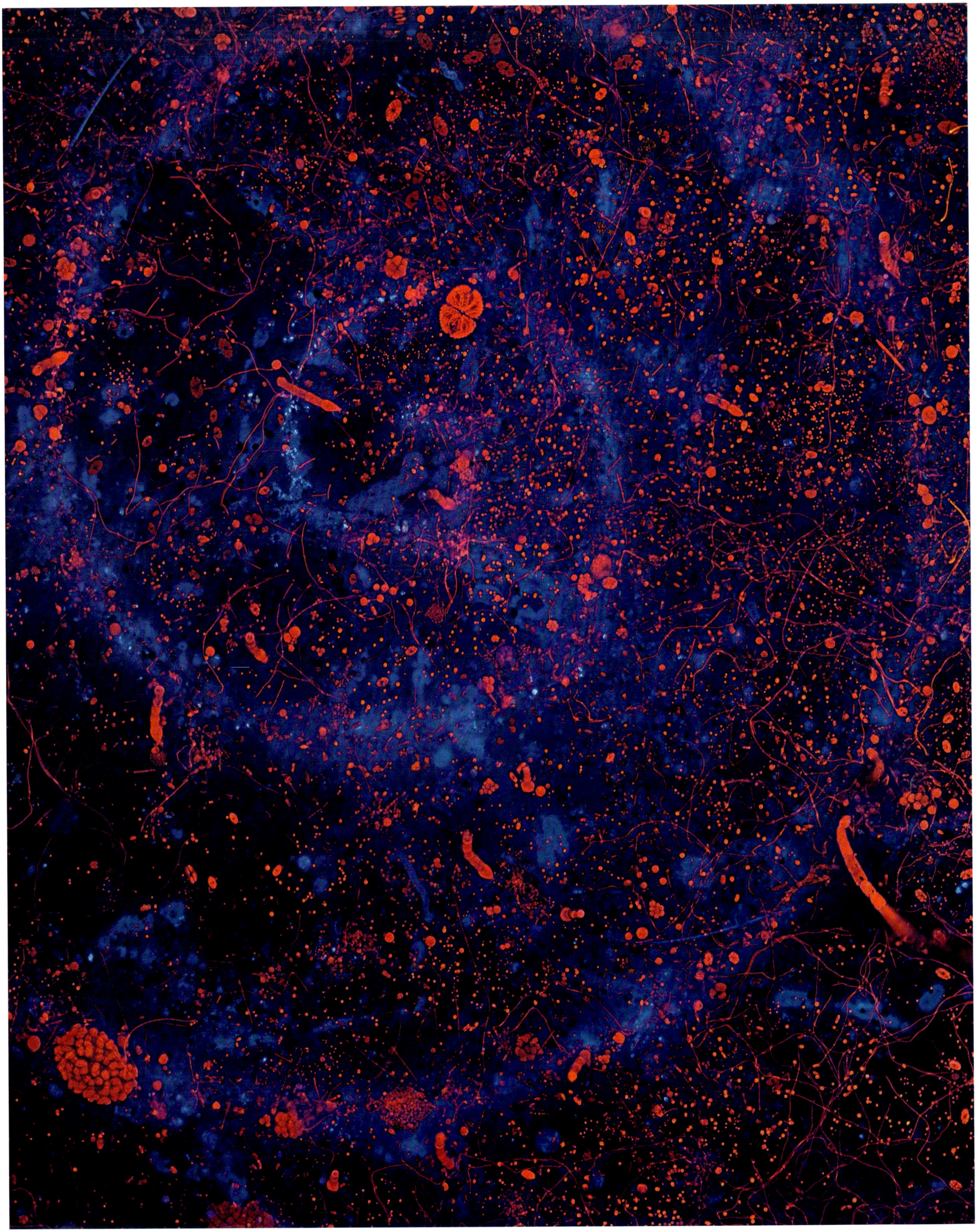

SPIRALEN

Gemeine Tellerschnecke (*Planorbis planorbis*)

Bei diesem Schneckengehäuse fällt nicht nur seine geometrische Spiralform sofort ins Auge, sondern auch die Vielzahl einzelliger Mikroorganismen. Diese leben in einem schleimigen Biofilm, den die in Süßwassertümpeln vorkommende Gemeine Tellerschnecke (*Planorbis planorbis*) überwiegend selbst absondert und über ihr Gehäuse verteilt.

Das Foto zeigt photosynthetisch aktive Algen und Cyanobakterien – sowie ein hübsches Exemplar einer *Micrasterias* (siehe Seite 14) in der Mitte des oberen Drittels. Was hier aussieht wie funkelnde rote Sterne in einem Spiralnebel, ist in Wirklichkeit das Chlorophyll der einzelligen Algen, das im ultravioletten Licht knallrot leuchtet – man spricht von Autofluoreszenz. Die Vielfalt des »unsichtbaren Lebens«, das uns umgibt, bringt einen immer wieder zum Staunen.

In der Natur sind Spiralen ein häufiges Motiv. Wir finden sie in den Ranken, Blättern und Blüten von Pflanzen, aber auch in den Hörnern, Zähnen, Knochen und der Haut von Tieren oder den Gehäusen von Schnecken und natürlich in der DNA. Struktur, Form und Funktion sind für gewöhnlich eng miteinander verwoben und voneinander abhängig. Schnecken beispielsweise sind asymmetrisch chiral (händig), das heißt, Bild und Spiegelbild sind nicht deckungsgleich – genau wie bei unseren Händen.

Die meisten Schneckenhäuser sind rechtsgewunden (dextral). Das heißt, dass sie sich von ihrer engsten Stelle (der Spitze des Gehäuses) ausgehend, im Uhrzeigersinn winden. Diese Geometrie ist nicht nur oberflächlich. Auch die inneren Organe der Schnecke sind asymmetrisch und entsprechen der Asymmetrie des Gehäuses. Durch einen entwicklungsbiologischen Vorgang, den man Torsion nennt, faltet sich der Eingeweidesack zusammen und verdreht sich zu einer Acht, sodass der Anus und die Nierenöffnung nicht mehr hinten, sondern über dem Kopf des Tieres liegen. Diese Links-Rechts-Asymmetrie wird schon sehr früh in der Entwicklung des Embryos (Morphogenese) durch ein einzelnes Gen festgelegt: das Lsdia1-Gen, dessen Code für ein Aktin-ähnliches Protein steht. Welche Vor- oder Nachteile ein nach links gewundener Körper gegenüber einem nach rechts gewundenen hat, ist jedoch unklar – in der Natur existieren beide Formen.

Auch unsere Körper sind asymmetrisch und weisen intern Spiralen auf. Das Herz-Kreislauf-System ist wie eine Spirale aufgebaut, die Muskelfasern der Herzkammern sind eindeutig spiralförmig angeordnet, und das Herz selbst befindet sich in der Regel links im Körper. Nur Menschen mit einem (sehr seltenen) angeborenen *Situs inversus totalis* haben das Herz auf der rechten Seite, aber wie bei rechts- und linksgewundenen Schneckenhäusern ändert das glücklicherweise nichts an dessen Funktionalität.

GEGLIEDERT

Spinnenläufer (*Scutigera* sp.)

Es gibt nur wenige Kreaturen, vor denen mich gruselt, aber Spinnenläufer gehören dazu. Woher diese Tiere, die zu den Hundertfüßern zählen, ihren Namen haben, ist offensichtlich. Dieses Exemplar hier habe ich auf einer Nachtwanderung durch das Danum-Tal, ein geschütztes Urwaldreservat auf der malaysischen Insel Borneo, entdeckt. Wie alle Scutigeromorpha hat auch der Spinnenläufer sehr lange Beine, auf denen er mit einer unglaublichen Geschwindigkeit herumwuselt. Wahrscheinlich ist es diese unerwartete Schnelligkeit, mit der er in eine unvorhersehbare Richtung davonflitzt, die mir jedes Mal eine Gänsehaut über die Arme jagt. Trotz ihres Aussehens – und meiner Vorurteile – sind *Scutigera* für Menschen jedoch harmlos.

Für andere Arten gilt das nicht. Der räuberische Spinnenläufer ist mit respekteinflößenden Zangen (Mandibeln) ausgestattet, durch die er wie durch Injektionsnadeln Gift in seine Beute (andere Gliederfüßer) spritzt, um sie zu lähmen, bevor er sie frisst. Es heißt, ein Spinnenläufer flitzt mit einer Geschwindigkeit von zehnmal seiner Körperlänge pro Sekunde über nahezu jede Oberfläche. Bei einer Körperlänge von 4 Zentimetern würde dieses Exemplar also auf eine Geschwindigkeit von 0,4 Metern pro Sekunde kommen, was definitiv dem entspricht, was ich beobachtet habe – Spinnenläufer sind wirklich unglaublich schnell.

Der gegliederte, metamere Körper des Spinnenläufers besitzt fünfzehn Beinpaare, wobei das letzte Paar so lang ist, dass es aussieht wie Antennen, die man normalerweise nicht hinten erwarten würde, sondern vorne. Das, zusammen mit der Tatsache, dass seine Beine nach hinten immer länger werden, macht es nur auf den ersten Blick schwierig zu entscheiden, wo bei einem Spinnenläufer vorne und wo hinten ist.

Durch seine Gliederung ist der Körper besonders gut manövrierfähig, wobei die langen Beine nicht nur die Schrittlänge und Geschwindigkeit vergrößern, sondern zudem auch noch auf beiden Seiten unabhängig voneinander beweglich sind und dadurch mit jeder Form von Untergrund immer in Kontakt bleiben. Das Tier schmiegt sich an jede Oberfläche, windet sich über Kanten und bewegt sich mit Leichtigkeit vertikal und horizontal.

Die Laufbeine (Tarsi) haben an ihren Enden so viele Glieder, dass sie eher wie Antennen aussehen als wie gewöhnliche Insektenbeine. Diese sogenannten geißelförmigen Beine sind so beweglich, dass der Spinnenläufer sie wie ein Lasso oder eine Peitsche um seine Beute schlingen kann. Eine brillante Adaption, die es ihm ermöglicht, mehrere Beutetiere gleichzeitig festzuhalten und trotzdem davonzulaufen!

Der Körper eines Spinnenläufers ist so beweglich, dass die Roboterindustrie heute viele Aspekte seiner Struktur, Form und Funktion nachahmt.

PINSEL

Kleiner Pinselfüßer (*Polyxenus lagurus*)

Bei einem Waldspaziergang in East Anglia, Großbritannien, habe ich den abgebrochenen Ast einer Lärche (*Larix decidua*) vom Boden aufgehoben und war fasziniert von den Flechten, mit denen er überzogen war. Ich beschloss, sie zu Hause in meinem Studio zu fotografieren, brach einen kleinen Zweig ab und steckte ihn in eine Plastiktüte, um ihn vor dem Austrocknen zu schützen. Mit dem wuseligen Pinselfüßer (*Polyxenus lagurus*), den ich ebenfalls mit nach Hause brachte, hatte ich nicht gerechnet.

Ich entdeckte sogar noch ein Exemplar, das sich aber nicht bewegte. Es hatte sich gehäutet und diese perfekte Kopie zurückgelassen. Mit einer wunderschönen Transparenz leuchtet die Hülle im ultravioletten Licht blau und offenbart den erstaunlichen Mantel aus winzigen wehrhaften Borsten, die diesem Tausendfüßer seinen Namen geben. Tausendfüßer sind sogenannte Myriapoden, ein Stamm der Gliederfüßer (Arthropoden), dem auch die Hundertfüßer angehören. Einige Exemplare dieser Gruppe haben in der Tat sehr viele Beine; *Eumillipes persephone*, eine unterirdisch lebende, australische Art, hat bis zu 1306 – mehr als jede andere Tierart.

Sieht man sich die »Pinsel« (Trichome) meines Exemplars genauer an, erkennt man ihre gezackten, stacheligen Ränder. Die spitzen Borsten dienen zur Verteidigung gegen Angriffe von Insekten, Spinnen und Hundertfüßern, wobei die Haare am hinteren Teil des Pinselfüßers, das sogenannte Schwanzbüschel, besonders bemerkenswert sind: Es fällt schon bei der leichtesten Berührung ab. Für eine andere Art von Pinselfüßern (*P. fasciculatus*) konnte nachgewiesen werden, dass sie mit den abgeworfenen Schwanzbüscheln angreifende Ameisen abwehrt. Die Beine der Ameise verfangen sich darin und machen sie bewegungsunfähig.

Gliederfüßer beherrschen aber auch noch andere Arten der Selbstverteidigung, wie ich schon früh im Leben gelernt habe. Als Kind liebte ich es, an unserem Bach Forellen zu angeln, und wenn ich im Garten nach Würmern als Köder grub, begegneten mir alle möglichen Krabbeltierchen. Einmal war es die Chrysalis (Puppe) eines kleinen Falters mit einem Stachel an der Spitze, der sich, als ich sie berührte, heftig hin und her bewegte – ein irreführender Verteidigungsmechanismus, auf den ich sofort reagierte, und die Puppe fallen ließ. Es gab auch kleine orangefarbene Tausendfüßer mit furchteinflößenden Beißzangen (Mandiblen), die nicht nur so taten, sondern wirklich bissen, sodass ich Bekanntschaft mit einer anderen Art der Verteidigung machte – Gift. Selbst den Einsatz chemischer Waffen habe ich erlebt, als ich einen Kompost- oder auch Stinkwurm (*Eisenia fetida*) anfasste, der daraufhin kleine Tropfen einer übel riechenden gelben Flüssigkeit absonderte. Eine meiner eindrücklichsten Begegnungen hatte ich jedoch mit einem Schwarzen Schnurfüßer (*Tachypodoiulus niger*), der eine stark riechende Mischung aus Phenolen und Blausäure ausschied. Einige dieser Cyanid-Tausendfüßer sondern bis zu 600 Mikrogramm Blausäure ab, was der 18-fachen Dosis entspricht, die man benötigt, um einen taubengroßen Vogel zu töten. Braune Kapuzineraffen (*Cebus olivaceus*) reiben sich die lebenden Tausendfüßer ins Fell, um blutsaugende Arthropoden abzuhalten, und der Antillengrackel (*Quiscalus niger brachypterus*) schmiert sich deren Saft ins Gefieder.

VOGEL

Weiße Haus-Taube (*Columba livia domestica*)

Diese Taube (*Columba livia domestica*), die leider einen tödlichen Zusammenstoß mit einem Auto hatte, weist die typischen Körperformen auf, die einen Vogel zu einem Vogel machen, sodass es eigentlich keiner weiteren Erklärungen bedarf. Ein Tier mit Flügeln, mit denen es fliegen kann: ein Vogel. Ganz einfach.

Aber ganz so einfach ist es dann doch nicht. Flügel sind natürlich grundsätzlich dafür gemacht, um damit zu fliegen. Und es gibt viele Tiere mit Flügeln, die fliegen können, aber eindeutig keine Vögel sind. Bei fliegenden Käfern kann es dennoch kaum zu Verwechslungen kommen, und auch nicht bei Fledermäusen, fliegenden Fischen, Fröschen, Eidechsen, Schlangen oder Flughörnchen. Dennoch ist meine Tochter sicher nicht die Einzige, die sich von einem ganz speziellen fliegenden Tier hat verwirren lassen, als sie eines Tages ganz aufgeregt ins Haus gerannt kam und behauptete, sie hätte im Garten gerade einen Kolibri bei den Tabakblüten herumschwirren sehen – und das in Wiltshire, England. Dabei kommen Kolibris nur in Nord- und Südamerika vor. Was sie tatsächlich gesehen hatte, war ein Taubenschwänzchen (*Macroglossum stellatarum*), ein aus Südeuropa nach England eingewanderter Falter.

Aber woher kommt diese verwirrende Ähnlichkeit? Die Antwort lautet: »Konvergenz«.

Konvergenz ist ein evolutionärer Prozess, durch den sich bei unterschiedlichen, nicht verwandten Tierarten unabhängig voneinander Strukturen mit einer ähnlichen Funktion entwickeln. Diese Ähnlichkeiten in Form und Funktion entstehen durch vergleichbaren selektiven Druck.

Sowohl Kolibris als auch Taubenschwänzchen sind exzellente Flieger, und beide Tiere ernähren sich von energiereichem Blütennektar. Ihre Flugtechnik erfordert spezielle körperliche und aerodynamische Voraussetzungen, was nicht nur eine Konvergenz in der Form und Beweglichkeit der Flügel mit sich bringt, sondern auch in Körperform und -größe sowie beim Stoffwechsel, der die energieaufwendige Flugtechnik ermöglicht. Man spricht hier von »analogen« Strukturen.

Im Gegensatz zu analogen Strukturen, die eine vergleichbare Funktion erfüllen, aber nicht denselben evolutionären Ursprung haben, weisen »homologe« Strukturen einen gemeinsamen Ursprung auf, erfüllen aber unterschiedliche Funktionen. So sind die Gliederknochen von Wirbeltieren beispielsweise homologe Strukturen. Die Knochen eines Taubenflügels (und jedes anderen Vogelflügels), findet man auch in einem Fledermausflügel, einer Walflosse oder einer menschlichen Hand. Es sind die gleichen Knochen, die aber unterschiedliche Funktionen erfüllen.

Kammtang (*Plocamium* sp.)

Als mein Blick nach einem Unwetter einmal über im Wasser treibende Algenfetzen schweifte, die es von den nahen Felsen gerissen hatte, blieb er an dieser kleinen, zerfledderten Rotalge (*Plocamium* sp.) hängen. Etwas an der Art, wie sich ihre Stränge (Thalli) verzweigten, war ungewöhnlich. Sie waren schmal und flach, mit nach innen gebogenen Ästen, die sich jeweils erneut verzweigten und wie ein Kamm mit »Zähnen« besetzt waren. Mir fiel auf, dass es sich um ein sehr einfaches Wachstumsmuster handelte. Jeder Zweig teilte sich in zwei Teile, die sich dann wieder teilten, und so weiter, wodurch sich die Struktur schnell zu einem breiten Fächer ausdehnte. Auf den ersten Blick dachte ich an ein fraktales Wachstumsmuster, tatsächlich ist es aber eher modular als fraktal.

Was genau ist eine Rotalge? Obwohl darüber gerade wieder neu diskutiert wird, zählen Rotalgen bislang zu den Pflanzen und werden der Gruppe der Archaeplastida und dort wiederum dem Stamm der Rhodophyta (altgriechisch für »Rosengewächs«) zugerechnet, die mit über 7000 Arten die größte Gruppe von Algen bilden. Wie höhere Pflanzenarten betreiben Rotalgen Photosynthese – wobei ihr Chlorophyll aufgrund eines Pigments namens Phycoerythrin jedoch rot anstatt grün ist.

Haben Sie sich auch schon gefragt, warum Algen mit ihren vielen Löchern und fehlenden Zweigen immer aussehen, als wären sie von Motten zerfressen worden? Das könnte an ihrer ungewöhnlichen Zellstruktur liegen. Algen haben zwei Zellwände: eine innere aus Zellulose und eine äußere »Zuckerwand« aus Polysacchariden wie Agarose und Agaropektin, die man als Bestandteile von Agar kennt. Viele Tiere und andere Kreaturen lieben diesen äußerst nahrhaften Algenzucker.

Wer schon einmal eine frische Alge in der Hand hatte, kennt deren schleimige Oberfläche, die ganze Ökosysteme winziger Lebewesen beheimatet, darunter auch Diatomeen (siehe Seiten 31, 36, 41). Algen und Diatomeen, die eine lange Evolutionsgeschichte teilen, findet man oft in symbiotischen Lebensgemeinschaften.

Aus Rotalgen wird nicht nur Agar für die Industrie und für Lebensmittel wie zum Beispiel Speiseeis gewonnen, es gibt auch eine Rotalgenart, die im wahrsten Sinne des Wortes Leben rettet. Man hat herausgefunden, dass Brasilianischer Kammtang (*Plocamium brasiliense*) chemische Stoffe (Monoterpene) enthält, die das Gift einer der tödlichsten Schlangen der Welt, der Jararaca-Lanzenotter (*Bothrops jararaca*), neutralisieren kann.

NÄCHSTE DOPPELSEITE
Schalen
Hier nur einige wenige der unzähligen Schalenformen benthischer Foraminiferen (*Elphidium* sp. und *Siphonaperta* sp.), wie sie im Flachwasser des Mittelmeeres vorkommen. Die winzigen Muschelschalen aus Kalziumkarbonat machen circa 20 Prozent der weltweiten Kalziumvorkommen im Meer aus. Da sich die Schalen von Foraminiferen sehr gut erhalten, liefern sie uns heute geochemische Temperaturaufzeichnungen und ein stratigrafisches Bild früherer und heutiger Klimabedingungen.

GLASFLÄSCHCHEN

Radiolarien (*Lamprocyclas* sp.)

Dieses hübsche Arrangement aus Skeletten von Strahlentierchen befindet sich auf einem Objektträger, den ein Wissenschaftler um das Jahr 1900 bestückt hat. Radiolarien waren ideale Objekte für frühe mikroskopische Untersuchungen, da diese Strukturen nicht nur von überwältigender Schönheit sind, sondern auch so winzig klein – jedes Fläschchen auf diesem Bild ist nur 50 µm (0,05 mm) breit –, dass man sie tatsächlich nur unter dem Mikroskop erkennt.

Das Skelett dieser planktonischen Nassellaria-Radiolarien (*Lamprocyclas* sp.) bildet ein Biomineral in Form einer kleinen Flasche aus amorphem opalartigem Siliziumdioxid ($SiO_2 \cdot H_2O$). Die Schale ist nicht massiv, sondern wie ein löchriger Schaum, durch dessen geometrisches Porengitter die Strahlentierchen ihre Podien (Tentakel) strecken, um Beute zu fangen.

Die meisten Poren sind sechseckig, aber da sich allein aus Sechsecken keine Kugel zusammensetzen lässt, sind auch ein paar Fünfecke eingefügt. Stellen Sie sich einen gewöhnlichen Lederfußball vor. Er ist aus sechs- und fünfeckigen Lederflecken zusammengesetzt, sodass eine Form entsteht, bei der polygonale Flächen trigonal aufeinandertreffen (drei Scheitelpunkte treffen sich in einem Winkel von jeweils etwa 120 Grad). Da dies eine effiziente Methode ist, um mit einem Minimum an Material eine umschließende Struktur zu bilden, findet man diese geometrische Formation überall in der Natur: in den Zellen von Honigwaben, in der Art und Weise, wie sich Blasen und Froschlaich zusammenklumpen, oder in den Skeletten von Silicoflagellaten (siehe Seite 151). Und auch eine Ähnlichkeit zwischen dem kristallinen Netz dieser Strahlentierskelette und dem Netzmantel der Tropischen Schleierdame (siehe Seite 44) ist nicht von der Hand zu weisen.

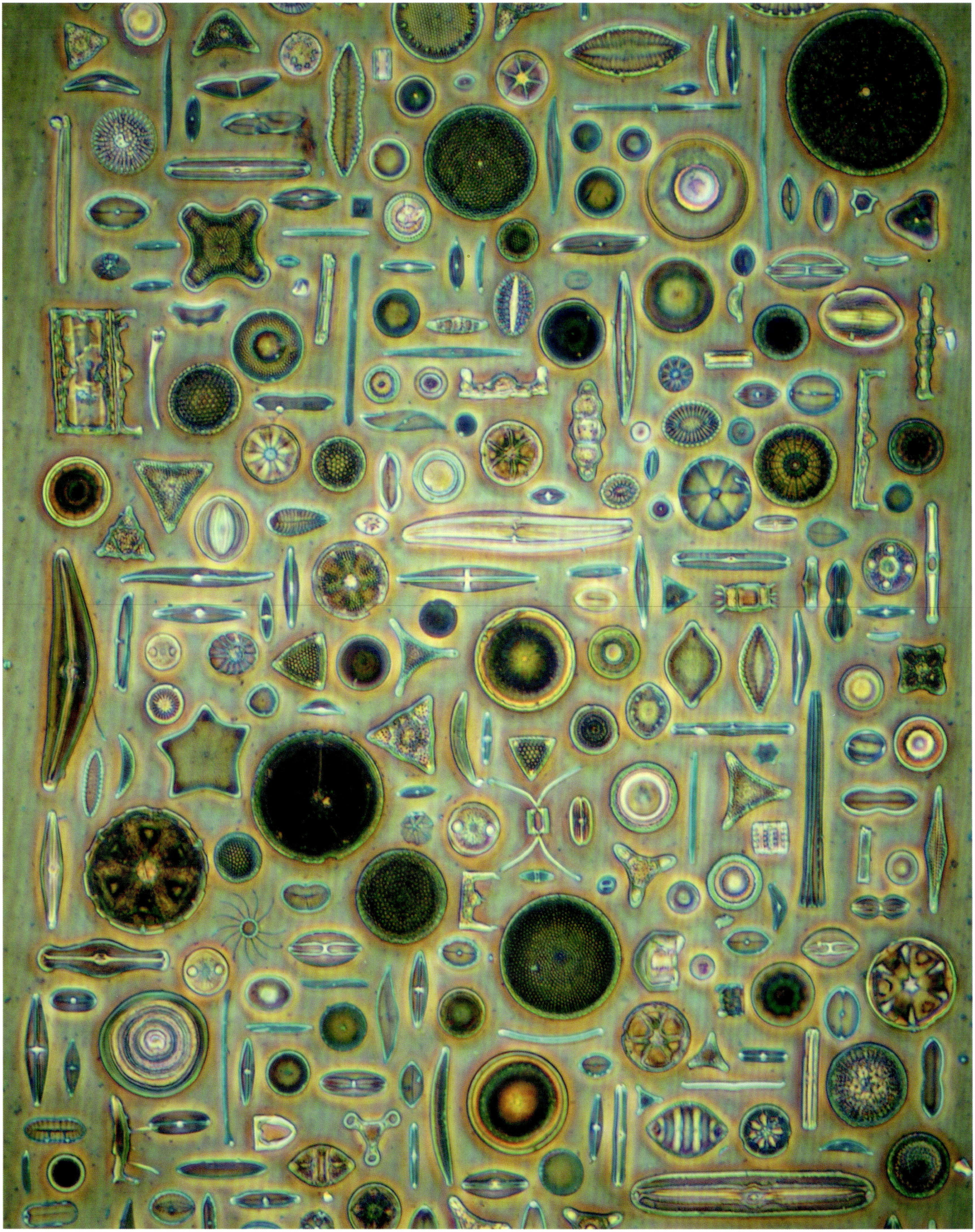

LEITERPLATTE

Diatomeen (*Diatomeae*)

Eine der artenreichsten Gruppe von Organismen der Erde sind die Diatomeen: einzellige, photosynthetisch aktive Organismen, die weder den Pflanzen noch den Tieren zugerechnet werden. Diatomeen zählen neben Algen zur amorphen taxonomischen Gruppe der Protisten (Amöben, Schleimpilze, Foraminiferen).

Diatomeen findet man an fast allen feuchten und nassen Orten überall auf der Welt – im Meer, im Süßwasser oder an Land –, aber nie unter Steinen. Denn genau wie Pflanzen benötigen Diatomeen Licht für die Photosynthese. Trotz ihrer mikroskopischen Größe (das größte hier abgebildete Exemplar hat einen Durchmesser von 200 µm / 0,2 mm) weisen Diatomeen eine überwältigende Vielfalt an Formen auf. Zu nahezu jeder erdenklichen geometrischen Form – Kreis, Quadrat, Dreieck, Würfel etc. – findet sich eine passende Diatomee.

Die Zahl der heute existierenden Arten wird auf zwischen 20 000 und 2 Millionen geschätzt. Viele von ihnen verdanken ihren Namen Ernst Haeckel (1834–1919), der sie während seiner Tiefseeforschungen mit der HMS Challenger zwischen 1872 und 1876 gezielt gesammelt und ihre Schönheit in seinem berühmten Werk *Kunstformen der Natur* (1899–1904) herausgestrichen hat.

Die spektakuläre Vielfalt in Struktur und Form ist teilweise auch auf die Glasskelette (Frusteln) aus wasserhaltigem Siliziumdioxid ($SiO_2 \cdot H_2O$) zurückzuführen – einer Art Opal, der im Nanobereich zu einem Biokomposit aus Siliziumdioxid und organischer Matrix verwoben ist.

Um die außerordentliche Formenvielfalt der Diatomeen sichtbar zu machen, habe ich Klaus Kemp vor seinem Tod 2022 damit beauftragt, mir dieses rechteckige, lineare Arrangement zusammenzustellen. Klaus war ein international bekannter Experte auf dem Gebiet der Diatomeen und darauf spezialisiert, Diatomeenschalen in faszinierenden Mustern auf Objektträgern anzuordnen. Das hier abgebildete Beispiel zeigt 500 einzelne Frusteln auf einer Fläche, die ungefähr so groß ist wie ein Stecknadelkopf. Ich wollte mit diesem Foto bewusst eine Verbindung zwischen den Frusteln der Diatomeen – natürlichen Siliziumplättchen – und den Siliziumchips in Leiterplatten herstellen, die für unser modernes Leben eine so bedeutende Rolle spielen. Ich finde, das Ganze entbehrt nicht einer gewissen Ironie.

Mittlerweile ist es sogar möglich, umweltfreundlich Platten aus photonischen Kristallen zu züchten – Strukturen wie Diatomeenfrusteln mit periodischen Nanostrukturen in der Größenordnung der Wellenlängen von Licht –, die in optischen Technologien wie Quantenprozessoren und Hochleistungslasern eingesetzt werden.

SAUGNÄPFE

Karpfenlaus (*Argulus foliaceus*)

Als ich das erste Mal eine Art der Fischlaus sah, war ich ungefähr dreizehn. Es war noch früh in der Forellensaison und hatte heftig geregnet, sodass der Bach sehr viel Wasser führte und ich den größten Fisch meines jungen Anglerlebens an den Haken bekam – eine zwei Kilo schwere Meerforelle. Aber als ich sie mir dann genauer ansah, entdeckte ich an ihrer silberschimmernden Flanke, direkt hinter dem Kopf, eine Ansammlung sich bewegender, geleeartiger, grauer Klumpen. Damals wusste ich nicht, was das war, aber heute bin ich mir ziemlich sicher, dass es sich um Karpfenläuse (*Argulus foliaceus*) gehandelt hat.

Fischläuse (Branchiura) sind Krustentiere, die die Fähigkeit entwickelt haben, sich an Fische zu heften und sich von deren Blut zu ernähren. Einige dieser Ektoparasiten leben im Salzwasser, andere im Süßwasser. *Argulus,* ein Süßwasserparasit, ist zwar mit Krabben und Hummern verwandt, aber so sehr darauf spezialisiert, sich an die glitschige, schuppige Haut von schnell schwimmenden Fischen zu klammern, dass sein Körper mit dem eines typischen Krustentiers nichts mehr gemein hat.

Stellen Sie sich vor, Sie wollten sich am Rumpf eines Flugzeugs festklammern. Dazu müssten Sie sich zunächst so flach wie möglich machen, um den Luftwiderstand zu reduzieren, und dann bräuchten Sie auf jeden Fall auch noch eine Art Vorrichtung, um an der glatten Oberfläche Halt zu finden – etwas in der Art, wie es James Bond, Tom Cruise oder Jason Statham in einem Actionfilm benutzen würden. Damit haben Sie eine grobe Vorstellung von den Problemen, mit denen eine Fischlaus konfrontiert ist.

Das Problem des Luftwiderstands löst die Fischlaus mit ihrem dorsoventral abgeflachten, schildähnlichen Körper, unter dem sie, zusammen mit allem anderen, das hervorstehen könnte, auch ihre Gliedmaßen versteckt. Auf diese Weise fließt das Wasser glatt über ihren Rücken, während zwei beachtliche Saugnäpfe – auf dem Foto unterhalb der Komplexaugen der Laus zu erkennen – für einen sicheren Halt sorgen. Der Rand dieser Saugnäpfe schließt mit der Fischhaut luftdicht ab, sodass der Boden, wenn er sich zusammenzieht, Saugkraft erzeugt. Es handelt sich bei diesen Saugnäpfen um stark veränderte Mundwerkzeuge, erste Maxillen, die eine auffällige Ähnlichkeit mit den Saugnäpfen an den Beinen eines Gelbrandkäfers aufweisen (siehe Seite 244). Da sowohl Fischläuse als auch Gelbrandkäfer Gliederfüßer und damit einem ähnlichen Selektionsdruck ausgesetzt sind, ist das kaum überraschend. Durch natürliche Selektion hat sich die Form zweier unterschiedlicher Gliedmaßen so angepasst, dass sie letztendlich dieselbe Funktion erfüllen – ein Paradebeispiel für konvergente Evolution.

METAMORPHOSE

Veligerlarve der Dickmundreuse (*Tritia incrassata*)

Dieser »kleine Teddybär« ist die Larve der im Meer lebenden Dickmundreuse (*Tritia incrassata*). Die nur 200 µm (0,2 mm) lange, planktonische Veligerlarve benutzt ihre »Ohren« – ein bilobuläres, bewimpertes Gaumensegel – nicht nur zum Schwimmen, sondern ernährt sich zudem von den Schwebepartikeln, die sie mit jedem Wimpernaufschlag einfängt.

In diesem frühen Stadium sind die Augen lediglich Flecken, die noch keine Bilder produzieren können. Die Larve reagiert auf unterschiedliche Lichtstärken und verfügt zudem über Statocysten, die ihr sagen, wo oben und wo unten ist. Hier im Bild als zwei helle Flecken unter und in einer Linie mit den Augen zu erkennen.

Anfangs hält sich die Larve durch Schwimmen in der Nähe der Wasseroberfläche und wandert dann, je mehr sie wächst, langsam auf den Meeresgrund. Dort verliert sie ihre Fähigkeit zu schwimmen, verwandelt sich in eine juvenile Schnecke und verbringt ihr Leben fortan kriechend am Meeresboden. Dickmundreusen bevorzugen das Flachwasser in Küstennähe oder die Gezeitenbereiche von Felsküsten, weshalb Veligerlarven versuchen, in der Nähe der Stelle zu bleiben, an der sie abgelaicht wurden. Viele werden jedoch von der Meeresströmung an ungeeignete Orte gespült oder fallen Fressfeinden zum Opfer.

Die Metamorphose – die Verwandlung einer Larve in ein juveniles oder ausgewachsenes Tier – ist sowohl unter Wirbellosen als auch unter Wirbeltieren weit verbreitet. Lebewesen wie Frösche, Schmetterlinge, Motten, Plattfische, Seepocken, Schnecken und Quallen durchlaufen alle eine Metamorphose, wobei man nicht hundertprozentig weiß, warum das so ist. Eine Erklärung wäre, dass die unterschiedlichen Körperformen (Baupläne) auf unterschiedliche Ressourcen, unter anderem Nahrungsquellen, zurückgreifen und so eine Konkurrenz zwischen den Lebensstadien vermieden wird. Die unterschiedlichen Baupläne ermöglichen zudem eine radikal andere Spezialisierung. Raupen beispielsweise, die dafür gebaut sind, Blätter zu fressen, und sich weitgehend an einem Ort aufhalten, verwandeln sich in erwachsene Tiere mit Flügeln, die sich von Nektar ernähren und auf der Suche nach einem Partner, neuen Nahrungsquellen und neuen Lebensräumen weite Strecken zurücklegen. Manche Schmetterlinge brauchen noch nicht einmal mehr Nahrung und leben von ihren Reserven als Raupe.

Ein anderer entscheidender Punkt ist, dass Fressfeinde, die sich auf ein bestimmtes Entwicklungsstadium spezialisiert haben, durch die Metamorphose abgeschüttelt werden. Das kann für die Spezies insgesamt von Vorteil sein, auch wenn das Tier in seiner neuen Gestalt neuen Fressfeinden ausgesetzt ist.

GLASGEHÄUSE

Diatomeen (*Diatomeae*)

Angesichts des bunten Kaleidoskops an geometrischen Formen, das Diatomeen aufweisen, fällt es schwer zu glauben, dass sich diese in nur zwei große morphologische Kategorien unterteilen: in pennate Diatomeen mit einer federähnlichen, bilateralen Symmetrie und in zentrische Diatomeen mit einer radiären Symmetrie.

Diatomeen leben im Wasser, sowohl in Süß- als auch in Salzwasser, müssen aber dicht genug unter der Oberfläche bleiben, um noch genügend Licht für die Photosynthese zu bekommen. Sinken sie zu tief (unter 200 Meter), was die Form ihrer Glasgehäuse (Frusteln) aus biologischem Siliziumdioxid verhindert, absorbiert das Wasser zu viel Licht. Lange, stabförmige Diatomeen können sich zu unsinkbaren Matten zusammenfügen, während eine gebogene Form ihnen in schnell fließenden Süßgewässern ermöglicht, sich um die Stiele von fest im Boden verwurzelten Wasserpflanzen zu legen. Einige flache Diatomeen bilden auch »Schleimpolster«, die sich an Felsen heften, und wieder andere Arten finden mithilfe von Stängeln Halt. Eine weitere Schwimmhilfe entsteht als Produkt der Photosynthese – Öltropfen. Da Öl eine geringere Dichte als Wasser hat, dienen diese nicht nur der Nahrungsspeicherung, sondern unterstützen auch den Auftrieb.

Diatomeen gedeihen überall dort, wo es Wasser und Licht gibt. Aber wie kann sich eine »Mutterzelle« in einem starren Glasgehäuse teilen und zwei »Tochterzellen« bilden?

Vor der Zellteilung dupliziert die Mutterzelle zunächst ihre DNA, von der jede Tochterzelle eine vollständige Kopie erhält. Danach wird der restliche Inhalt der Mutterzelle einfach aufgeteilt. Bevor sich die Tochterzellen endgültig trennen können, bildet jede eine neue Frustel, die in die vorhandene hineinpasst. Die Tochterzellen sind somit voll funktionsfähig, aber nur halb so groß wie die Mutterzelle. Diese Art der asexuellen Fortpflanzung setzt sich so lange fort, bis die daraus hervorgehenden Diatomeen schlicht zu klein für eine weitere, lebensfähige Generation sind.

An diesem Punkt steigen Diatomeen auf eine sexuelle Fortpflanzung um und zeugen flexiblen Nachwuchs, sogenannte Auxosporen. Die »Babys« stecken nicht in starren Glasgehäusen, sondern sind von dehnbaren Bändern umschlossen, dank derer ihr neues Gehäuse auf die ursprüngliche Maximalgröße der entsprechenden Spezies aufgeblasen werden kann.

Diatomeen sind überall. Wahrscheinlich kommt fast jeder von uns, ohne es zu wissen, sogar täglich mit ihnen in Berührung. Denn die mikroskopisch kleinen Glasgehäuse finden als sanftes Schleifmittel in Zahnpasta Verwendung.

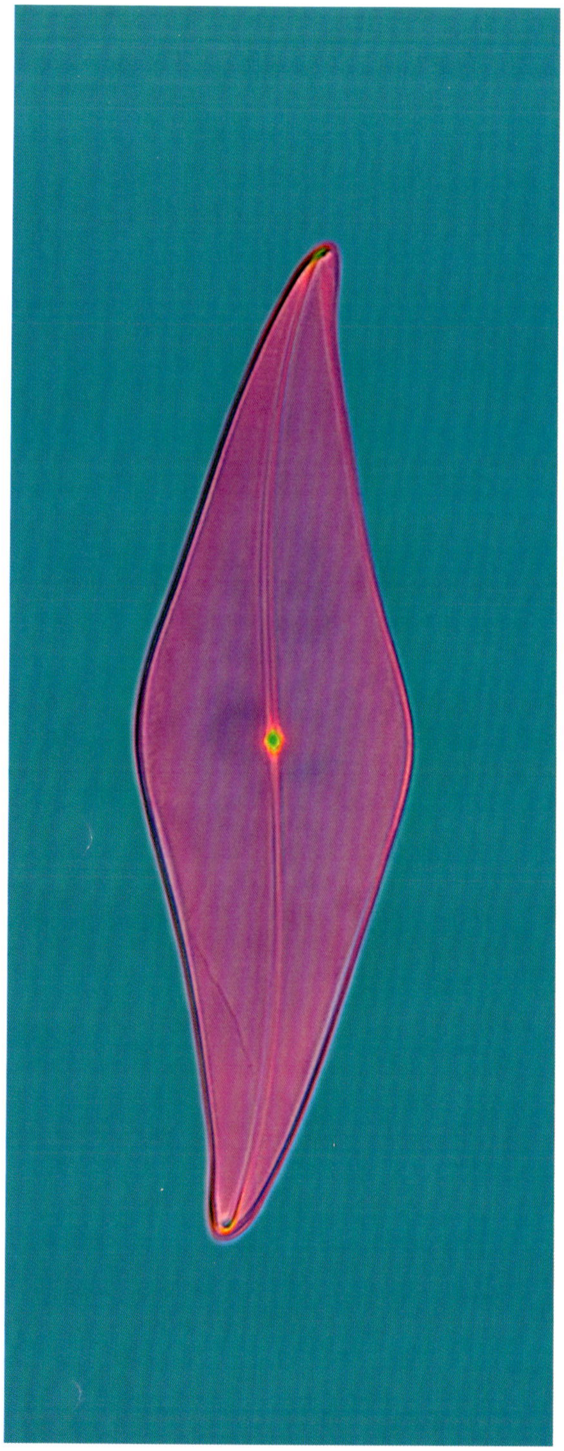
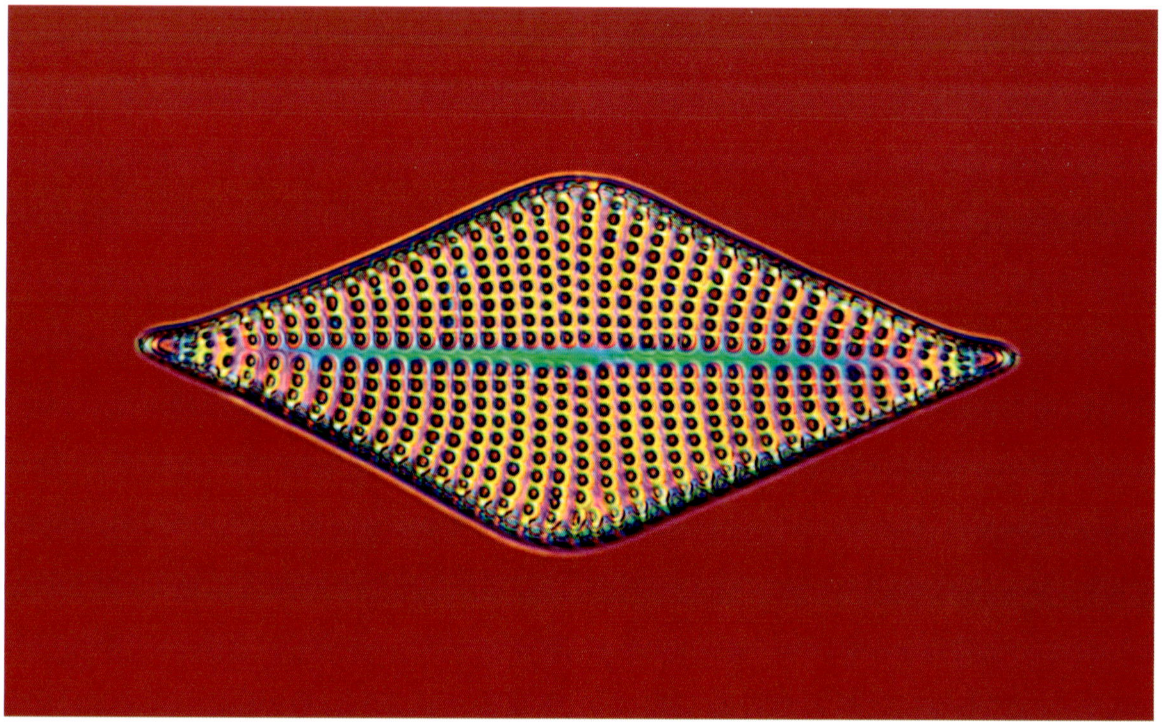

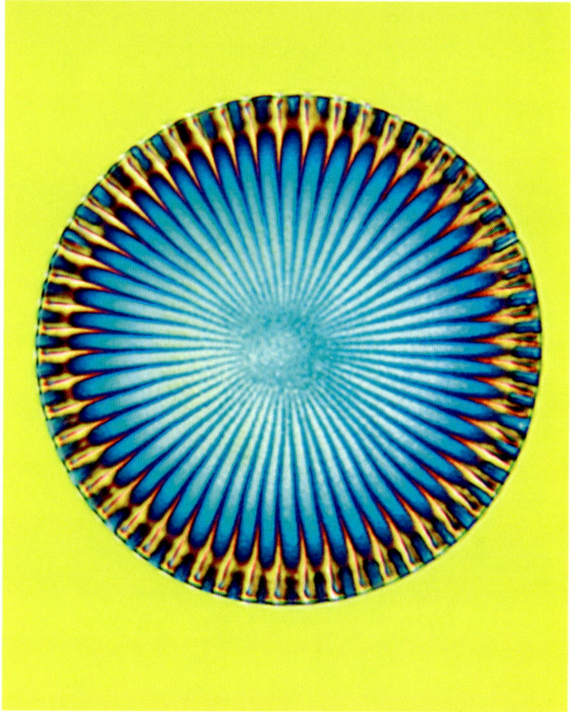
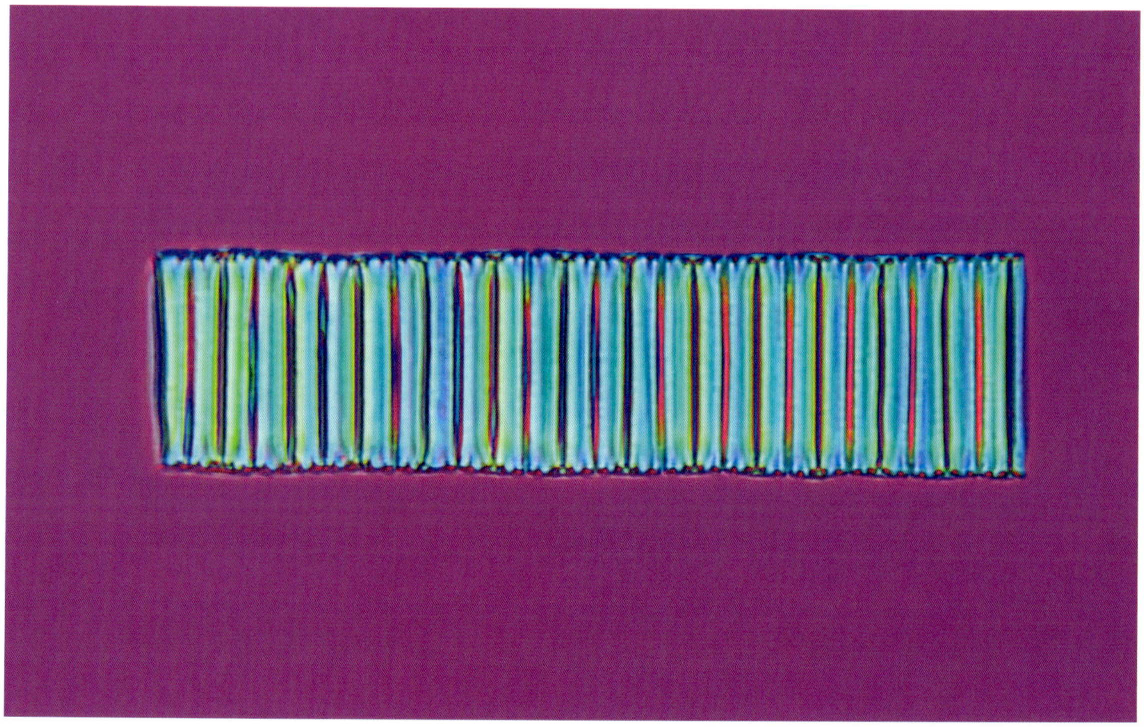

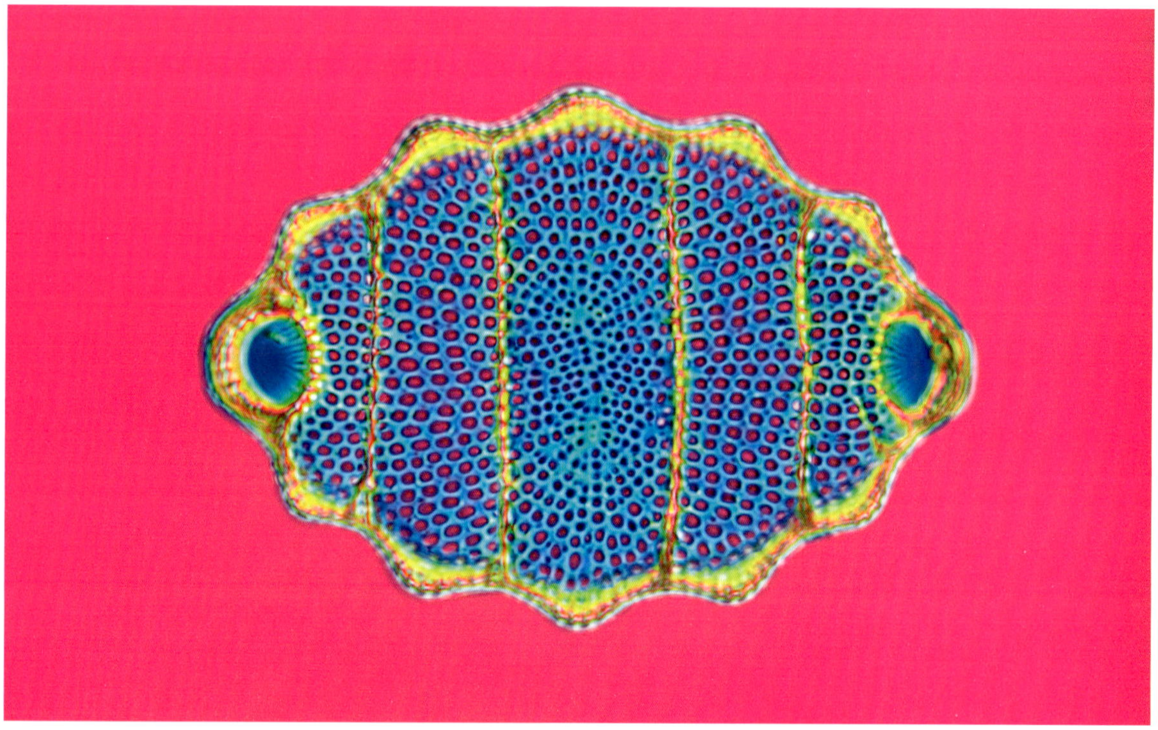
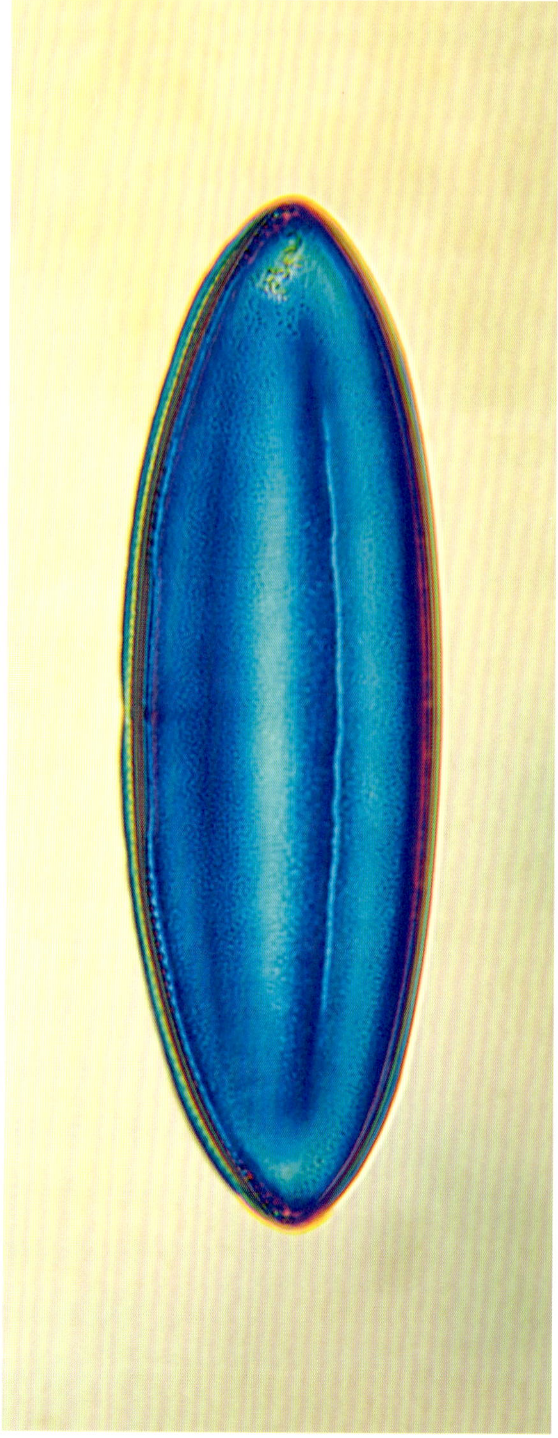
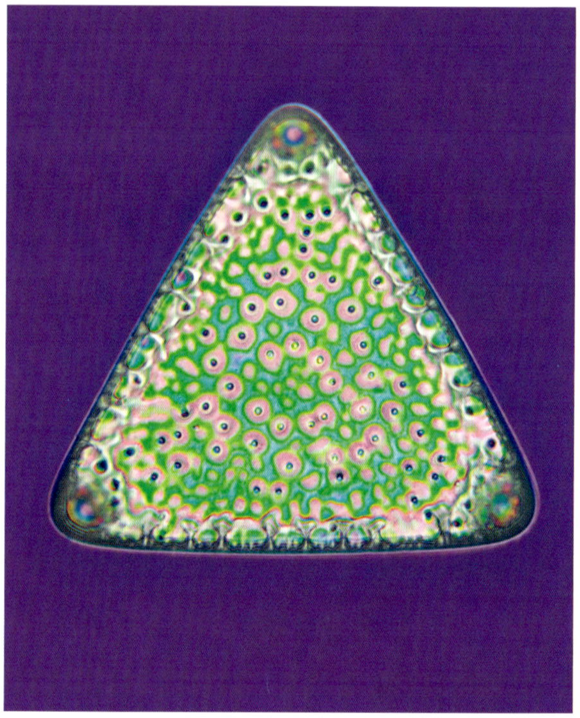
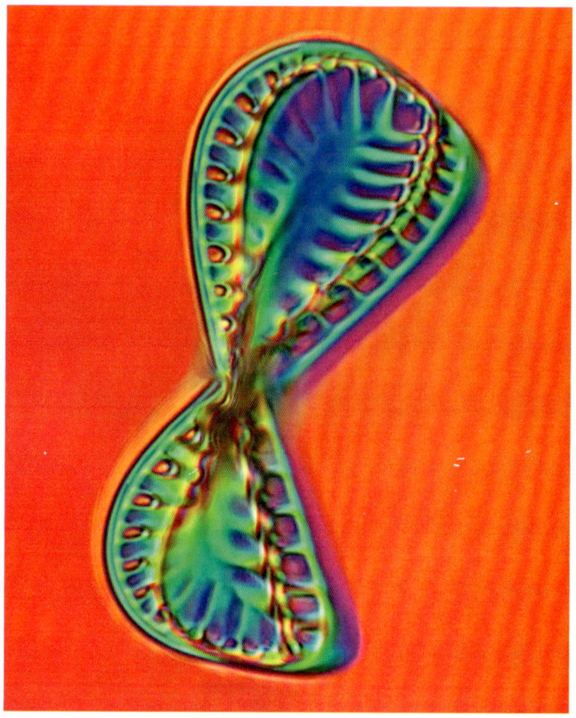
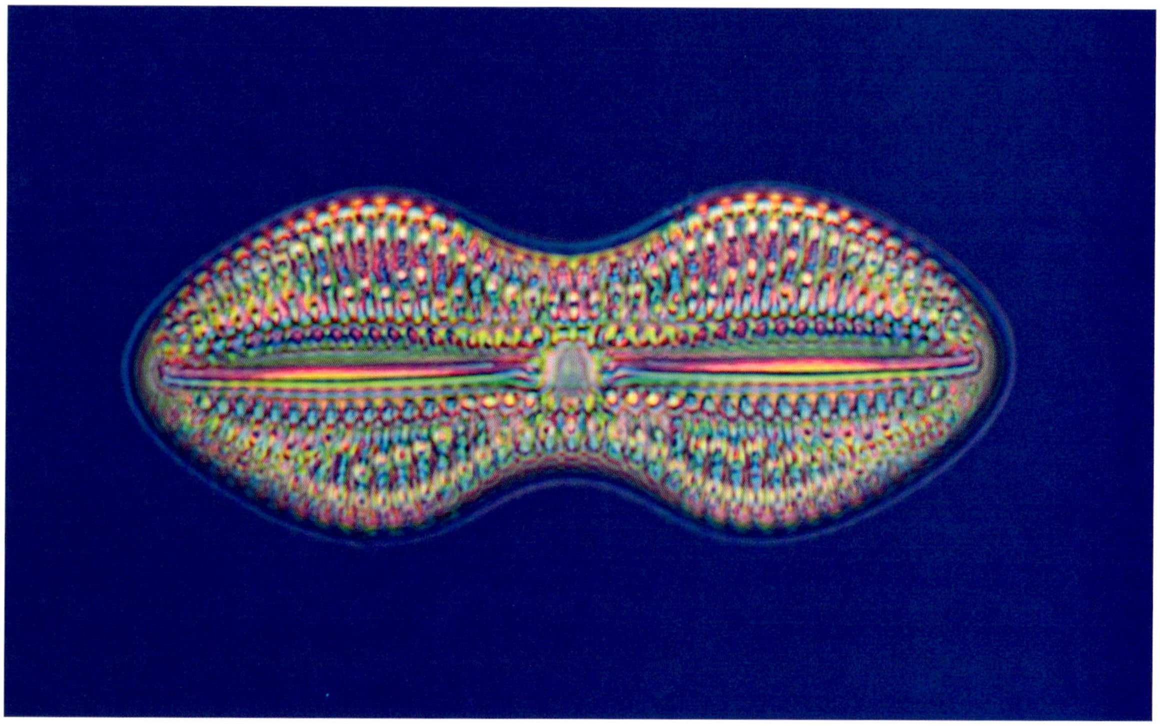

In Glas gegossen und zu komplizierten, spitzenähnlichen Mustern verwoben, lässt die Nanoarchitektur dieser Gehäuse (Frusteln) zentrischer Diatomeen die winzigen Poren erkennen, durch die die Zelle im Inneren mit der Unterwasserwelt, die sie umgibt, kommuniziert. Die kristalline Nanostruktur der Diatomeenfrusteln ist durchlässig und gleicht weniger einer Glasscheibe als vielmehr einer Art gläsernem Schaum. Tatsächlich besteht sie bis zu 70 Prozent aus mit Protein und Kohlenhydrat gefüllten Poren und nur zu 30 Prozent aus Siliziumdioxid.

Obwohl der Vergleich mit Glas und Spitze nicht gerade den Eindruck von Stabilität vermittelt, sind diese Frusteln genau das – extrem stabil. Die durchlässigen, an Schaum, Honigwaben oder Spitze erinnernden Gitter weisen das beste Verhältnis von Festigkeit zu Dichte auf, das in der Natur zu finden ist. Die Architektur der Diatomeengehäuse gibt ihnen so viel Stabilität, dass sie einem Druck von 7 N/mm^2 standhalten. Das entspricht 700 Tonnen pro Quadratmeter, was wiederum bedeutet, dass eine Diatomee das Gewicht eines Wals tragen kann!

Diatomeen müssen stabil sein, da sie die Grundlage vieler Nahrungsketten im Meer bilden. Ihre harten Glasfrusteln sind nicht nur lichtdurchlässig für die Photosynthese, sondern auch ein Schutzpanzer gegen Fressfeinde.

Planktonische Fressfeinde wie Ruderfußkrebse und Krill besitzen jedoch Mandibeln mit Siliziumdioxidspitzen und Kauzähne, mit denen sie den Schutzschild der Diatomeen aufbrechen können. Hinzu kommt, dass sie von Fischen geschluckt werden, die ihre Nahrung aus dem Wasser filtern. Filtrierer verdauen aber nur die Biofilmhülle der Frusteln, während das Gehäuse intakt bleibt. Da sie nahezu unzerstörbar sind, wandern sie unbeschadet selbst durch das Verdauungssystem von Seevögeln und von dort direkt auf die Guanohaufen, die überall dort entstehen, wo sich die Vögel sammeln, um zu brüten. An manchen Küsten sind die Felsvorsprünge so dick mit diatomeenreichem Guano überzogen, dass er als Dünger abgebaut wird.

Zentrische Diatomeen, die nicht gefressen werden, sterben irgendwann und sinken in großer Zahl wie Schneeflocken auf den Meeresgrund. Und mit ihnen ihre kostbaren Stoffwechselprodukte – kleine Öltropfen in Glasvitrinen. Das ist schon seit Urzeiten so, weshalb Diatomeen auf dem Grund alter Gewässer Sedimente gebildet haben, aus denen – mittels einer Kombination aus Verfall und Versteinerung – Erdölvorkommen entstanden sind, also jene Kohlenwasserstoffe, ohne die unser modernes Leben nicht mehr denkbar ist.

SCHACHTELN

Flache Seerinde (*Membranipora membranacea*)

Der englische Name der Seerinde, »coffin-box bryozoans«, scheint angesichts der Tatsache, dass diese Moostierchen in einer Art Kiste leben, besonders passend. Aber warum machen sie so grimmige Gesichter?

Moostierchen, oder Bryozoa, sind eine Gruppe von im Wasser lebenden Weichtieren, die in großen Kolonien geeignete Oberflächen wie Felsen, Seetang, Weichtiergehäuse oder Seegräser überziehen. Die häufigsten Arten sind marine Cheilostomatida wie *Membranipora,* deren modulare, schachtelähnliche Chitinkammern mit Kalziumkarbonat biomineralisiert sind. Die einzelnen Module, in denen jeweils ein Polypid haust – ein kleines, mit Tentakeln ausgestattetes Wesen –, nennt man Zooide. Die Tentakelarme (Lophophoren) der Polypiden, mit denen sie Plankton fangen, befinden sich am unteren Ende der Schachtel und werden zum Fressen durch eine Klappe ausgefahren. Droht Gefahr, ziehen sich die Lophophoren blitzschnell zurück, und die Klappe schließt sich, wie hier auf dem Bild.

Die hier abgebildeten Bryozoa leben auf einem Fingertangblatt (*Laminaria digitata*) und wurden unter ultraviolettem Licht fotografiert. Das Chlorophyll der Alge scheint durch die fast transparenten Moostierchen rot hindurch, während die Chitinhüllen der Zooide, die etwas Kalzium enthalten, blau leuchten. (Das Weiß ist ein fotografischer Effekt, der durch Überbelichtung entstanden ist.)

Es fällt schwer, in diesen »Gesichtern« keine individuellen Charaktere zu sehen, dennoch ist jedes der Klon eines anderen. Neue Individuen entstehen durch Knospung, haben aber trotzdem nicht zwangsläufig dieselbe Form, da Zooide polymorph sind. Was wir auf dem Bild sehen, sind »Autozooide«, eine Standardform, die einfach nur frisst und die Kolonie mit Nährstoffen versorgt, während sich andere Zooide mit ihrer Körperform auf bestimmte »Aufgaben« wie Fortpflanzung, Verteidigung oder Haftung spezialisiert haben.

Lange Zeit waren die Form der Bryozoa-Kolonie und die Morphologie der Zooide die Hauptmerkmale, um verschiedene Arten zu unterscheiden. Neue Erkenntnisse in der Genomsequenzierung haben jedoch gezeigt, dass das ein Fehler war. Polymorphe Klone können zwar unterschiedlich aussehen, sind aber dennoch gleich. Dieses Problem wird durch konvergente Evolution noch verstärkt: Ein Zooid mit einer speziellen Funktion (beispielsweise Fortpflanzung) und der entsprechenden Körperform, der sich in einer bestimmten Linie entwickelt hat, kann sich unabhängig davon mit derselben Form auch in einer anderen Linie entwickeln. In diesem Fall sehen die Moostierchen gleich aus und könnten auch so klassifiziert werden, sind aber tatsächlich unterschiedlich.

Konvergente Formen aufgrund spezieller Anforderungen durch die Funktion kommen in der Natur ziemlich häufig vor: bei Fischen und Delfinen beispielsweise oder bei Kolibris und Taubenschwänzchen.

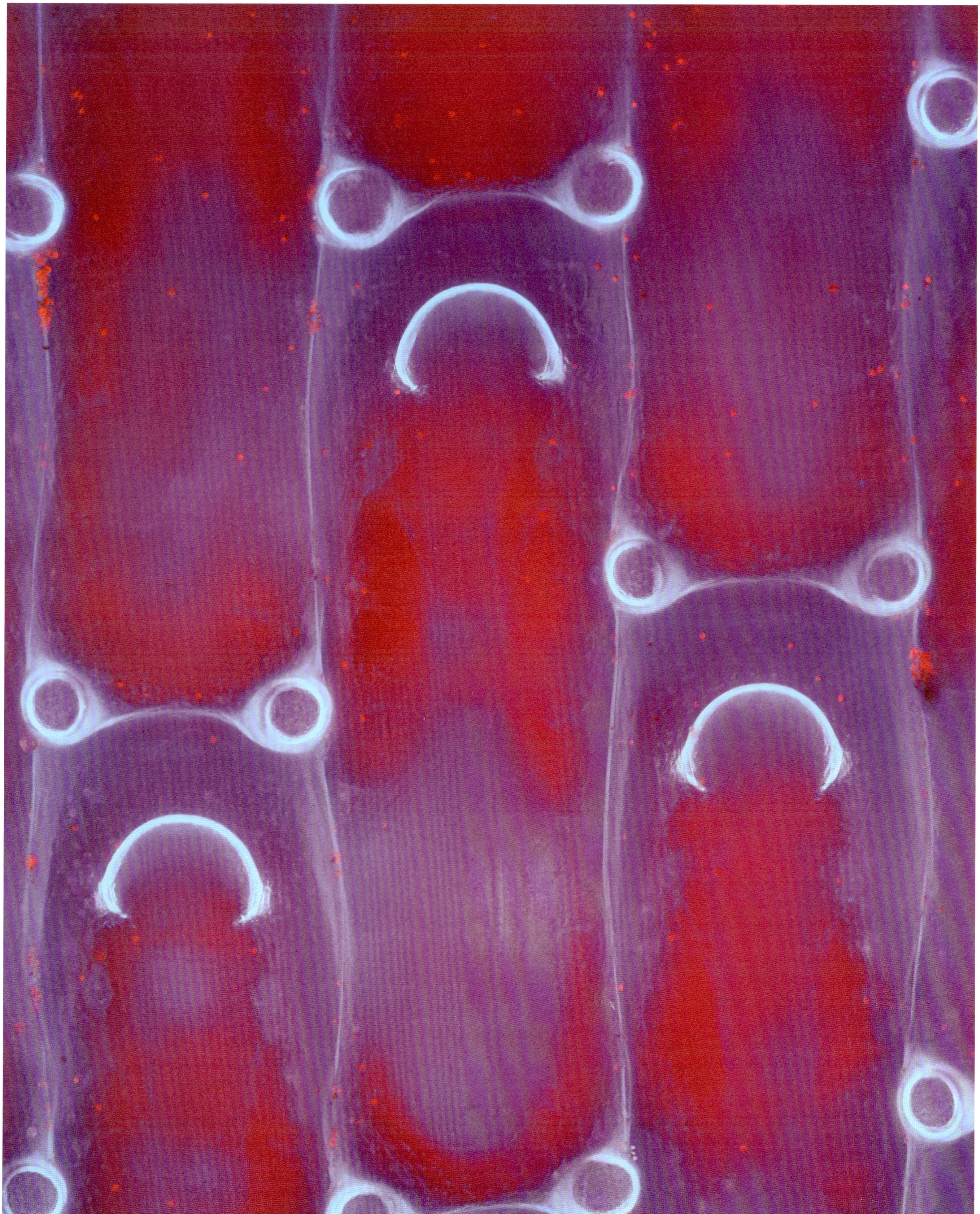

VERSCHLEIERT

Tropische Schleierdame (*Phallus indusiatus*)

Noch bevor ich sie entdeckte, konnte ich sie riechen. Diese merkwürdig anmutende, wunderschöne Stinkmorchel (*Phallus indusiatus*) stand plötzlich wie von Zauberhand unter einer Gruppe Bambusbüsche an einem Fluss in der Region Castara in Tobago. Als ich sie sah, dachte ich sofort an einen Spitzenschleier und taufte sie »Schleierpilz«. Tatsächlich hat dieser besondere Pilz aber viele Namen: Netzstinkmorchel, Brautschleier, Schleierdame oder Bambuspilz.

Die Tropische Schleierdame zählt zur Familie der Ständerpilze (Basidiomycota) und ist ein gasteroider Pilz (wörtlich »Bauchpilz«), zu denen auch Boviste und Erdsterne gerechnet werden. Ihre eindeutig phallische Form wird durch einen wie Spitze anmutenden Rock oder auch ein »Netz« ergänzt, das direkt unter dem Hut befestigt ist und »Indusium« genannt wird. Die Pilze, die am frühen Morgen plötzlich dastehen, wachsen über Nacht aus einer eiförmigen Kugel (die auch als »Hexenei« bezeichnet wird) und erreichen in nur sechs bis acht Stunden ihre volle Größe von 15 Zentimetern.

Diese Tropische Schleierdame hier entdeckte ich, als ich versuchte, die Quelle eines muffig-süßlichen Geruchs auszumachen – der von anderen auch als faulig oder modrig beschrieben wird –, weil ich wissen wollte, was dort gestorben war. Der Gestank rührt von dem braunen Schleim (Gleba) her, der den Hut überzieht, und in dem sich die Sporen des Pilzes befinden. Normalerweise zieht der Geruch mycetophage generalistische Insekten wie Schmetterlinge, Fruchtfliegen, Schmeißfliegen, Käfer, Wespen und Stachellose Bienen an, die den sporenhaltigen Schleim, der teilweise auch einfach an ihnen kleben bleibt, fressen. So werden die Pilzsporen über die Ausscheidungen der Insekten verteilt.

In der Regel dauert es nur wenige Stunden, bis die Sporen vollständig vom Hut verschwunden sind. Man hat herausgefunden, dass Stachellose Bienen die meisten Sporen forttragen. Eine Biene kann bis zu 83 Millionen Sporen am Körper haben und weitere 60 Millionen im Magen, während Käfer am wenigsten fortschleppen, alles in allem etwas mehr als 200 000 Sporen.

Die komplexe Form der Schleierdame und die Funktion ihres Schleiers ist noch immer ein Rätsel. Eine Theorie lautet, dass der Schleier mit sehr wenig Materialaufwand ein größeres Ziel für visuell orientierte Insekten bietet; eine andere, dass er als praktische Landefläche dient oder auch als Leiter, über die Insekten auf den Hut klettern können.

Ich persönlich glaube, dass der hohle weiße Stil mit seiner Öffnung im Hut wie ein Kamin Luftströme erzeugt, die den Geruch durch den Schleier effektiver verteilen, als es ohne Schleier der Fall wäre. Leider wurde diese Möglichkeit noch nicht näher untersucht, sodass noch abzuwarten bleibt, ob sich meine Theorie bestätigt.

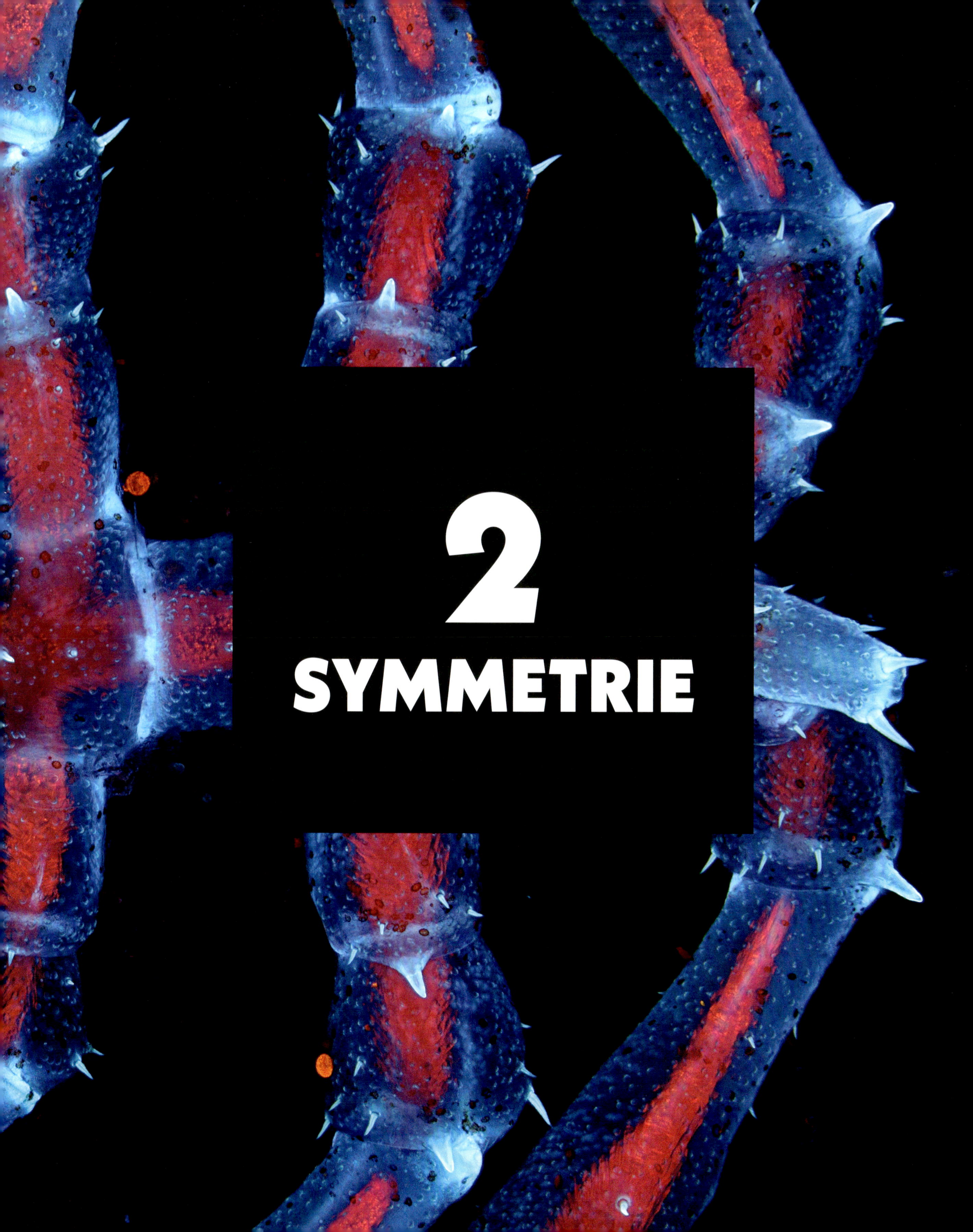

2 SYMMETRIE

Über Symmetrie

Vom Wind in unseren Garten getragen sind dort die Samen einer Fingerhutstaude (*Digitalis purpurea*) aufgegangen, und genau wie die Hummeln, die sich von ihren Blüten ernähren, finde ich diese üppigen Stauden äußerst attraktiv. Als die Pflanzen zu sprießen begannen, konnte ich das für das erste Jahr typische niedrige Wachstum mit breiten Blättern beobachten. Der Fingerhut ist eine zweijährige Pflanze, daher wusste ich, dass die beeindruckenden Speere mit ihren ordentlich aufgereihten violetten und rosafarbenen Blüten auf der Sonnenseite des Stängels erst im darauffolgenden Frühling aus dem Boden schießen würden. Diese Anordnung der Blüten ist kein Zufall: Bestäubende Insekten sind wechselwarme (poikilotherme) Tiere, die zum Fliegen Wärme brauchen. Der Sonne zugewandte Blüten bieten ihnen die Gelegenheit, während ihres Besuchs Wärme zu tanken.

Wie erwartet schossen die kleinen Pflanzen im nächsten Jahr in die Höhe, aber mit zwei von ihnen stimmte etwas nicht. Sie waren kleiner, und die Blüten an der Spitze der Stängel sahen merkwürdig aus. Sie waren viel zu groß, seltsam schüsselförmig und nach oben offen. Obwohl sie die richtige Farbe hatten und die Hummeln sie besuchten, waren sie irgendwie »abartig«. Bei den Pflanzen handelte es sich um »Monster« – *Digitalis purpurea monstrosa*, um genau zu sein, deren letzte Blüte vergrößert ist und die anstelle der kleineren, bilateralsymmetrischen »Fingerhutform« der typischen Blüten eine radiäre Symmetrie aufweisen.

Der Fingerhut ist nicht die einzige Pflanze, bei der eine plötzliche Veränderung in der Symmetrie der Blüten auftreten kann. Es gibt sogar einen Namen für dieses Phänomen: Pelorismus. Und die daraus hervorgehenden Blüten nennt man pelorisch (von griechisch *peloros,* »monströs«). Bei solchen Pflanzen wird der genetische Code für die normalerweise bilaterale Symmetrie der Blüte unterdrückt, und die Entwicklung kehrt zu der vorherigen radiärsymmetrischen Form zurück. Eine solche Mutation in der Symmetrie ist ein Beispiel für eine genetische Variation. Durch Evolutionsprozesse und natürliche Selektion kann die Natur neue genetische Varianten, die diese hervorbringen, unterstützen, zerstören oder ignorieren. Neben Verbesserungen, durch die sich das Leben weiterentwickelt, kommt es durch solche Mutationen aber auch zu Fehlern, die »nicht ganz so gut« oder gar fatal sind.

Die monströsen Fingerhutblüten in unserem Garten waren Teil einer Mutation, die in die Kategorie »nicht ganz so gut« fiel. Obwohl die pelorischen Blüten die typische Färbung und das gepunktete Muster aufwiesen, hatten sie mindestens zwei offensichtliche Nachteile, die mit der nach oben offenen Radiärsymmetrie zusammenhingen. Zum einen füllten sie sich, sobald es regnete, mit Wasser und brachen in sich zusammen, was die Hummeln abhielt. Sie flogen nur noch die »normalen«, hängenden Blüten an, die sich nicht mit Wasser füllten. Zum anderen wurden die pelorischen Blüten an stürmischen Tagen vom Wind zerfetzt, während die normalen unbeschadet blieben.

VORHERIGE DOPPELSEITE
Zierliche Asselspinne (*Nymphon gracile*)
Dies ist eines der rätselhaftesten Geschöpfe der Natur. Es scheint nur aus Röhren zu bestehen, und selbst Wissenschaftler fragen sich, womit sie es hier zu tun haben. Derzeit geht man davon aus, dass Asselspinnen (Pycnogonida) mit Pfeilschwanzkrebsen, Spinnen, Skorpionen und Zecken (Chelicerata) verwandt sind. Nichtsdestotrotz sind sie in vielem so eigenartig, dass sie auch eine eigene Gruppe bilden könnten. In jedem Fall ist ihr außergewöhnlicher Bauplan nicht ganz einfach zu verstehen.

In einer Welt marginaler biologischer Errungenschaften hatten die Fingerhutmonster – so beeindruckend ihre Größe und die radiäre Symmetrie auch waren – gegenüber den kleineren, bilateralsymmetrischen, hängenden Blüten, die den Launen von Wind und Wetter besser standhielten, im gegebenen Lebensraum letztendlich entscheidende Nachteile.

Symmetrie, die auf das Leben eines Organismus tiefgreifende Auswirkungen haben kann, findet man überall in der Natur. Die drei häufigsten Formen von Symmetrie sind einmal die Bilateralsymmetrie, bei der die Seiten an einer imaginären Mittelachse gespiegelt sind. Menschen und die meisten anderen Bewohner des Tierreichs (Metazoen) sind bilateralsymmetrisch; dann gibt es die Radiärsymmetrie, bei der eine Form um einen zentralen Punkt gedreht werden kann, ohne dass diese ihr Aussehen verändert; viele Blüten, Seesterne und Schneeflocken sind radiärsymmetrisch; und schließlich gibt es die Translationssymmetrie, bei der sich die Teile verschieben lassen und ersetzt werden können, ohne dass sich die Form des Ganzen verändert. Die Schuppen von Fischen und Schlangen sind translationssymmetrisch, ebenso die mittleren Segmente eines Wurms oder Tausendfüßers oder die sechseckigen Zellen von Honigwaben.

Obwohl im Fall des Fingerhuts die typische Bilateralsymmetrie der Blüten gegenüber der alternativen Radiärsymmetrie ein Vorteil ist, lässt sich nicht allgemein sagen, welche Art von Symmetrie die beste oder schlechteste ist. Sicher ist nur: Das Leben ist in weiten Teilen symmetrisch.

Warum das so ist? So wirklich weiß das keiner. Es könnte aber eine Frage der Einfachheit sein. Da auch in der molekularen Maschinerie von Zellen – wie beispielsweise in der RNA und der Zusammensetzung von Proteinen – Symmetrie herrscht, ist die Kodierung von Bauplänen für symmetrische Strukturen und sich wiederholende Muster vermutlich einfacher als für individuelle, komplexe, asymmetrische Formen. Tatsächlich ist Symmetrie so grundlegend und allgegenwärtig, dass man sie bereits in den frühesten Entwicklungsstadien eines Embryos findet. In jedem lebenden Organismus wird dessen Symmetrie bereits Stunden oder Tage nach der Befruchtung festgelegt und ist der erste Schritt für die weitere Entwicklung. Wenn eine Spore oder ein Samen keimt, ein Ei ausgebrütet wird oder ein Tier zur Welt kommt, ist das Ergebnis fast immer ein kleiner, perfekt geformter, in sich stimmiger Organismus. Aber manchmal eben auch nicht, wie die »monströsen« Fingerhutblüten zeigen. Aber alles ist Teil des Lebens.

SCHAU MIR IN DIE AUGEN, KLEINES

Zebraspringspinne (*Salticus scenicus*)

Die Zebraspringspinne sieht man in Großbritannien häufig Gartenmauern entlang flitzen, durchs Gebüsch hüpfen oder begegnet ihr sogar im Haus. Springspinnen weben keine Netze, sondern jagen bei Tageslicht arglosen Insekten hinterher. Sie sind die Löwen ihrer kleinen Welt und mit dem besten Sehvermögen aller an Land lebenden wirbellosen Tiere ausgestattet. Man muss sich diese beeindruckenden Augen nur ansehen!

Es fällt schwer, von der perfekten Bilateralsymmetrie dieser Spinnen nicht fasziniert zu sein. Ähnlich einer Kamera besitzen sie acht Augen à vier Paare. Die kleinen Augen an den Seiten erfassen Bewegungen, während die nach vorn gerichteten Hauptaugen wichtig für die Jagd sind.

Die Linsen der Augen, deren Größe für eine verbesserte Bildauflösung sorgt, sind unbeweglich und fokussieren das Bild auf der Netzhaut. Sobald ein Objekt von Interesse eingefangen wird, geschieht im Auge etwas Bemerkenswertes, denn anders als beim Menschen, dessen Netzhaut unbeweglich ist, kann die Zebraspringspinne die Netzhaut schnell hin- und herbewegen und das Netzhautbild scannen – was ihr hilft, Beute von potenziellen Paarungspartnern zu unterscheiden.

Viele Jahre lang glaubte man, die großen, nach vorn gerichteten Augen dienten wie bei jagenden Wirbeltieren dazu, das binokulare Sichtfeld oder räumliche Sehen zu verbessern. Das ist jedoch nicht der Fall. 2012 fand man heraus, dass Springspinnen Entfernungen auf eine völlig andere Art einschätzen, nämlich indem sie unscharfe Bilder innerhalb eines Auges abgleichen. Das ist möglich, weil die Netzhaut aus vier Schichten von Fotorezeptoren besteht. Die Spinne stellt fest, wie stark das Bild einer Schicht vom Bild einer anderen im selben Auge abweicht.

Ich liebe es, diese Tiere zu beobachten, weil Springspinnen sich tatsächlich umdrehen und einen direkt ansehen. Bewegt man sich, folgen sie der Bewegung. Sie nehmen einen ganz offensichtlich wahr und stellen Kontakt her. Strecken Sie, wenn Sie das nächste Mal eine Springspinne sehen, die Hand aus und bewegen Sie sie langsam hin und her. Wahrscheinlich wird die kleine Spinne sich umdrehen und Ihrer Hand folgen. Vielleicht springt sie sogar darauf. Keine Angst, sie beißt nicht! Genießen Sie einfach die Begegnung.

NÄCHSTE DOPPELSEITE
Schopfaffe (*Macaca nigra*)
Die leuchtend orangefarbenen Augen dieses jungen Schopfaffen (*Macaca nigra*) schauen direkt in meine Kamera. Sein Gesicht zeigt eine fast perfekte Bilateralsymmetrie. Wie Menschen haben Schopfaffen ein exzellentes binokulares Sichtfeld. Ihr Augenpaar ermöglicht ihnen Tiefenwahrnehmung (räumliches Sehen) und das korrekte Einschätzen von Entfernungen – für das Springen von Ast zu Ast unverzichtbar.

SKOLEX

Cysticercuslarve, Bandwurm (*Taenia pisiformis*)

Bei dieser wunderschönen Struktur, die einen sofort an das Blatt einer Kreissäge denken lässt, handelt es sich um etwas, das wir normalerweise nicht unbedingt als schön bezeichnen: um das Rostellum am Kopf (Skolex) eines parasitären Bandwurms, *Taenia pisiformis.* Ausgewachsene Bandwürmer graben diese Zähne (Rostellumhaken) in den Dünndarm ihres Primärwirts, während man die hier abgebildete Cysticercuslarve des Wurms in der Leber eines Zwischenwirts, wie einem Feldhasen (*Lepus europaeus*), findet.

Bandwürmer haben kein Maul und nehmen ihre Nahrung direkt über die Haut auf. Im Dünndarm des Wirts baden sie gewissermaßen in den bereits vorverdauten Nährstoffen, die sie benötigen; während die Nahrung durch den Darm hindurchgepresst wird, bewegt sich dieser in peristaltischen Wellen. Diese Muskelkontraktionen sind in der Regel zwar so stark, dass sie Nahrung transportieren können, aber nicht stark genug, um die Haken des Rostellums aus der Darmwand zu reißen, zumal sich der Bandwurm um den Kreis aus Haken zusätzlich noch mit vier Saugnäpfen absichert.

Das Rostellum eines lebenden Bandwurms ist radiärsymmetrisch und setzt sich aus zwei übereinander liegenden Kreisen mit jeweils zwanzig Zähnen zusammen (die auf dem Foto zusammengedrückt sind). Durch die kreisförmige Anordnung der Haken werden die auf den Bandwurm einwirkenden Zugkräfte der Darmperistaltik gleichmäßig über eine größere Fläche verteilt. Auf diese Weise verhindert die Geometrie asymmetrische Zugpunkte, die auftreten würden, wenn der Wurm mit nur einem einzigen Zahn verankert wäre. Das ist nicht nur für das Überleben der Parasiten entscheidend, sondern auch für das der Wirte, deren Darmwand sehr empfindlich ist und leicht reißt.

SYMMETRIE BIS UNTER DIE HAUT

Östlicher Glasfrosch (*Hyalinobatrachium orientale tobagoensis*)

Weshalb der Glasfrosch Glasfrosch heißt, ist offensichtlich. Durch seine faszinierend transparente Haut am Bauch kann man wie durch ein Fenster die inneren Organe sehen und beobachten, wie das Herz Blut durch Kapillaren und Venen pumpt. Unter einem Vergrößerungsglas sind sogar einzeln aufgereihte rote Blutkörperchen in den hauchdünnen Kapillaren zu erkennen.

Für seine raffinierte Ganzkörpertarnung darf ein durchsichtiges Tier das Licht weder absorbieren noch streuen. Transparenz, die bei im Wasser lebenden Organismen nichts Ungewöhnliches ist, kommt an Land eher selten vor, da es für terrestrische Organismen schwierig ist, ihre körperbedingte Opazität (das Streuen und Absorbieren von Licht) zu verringern. Die roten Blutkörperchen, die wir beim Glasfrosch so begeistert beobachten, sind somit auch die Achillesverse durchsichtiger Landwirbeltiere. Sie absorbieren das Licht und machen das Tier sichtbar. Tagaktive Glasfrösche, die an der Unterseite von grünen Blättern schlafen, sind für Fressfeinde dennoch nahezu unsichtbar, weil die Frösche in der Lage sind, die zirkulierenden roten Blutkörperchen im Ruhezustand zurückzuziehen und in der Leber zu verstecken. (Auf dem Foto hatte ich den Frosch gerade geweckt. Die roten Blutkörperchen fingen an zu zirkulieren und wurden sichtbar.)

Glasfrösche gehören zur großen Gruppe oder Klade der *Bilateria* – bilateralsymmetrische Organismen, deren Körperbau ein Kopfende und ein Schwanzende aufweist. Die linke Seite ist eine Spiegelung der rechten (Spiegelsymmetrie). Zudem haben sie eine dorsale (obere) und eine ventrale (untere) Oberfläche. Ungefähr 99 Prozent aller Tiere sind bilateralsymmetrisch.

Dieser Glasfrosch gewährt uns Einblick in eine erstaunliche Eigenheit bilateralsymmetrischer Tiere, denn trotz der äußeren Symmetrie sind Form, Größe und Lage der inneren Organe (Herz, Nieren, Magen, Darm, Leber) typischerweise asymmetrisch. Es mag vielleicht überraschen, aber gerade die »nicht ganz perfekte« Symmetrie ist für das »perfekte« Funktionieren von Herz, Magen und anderen Organen des Froschs entscheidend.

RASPEL

Radula, Flache Kreiselschnecke (*Steromphala umbilicalis*)

Ich liebe es, nur mit einem billigen Kinderkescher und einem durchsichtigen Plastikeimer ausgerüstet am Meer in Gezeitentümpeln zu fischen. Kleine Krebse, Fische, Algen und Schnecken wandern für kurze Zeit in meinen Eimer, wo ich sie mir genauer ansehen kann. Besonders interessant sind Schnecken, denn während sie nach oben kriechen, kann man beobachten, wie ihre kleine Zunge – die Radula – immer wieder hervorschnellt und an der Eimerwand leckt.

Was auf dem Foto wie Pilzreihen im Wald aussieht, ist die Radula (Raspelzunge) einer gewöhnlichen Gezeitenschnecke, der Flachen Kreiselschnecke (*Steromphala umbilicalis*) um genau zu sein. Die Radula (lat. für »Kratzeisen«) ist ein erstaunliches Mundwerkzeug, das nur bei Weichtieren vorkommt. Sie ist aus Chitin und hat die Form eines Förderbandes mit eingebetteten »Zahnreihen«.

Da die Flache Kreiselschnecke mit diesen Zähnen Algen von Felsen oder anderen harten Oberflächen kratzt, nutzen sie sich sehr schnell ab. Aber sobald Zähne abgerieben sind, schiebt die zungenähnliche Odontophore, die die Radula steuert, neue Zähne nach. Napfschnecken verringern die Abnutzung sogar noch zusätzlich, indem sie die Zähne mit dem härtesten Biomaterial verstärken, das wir kennen – einer Mischung aus Chitin und eisenhaltigem Goethit (α-FeO(OH)).

Die Radula ist ein sehr anpassungsfähiges Organ und dafür verantwortlich, dass sich Weichtiere sowohl in einfache Pflanzenfresser, wie die Flache Kreiselschnecke, die Napfschnecke oder die Gartennacktschnecke, diversifiziert haben als auch in raffinierte Jäger, wie die Kegelschnecken oder Kraken.

Obwohl Schnecken mit ihrem chiralen Gehäuse äußerlich asymmetrisch sind, ist ihre Radula symmetrisch. Die Zähne sind in horizontalen Reihen angeordnet, die sich an einem großen Zahn in der Mitte spiegeln, also eine bilaterale Symmetrie aufweisen, wobei jede horizontale Reihe eine Replik der davorliegenden ist (Translationssymmetrie). Dank der Symmetrie können Weichtiere ihre abgenutzten Zähne kontinuierlich ersetzen. Auch Haie und Rochen ersetzen ihre abgenutzten und fehlenden Zähne nach einem System, das dem »Förderband« einer gewöhnlichen Schnecke gar nicht so unähnlich ist. Stellen Sie sich vor, wir könnten das auch und müssten nie wieder zum Zahnarzt …

HÜLLE

Foraminifere (*Guttulina communis*)

Dieses Foto ist wahrscheinlich eine meiner liebsten Aufnahmen von einem Meerestier. Für mich sieht es aus wie eine aus wunderschönem blauem Kristall gehauene Figur, die sich selbst umarmt.

Tatsächlich zeigt das Foto das Gehäuse (Test) eines einzelligen Mikroorganismus, einer sogenannten Foraminifere (oder eines Kammerlings). Foraminiferen sind im Gegensatz zu den mit ihnen verwandten Strahlentierchen (siehe Seite 68) nicht planktonisch, sondern leben auf dem Meeresgrund und zählen damit zu den benthischen Lebewesen.

Das Gehäuse einer Foraminifere hat mehrere Kammern aus biomineralisiertem Kalziumkarbonat, das wie kristallines Kalzit oder Aragonit gebildet wird. Mein Eindruck eines blauen Kristalls ist also gar nicht so weit hergeholt.

Auf den ersten Blick sieht es aus, als wäre das Gehäuse bilateralsymmetrisch, was aber nicht der Fall ist. Wenn die Foraminifere wächst, kommen spiralförmig größere zylindrische Kammern hinzu, die sich eng um die letzte Kammer schmiegen, wodurch die wunderschöne, helikale Symmetrie entsteht, die man hier sieht. Dank der eleganten Stromlinienform des Gehäuses kann die Foraminifere auf den Meeresgrund sinken und sich dort besser halten. Schauen Sie sich im Vergleich dazu die komplexe Form der planktonischen Strahlentierchen an, die ein Absinken verhindert.

Wir haben also ein Lebewesen mit einem spiralförmigen Gehäuse aus Kalziumkarbonat wie das einer Schnecke. Nur dass Schneckenhäuser außerhalb des Körpers entstehen, während sich bei Foraminiferen das Gehäuse innerhalb der Zellmembran bildet. Foraminiferen sind winzige Raubtiere mit unzähligen Tentakeln, sogenannten Scheinfüßchen, die sie ausstrecken, um Diatomeen, Bakterien oder andere Mikroorganismen zu fangen.

Wie von Diatomeen und Strahlentierchen versteinern auch Gehäuse von Foraminiferen sehr leicht, und Vorkommen und Art in einer Gesteinsschicht liefern der Ölindustrie wichtige Hinweise, wo sie am ehesten fündig wird. Hinzu kommt, dass Foraminiferen, die in großer Zahl auftreten, ihr Gehäuse aus im Meer gelöstem atmosphärischem Kohlendioxid bilden, was den globalen Kohlendioxidkreislauf und damit das Erdklima beeinflusst.

Wir wissen mittlerweile, dass kleine Veränderungen bei der Versauerung der Meere gravierende Folgen für Milliarden von winzigen Meerestieren haben, was sich wiederum entscheidend auf die Atmosphäre und die weltweiten Temperaturen auswirken kann.

STRUKTURELLE PARASITEN

Krallentrompete (*Dolichandra unguis-cati*)

Egal, welchen tropischen Regenwald man betritt, es fällt einem sofort das Gewirr aus verdrehten, knorrigen Stämmen auf, die sich scheinbar um alles schlingen, was dort wächst. Es sind Lianen. Eine Bezeichnung, die sehr viele Pflanzen umfasst, da sie nicht auf deren Taxonomie basiert, sondern lediglich auf ihrem Dasein als Kletterer – auch diverse Farne, Klematis, Zaunwinden, Weinreben und sogar Gurken sind Lianen.

Lianen sind Kletterpflanzen, die Halt suchen, indem sie sich um andere Pflanzen schlingen – eine Angewohnheit, wegen der man sie auch als »strukturelle Parasiten« bezeichnet. Anders als Nordamerikanische Seide oder Misteln sind Lianen physiologisch gesehen keine echten Parasiten, obwohl sie den Pflanzen, an denen sie hinaufkriechen, ebenfalls schaden. Unten entziehen sie ihnen Wasser und Bodennährstoffe, oben Licht – was zu einem geringeren Wachstum führt.

Da Lianen sich nicht selbst tragen, können ihre Stämme dünner und flexibler sein als die von frei stehenden Pflanzen, die sich gegen die Schwerkraft behaupten und wie die Stämme von Bäumen hart und stabil sein müssen. Da sie sich auf andere Pflanzen stützen, können Lianen spektakuläre Ausmaße erreichen. Sie klettern von einem Baum zum nächsten und werden so viele hundert Meter lang.

Ein Querschnitt durch den Stamm einer Krallentrompete (*Dolichandra unguis-cati*) gibt Einblick in eine faszinierende Welt und offenbart die perfekte Radiärsymmetrie ihres Gefäßsystems. Die strahlenförmigen »Speichen« bilden das Xylem, das Wasser und Mineralien weiterleitet, dazwischen sind die Röhren des Phloems zu erkennen, durch die der Pflanzensaft mit den Produkten der Photosynthese fließt.

Das Stammgewebe einer Liane erscheint »löchriger« als das eines frei stehenden Baumes. Einige der Gefäße sind ungewöhnlich weit. Zudem weist der Stamm einer Liane mehr Gefäße pro Flächeneinheit auf als der eines Baumes, was wiederum bedeutet, dass ein Stück Lianenstamm mehr Wasser enthält als ein entsprechendes Stück Baumstamm.

Das wurde mir auf eindrückliche Weise in Belize bewusst, als ich dort lernte, wie man in einem »Urwald« überlebt. Mit zwei schnellen Hieben seiner Machete schlug mein Ranger ein 30 Zentimeter langes Stück einer Liane ab und reichte es mir. Ich musste das Stück nur waagrecht halten und den Kopf in den Nacken legen, um mehrere Schlucke köstlichen Wassers daraus zu trinken – unglaublich!

HÖHENLINIEN

Sklerit, Steinschwamm

Wer barfuß durch den weißen Sand in der Nähe eines Korallenriffs entlanggeht, spürt vielleicht winzige Glassplitter zwischen den Zehen, was jedoch kein Grund zur Sorge ist. Höchstwahrscheinlich handelt es sich um die winzigen siliziumhaltigen Sklerite (Skelettnadeln) von Schwämmen.

Verschiedene Arten von Schwämmen produzieren unterschiedliche Sklerite, die eine bemerkenswerte Vielfalt an geometrischen Formen aufweisen. (Einen Eindruck von deren großer Bandbreite bekommen Sie auf Seite 228.) Das Sklerit auf dem Foto sieht definitiv nicht wie eine Nadel aus und weist auch keine offensichtlichen Anzeichen von Symmetrie auf. Aber schauen Sie noch einmal genauer hin. In der Mitte der Fläche sitzt ein verräterischer Stern mit drei Spitzen, der eine perfekte dreistrahlige Radiärsymmetrie aufweist mit Winkeln von jeweils exakt 120 Grad.

Flache, gezackte Sklerite wie dieses werden als Phyllotriaene bezeichnet, und ihre äußere unregelmäßige Geometrie legt nahe, dass sie von einem Steinschwamm stammen. Steinschwämme bilden die lockere taxonomische Gruppe der »lithistiden Demospongiae« (von griechisch *lithos*, »Stein«), die sich durch einen hohen Anteil an Siliziumdioxid in ihren Skeletten sowie durch auffällige, fingerförmig ineinandergreifende, sich überlappende Platten (Desmen) auszeichnen. Die Desmen sind so dicht ineinander verhakt, dass der Schwamm nicht nur aussieht wie ein Stein, sondern tatsächlich auch »steinhart« ist.

Ich habe hier versucht, mithilfe eines speziellen optischen Mikroskops eine visuelle Verbindung zwischen Land und Meer herzustellen, und gleichzeitig etwas aus der Wissenschaft der Morphometrie zu demonstrieren – die Quantifizierung von Form unter Einbeziehung von Größe und Gestalt. Mein Jamin-Lebedeff-Interferenzmikroskop hat die Skleritoberfläche vermessen und ein farbkodiertes Bild der Desme erstellt, das wie eine Landkarte die Konturlinien der subtilen Höhenunterschiede zeigt – die dreidimensionale Karte einer metaphorischen unbewohnten Insel, komplett mit einem dreizackigen Stern als »Bergspitze«.

Ich war erstaunt, wie sehr diese Mikrostruktur der geologischen Karte einer kleinen Vulkaninsel ähnelt – Höhenlinien markieren den zentralen Berg der Insel, dessen Gipfel praktischerweise durch einen dreizackigen Stern gekennzeichnet ist. Der Vergleich ist, wie ich finde, gar nicht so weit hergeholt.

KOPFFÜSSLER

Seestern (*Asterina gibbosa*)

Seesterne zählen überall auf der Welt zu den Lieblingstieren vieler Menschen, was vielleicht auch daran liegt, dass sie mit ihrer namensgebenden Sternform und den fröhlichen Regenbogenfarben, die eher an Blumen erinnern, gar nicht wie Tiere aussehen.

Und tatsächlich haben Seesterne mit den meisten anderen Tieren auch wenig gemeinsam. Sie bewegen sich auf einem Kissen aus winzigen, mit Wasser gefüllten Röhrenfüßchen, durch die sie auch atmen, und anstatt Blut pumpen sie Wasser durch das weitverzweigte Gefäßsystem ihres Körpers. Seesterne essen im wahrsten Sinne des Wortes immer »auswärts«, indem sie den Magen nach außen stülpen und ihre Beute außerhalb des Körpers schlucken und verdauen.

Der hier abgebildete *Asterina gibbosa* weist mit seinen fünf »Armen« eine klassische pentaradiäre Symmetrie auf, wie wir sie von Seesternen kennen. Da sie nicht bilateralsymmetrisch sind, haben Seesterne weder einen offensichtlichen Kopf noch einen Schwanz und scheinen nur aus »Armen« zu bestehen. Ein sehr eigenwilliger Körperbau, der die Wissenschaft schon seit Darwin beschäftigt, insbesondere da Seesterne ihr Leben als bilateralsymmetrische Larven beginnen (siehe Seite 78).

2023 hat man auf die Frage, wo der Seestern seinen Kopf hat, endlich eine Antwort gefunden. Es hat sich herausgestellt, dass die Gene, die normalerweise das Wachstum von Rumpf und Gliedern steuern, fehlen. Tatsächlich handelt es sich bei einem typischen Seestern also um einen Kopf ohne Arme, der auf Röhrenfüßchen umherkriecht.

Mal ehrlich, was kann man an diesen Geschöpfen nicht mögen? Aber wenn man meine Tochter fragt, behauptet sie, dass sie sich vor nichts mehr fürchtet als vor Seesternen! Wenn Hunderte klebrige kleine Füßchen über ihre Haut krabbeln, bekommt sie Panik – sie kann einen Seestern nicht in die Hand nehmen. Ob es wohl helfen würde, wenn ich ihr erkläre, dass es sich nur um einen sternförmigen, kriechenden Kopf ohne Augen handelt?

RADIOANTENNE

Radiolaria (*Enneaphormis rotula*)

Was genau ist auf diesem Foto zu sehen? Es könnte ein ausgesprochen hübscher Schneekristall sein, nur dass er nicht die entsprechende hexagonale Symmetrie aufweist. Ist es etwas Organisches, Anorganisches, Menschgemachtes? Ist es überhaupt eine Form von Leben? Schwer zu sagen. Sicher ist nur: Bevor ich diese Aufnahme gemacht habe, hatte ich so etwas noch nie gesehen.

Vielleicht helfen ein paar Hintergrundinformationen. Es handelt sich um eine Lebensform, welche die durch Robert Falcon Scott und Ernest Shackleton berühmt gewordene RRS Discovery in der Nähe der Antarktis aus dem Südpolarmeer gefischt hat, aus einer Tiefe von 3580 Metern. Das Schiff, das 1925 Segel für die »Discovery-Expedition« setzte, brachte zahlreiche ozeanografische Daten und biologische Proben mit nach Hause, darunter auch dieses wunderschöne Strahlentierchen (Radiolaria).

Radiolarien sind wichtige, einzellige Meeresorganismen (Protisten), die die bemerkenswerte Fähigkeit besitzen, Siliziumdioxid in feine Skelettgitter aus Kristallopal zu biomineralisieren (die chemische Formel: $SiO_2 \cdot nH_2O$).

Der Name Radiolaria stammt vom lateinischen *radiolus,* »kleiner Sonnenstrahl«. Die hier abgebildete Spezies *Enneaphormis rotula,* die aussieht wie ein Teil einer Radioantenne oder einer neuartigen Wäschespinne, hat einen Durchmesser von nur 200 µm (0,2 mm). Die an ein Rad erinnernde Form zeigt eine Kombination aus radiärer und bilateraler (gespiegelter) Symmetrie. Das Zentrum bildet ein dreilappiges, sechsseitiges Polygon mit neun abgehenden Speichen, von denen drei in das Polygon eindringen und es in Winkeln von jeweils 120 Grad in drei Teile teilen, wodurch drei radiärsymmetrische und drei bilateralsymmetrische Achsen entstehen.

Da sie dank ihres Opalskeletts leicht versteinern, lässt sich die Geschichte von Radiolarien über 512 Millionen Jahre zurückverfolgen. Versteinerte Strahlentierchen, deren Biomineralisierung stark auf Umwelteinflüsse reagiert, liefern uns Einblicke in die äußeren Bedingungen der Vergangenheit, wobei sich insbesondere Veränderungen der Meerestemperatur weit zurückverfolgen lassen. Wir wissen, dass Strahlentierchen kaltes Wasser bevorzugen, was erklärt, weshalb man dieses hier in der Antarktis gefunden hat. Es bedeutet aber auch, dass die Erwärmung der Meere in Folge des Klimawandels großen Einfluss auf sie haben wird.

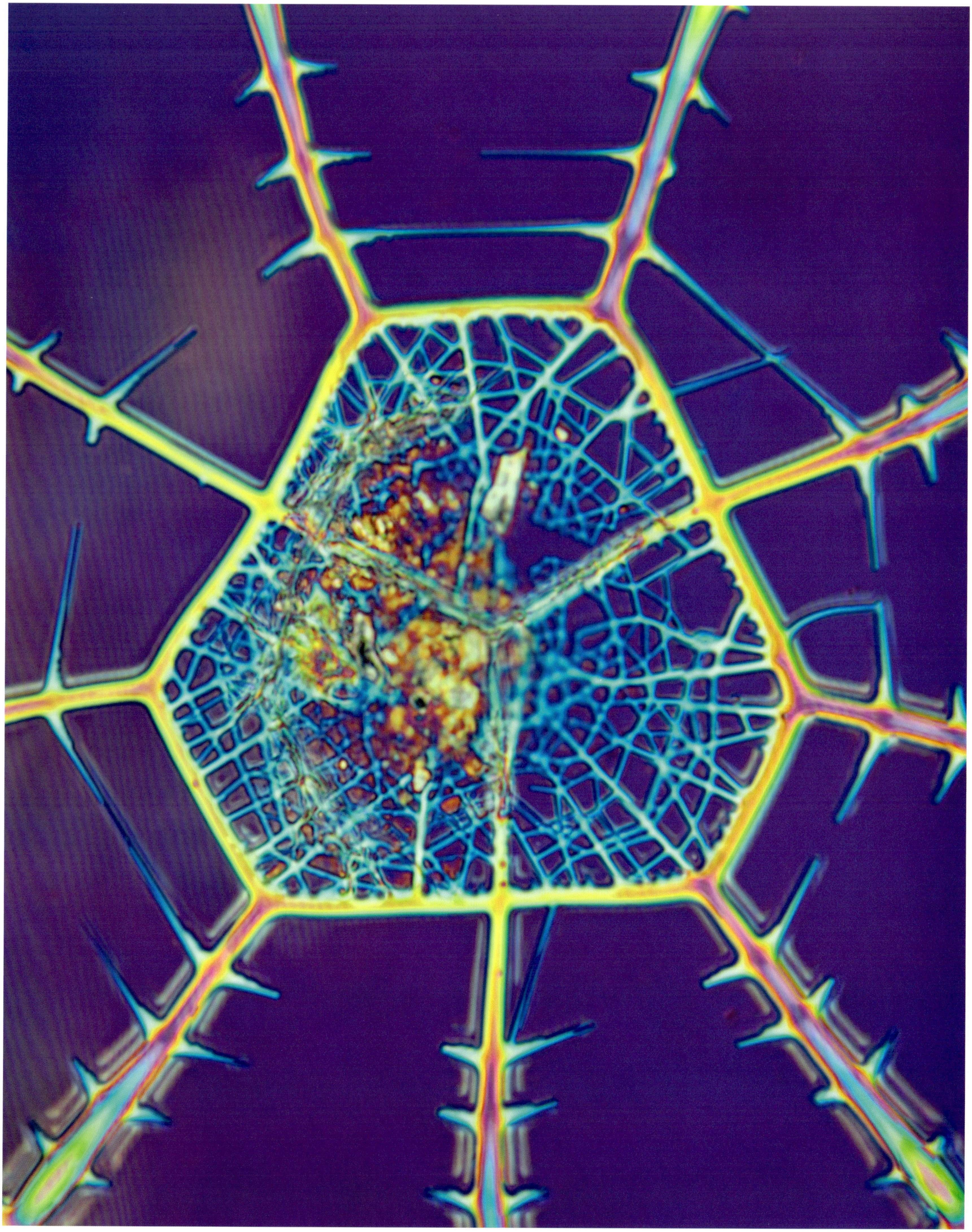

VORSICHT GIFTIG!

Raupe des Königskerzen-Mönchs (*Cucullia verbasci*)

Ich lasse meinen Garten gerne wild wuchern, und dieses Jahr haben die hübschen gelben Königskerzen (*Verbascum thapsus*) besonders üppig geblüht. Bienen lieben diese langstieligen Blumen genauso wie die faszinierenden, strahlendweißen Raupen des Königskerzen-Mönchs (*Cucullia verbasci*) mit ihren auffällig schwarzen und gelben Flecken.

Das erste Mal, als ich diese Raupen sah, sprangen mir ihre »Wespengesichter«, die mich von ihren Rücken herunter anstarrten, sofort ins Auge. Die perfekte Symmetrie jedes einzelnen »Gesichts« in Kombination mit dem sich wiederholenden Muster weißer, schwarzer und gelber Flecken haben einen frappierenden Effekt mit einer eindeutigen Botschaft: »Vorsicht, giftig!«

Eine ähnlich kontrastreiche schwarz-gelbe Musterung findet man bei Raupen von Monarchfaltern oder in den Streifen von Wespen. Mit ihren grellen Farben (Aposematismus) signalisieren diese Tiere, dass sie entweder gefährlich (Wespen) oder für den Verzehr nicht geeignet sind (Raupen).

Wie viele Pflanzen schützt sich auch die Königskerze vor Pflanzenfressern, indem sie Giftstoffe in ihren Fasern produziert, unter anderem Iridoidglykoside. Die Raupen des Königskerzen-Mönchs nutzen das und lagern die Giftstoffe der Pflanzen in ihren Körpern ein.

Natürlich nützt es einem als saftige Raupe wenig, wenn man von einem nichtsahnenden Vogel angepickt und womöglich gefressen wird, der erst, wenn es schon zu spät ist, merkt, dass man giftig ist! An dieser Stelle kommen Warnfärbung, Musterung und Symmetrie ins Spiel. Es ist kein Zufall, dass die meisten giftigen oder schädlichen Tiere mit grellen, kontrastreichen Farben, die sich auf Rot, Gelb, Schwarz und Weiß beschränken, vor sich warnen.

Ob die »Wespengesichter«, die wir auf dem Rücken der Raupe des Königskerzen-Mönchs erkennen, auch von Vögeln und anderen Fressfeinden als solche wahrgenommen werden, wissen wir nicht. Aber damit der Trick funktionieren kann, und das Muster als »Gesicht« wahrgenommen wird, muss es auf jeden Fall bilateralsymmetrisch sein.

WELCHE RICHTUNG?

Waglers Lanzenotter (*Tropidolaemus wagleri*)

Meine erste Grubenotter traf ich auf einer Expedition durch den Bako Nationalpark in Malaysia. Bei der ersten Begegnung lerne ich immer am meisten über ein Tier, das war auch bei der Waglers Lanzenotter (*Tropidolaemus wagleri*) so.

Die Schlange ist so grell gefärbt, dass man den Eindruck hat, sie ist viel zu grün, um unentdeckt zu bleiben. Aber wenn diese tödlich giftige Viper tagsüber bewegungslos auf einem Ast in einem niederen Busch liegt, ist sie tatsächlich fast unsichtbar.

Da ein Schlangenkörper die einfache Form eines Stabs oder Zylinders hat, ist allein daran schwer zu beurteilen, wie groß das Tier ist. Menschen neigen generell dazu, Dinge für größer zu halten, als sie tatsächlich sind – denken Sie nur an einen Angler, der mit ausgebreiteten Armen behauptet: »Er war so groß!« Obwohl ich von dieser Lanzenotter schon Bilder gesehen hatte, war auch mir nicht klar, wie klein sie eigentlich ist – dieses Exemplar hier war nur 50 Zentimeter lang.

Ausgestreckt ist eine Waglers Lanzenotter auf der ganzen Länge bilateralsymmetrisch. Daran ist zunächst einmal nichts Bemerkenswertes, bis man sich den Kopf der Viper genauer ansieht.

Platzieren Sie das Buch so weit von sich weg, dass das Foto relativ klein wird. In welche Richtung schaut die Schlange? Nach links oder nach rechts? Falls Sie glauben, sie schaut nach rechts, täuschen Sie sich. Sie schaut nach links.

Diese optische Täuschung entsteht durch Form, Farbe und Symmetrie des Schlangenkopfs. Von oben betrachtet ist er dreieckig, wobei der Nacken die Basis des Dreiecks bildet. Die Augen befinden sich jeweils mittig auf den Seitenlinien und das Maul an der Spitze des Dreiecks. Von der Seite betrachtet wird aus dem Dreieck ein dreiseitiges Prisma. Die mittige Position des Auges zusammen mit dem braunen und dem sich abhebenden weißen Streifen lassen den Eindruck entstehen, dass sich das Maul der Viper rechts an der Spitze des Prismas befindet. Die visuelle Ambiguität in der Geometrie des Schlangenkopfs ist eines der Gestaltprinzipien der visuellen Wahrnehmung.

Aber warum spielt das überhaupt eine Rolle? Antwort: Wenn die Schlange angreift, würde man nach links ausweichen, weil man glaubt, das sei entgegen der Richtung, in die sie zuschlägt. Tatsächlich begibt man sich aber direkt in die Angriffslinie … Ups!

DYNAMIT

Diatomee (*Bacteriastrum* sp.)

Das hier ist ein besonders hübsches Exemplar einer im Meer lebenden Kieselalge (Diatomee), ein sogenanntes *Bacteriastrum*. Für gewöhnlich tritt es in kurzen Ketten von elf Individuen auf, die über die elegant gebogenen »Speichen« (Setae) miteinander verbunden sind. Trennt man eine Diatomee von der Kolonie, wird ihre Radiärsymmetrie offensichtlich. Drehungen nach links oder rechts, um eine beliebige Anzahl von Speichen (diese hier hat dreizehn), verändern ihr Aussehen nicht. Es handelt sich hier um eine ausschließlich radiärsymmetrische Spezies, da eine bilaterale (gespiegelte) Symmetrie durch die asymmetrisch gebogenen Speichen verhindert wird.

Diatomeen sind photosynthetisch aktiv und müssen daher in der Nähe der Wasseroberfläche bleiben. Sie dürfen nicht zu weit absinken, was bei dieser Spezies die Setae zusammen mit der Kettenbildung verhindern.

Obwohl sie sehr klein sind (dieses Exemplar hat einen Durchmesser von 40 µm (0,04 mm), treten Diatomeen im Meer in so großer Zahl auf, dass sie schätzungsweise für 30 Prozent des Sauerstoffs verantwortlich sind, den wir atmen. Bedenkt man, dass Diatomeen zu den artenreichsten Organismen weltweit zählen, ist das gar nicht so überraschend, wie es vielleicht zunächst klingt. Erst mithilfe moderner Techniken zur Analyse von DNA konnte man sich darauf festlegen, dass heute schätzungsweise zwei Millionen Arten von ihnen existieren.

Da ihre Zellwände aus kristallinem hydratisiertem Siliziumdioxid (Opal) bestehen, leben Diatomeen in einer Art persönlichem Gewächshaus. Sterben sie, sinken sie in großer Zahl auf den Meeresgrund, wo sie versteinern. Die Hüllen der »toten« Kieselalgen (Frusteln) sind der Hauptbestandteil von Diatomeenerde oder Diatomit. Im Jahr 1867 entdeckte Alfred Nobel, dass man Nitroglyzerin – eine hochexplosive, instabile Flüssigkeit – stabilisieren kann, indem man es mit extrem saugfähiger und reaktionsträger Diatomeenerde mischt. Das Ergebnis war eine geschmeidige, lehmartige Substanz, die wir heute als Dynamit kennen.

KOPF ODER SCHWANZ?

Zierliche Asselspinne (*Nymphon gracile*)

Diese Spinne zählt zu den rätselhaftesten Geschöpfen der Natur. Sie scheint nur aus Röhren zu bestehen, daher fragen sich selbst Wissenschaftler, womit sie es hier zu tun haben. Derzeit geht man davon aus, dass Asselspinnen (Pycnogonida) mit Pfeilschwanzkrebsen, Spinnen, Skorpionen und Zecken (Chelicerata) verwandt sind. Aber sie sind in vielem so eigenartig, dass sie auch eine eigene Gruppe bilden könnten. Auf jeden Fall kann man ihren Bauplan nicht sofort verstehen.

Um ein Objekt zu begreifen, gehen wir normalerweise unterbewusst eine Checkliste seiner Teile durch. Während wir nach Hinweisen suchen, die uns verraten könnten, was wir vor uns haben, überprüft unser Verstand ein paar einfache geometrische Regeln. Ist es ein »Tier«, müssen Beine, Arme oder andere Körperglieder paarweise an einem mittigen »Rumpf« auftreten, entweder nebeneinander oder gegenüberliegend. Man könnte auch sagen, dass wir nach einer bilateralen Symmetrie suchen, einem zentralen Körper, paarigen Körpergliedern, einem Kopf und einem Schwanz.

Aber Asselspinnen sind anders – man sieht hier vor allem vier Beinpaare, die verwirrenderweise denselben Durchmesser haben wie der Körper. Der Kopf schaut nach unten, der Schwanz ist oben im Bild.

Asselspinnen ernähren sich von Hydroiden, Moostierchen, Schwämmen und dergleichen, denen sie mit ihren spritzenartigen Rüsseln die Körperflüssigkeiten aussaugen. Sie haben keinen Blutkreislauf, dafür erstreckt sich ihr Gedärm bis in die Beine – die »roten Röhren« markieren das Verdauungssystem. Doch hier wird es etwas verwirrend, denn tatsächlich stammt die rote Farbe von der Rotalge, zwischen der die Asselspinne unglaublich gut getarnt ist. Unter ultraviolettem Licht leuchtet das Chlorophyll der Alge rot durch die blau fluoreszierende Haut der Asselspinne hindurch.

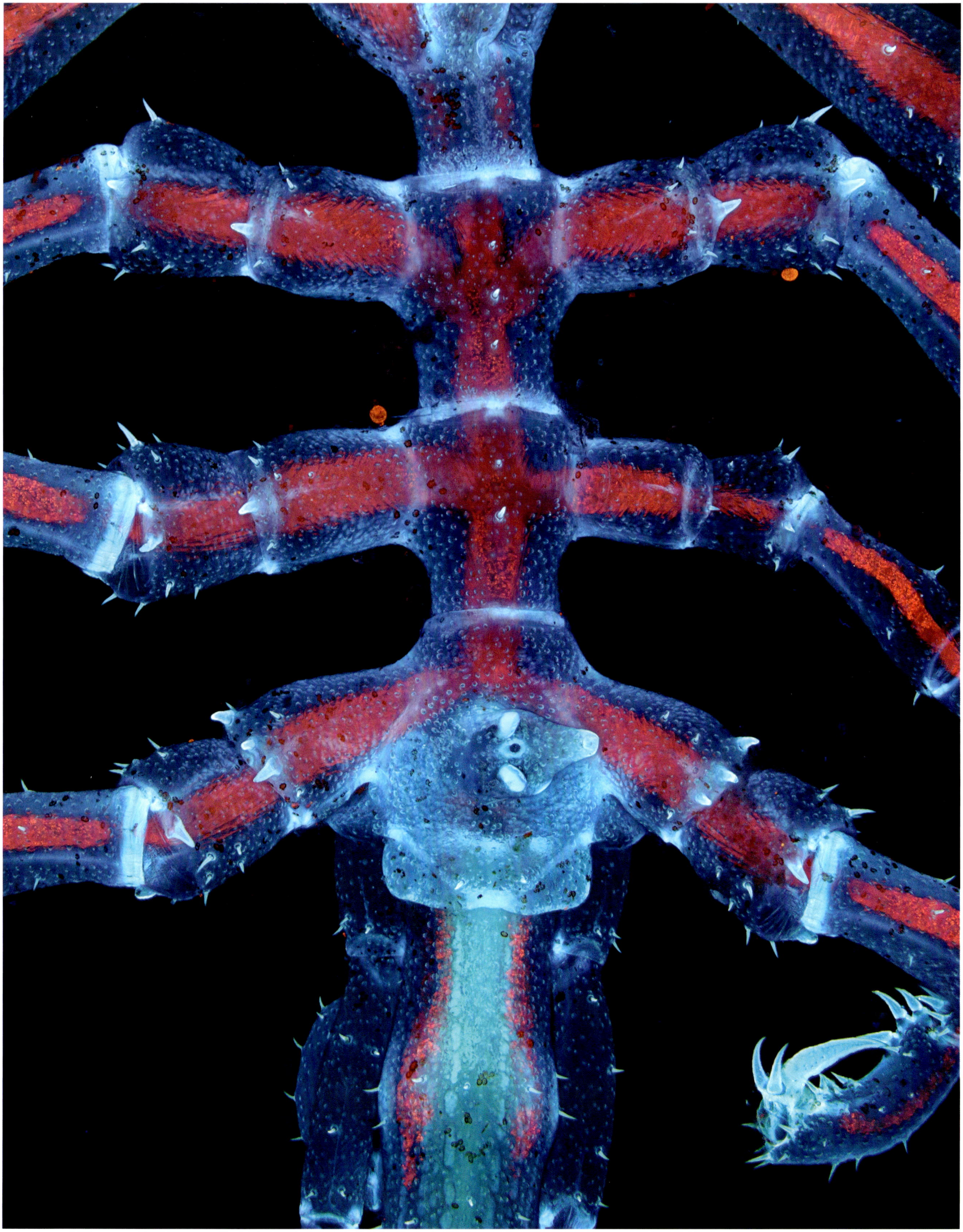

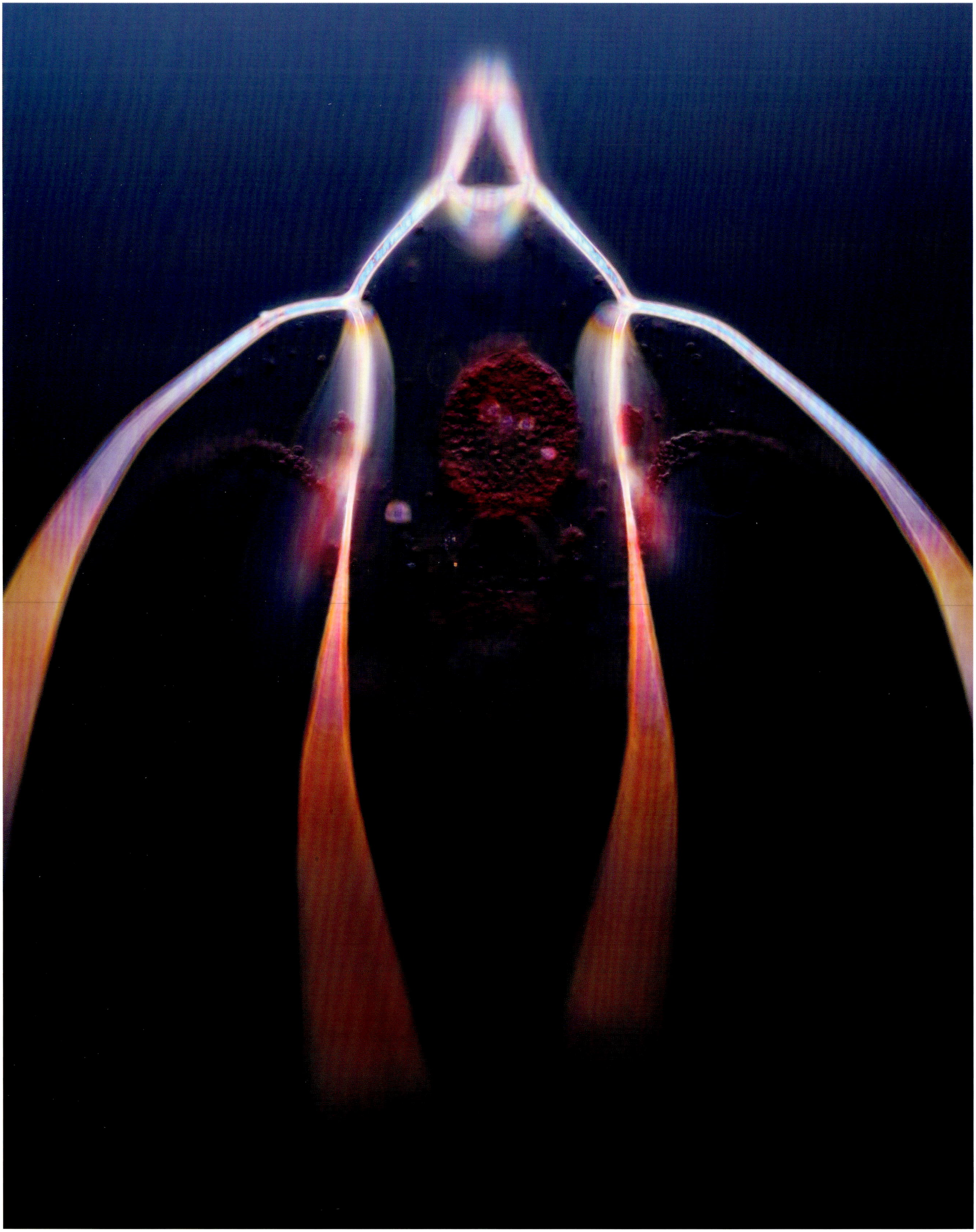

ABSINKEN

Pluteuslarve, Schlangenstern

Aus dieser planktonischen Larve eines Stachelhäuters (Pluteus), die hier durchs Meer treibt wie ein Sputnik durchs All, wird sich einmal ein Schlangenstern entwickeln. Die perfekte Bilateralsymmetrie der Larve wird mit der Metamorphose verschwinden, bevor sie als pentaradiärer, fünfarmiger Seestern auf den Grund sinkt, um dort ein Dasein als benthische Kreatur zu fristen.

Dieser Pluteus, dessen fragiler, fast durchsichtiger Körper seine Form und Struktur von einem inneren Gerüst aus biomineralisierten Skelettstäben und Spicula erhält, ist nur 500 µm (0,5 mm) breit und weist eine bemerkenswert einfache Geometrie auf.

Pluteusspicula sind aus kristallinem Kalzit – einer festen Form von Kalziumkarbonat. Im Allgemeinen kennt man Kalzit als Kalkstein, der aus den Skeletten und Schalen unzähliger Meeresorganismen entsteht, unter anderem auch den Spicula von Pluteuslarven.

Kalzit ist ein sogenannter doppelbrechender Kristall, der einen Lichtstrahl in zwei Lichtstrahlen mit unterschiedlichen optischen Eigenschaften bricht. Durch einen Polarisationsfilter (oder auch eine polarisierende Sonnenbrille) wird das im Kristall als zwei Farben sichtbar. Ich habe diese Larve bewusst in polarisiertem Licht fotografiert, um diese Eigenschaft herauszustreichen.

Aber warum sind die Arme dieser Pluteuslarve weit gespreizt? Für gewöhnlich weisen die Arme eines Pluteus, der in einer Wassersäule im Meer treibt, nach oben. Die Larve kann mit den Flimmerhärchen entlang der Arme zwar ihre Position korrigieren, ist aber kein guter Schwimmer und will ein Absinken daher vermeiden. Durch die Form eines Adlers mit ausgebreiteten Schwingen vergrößert sie ihre Fläche und damit den Widerstand und erzielt auf diese Weise die Wirkung eines Fallschirms. Sie sinkt langsamer.

Was hier sofort ins Auge sticht, ist der extrem sparsame Einsatz von Materialien im Bauplan der Pluteuslarve. Zusammen mit ihrer schlichten Bilateralsymmetrie scheint das eine erst kürzlich gefundene Erklärung zu bestätigen, weshalb die meisten Tiere bilateral symmetrisch sind. Untersuchungen legen nahe, dass dies daran liegt, dass es deutlich weniger genetische Programmierung und Entwicklung erfordert, wenn eine Struktur spiegelverkehrt ein zweites Mal gebildet wird. Symmetrische Strukturen sind grundsätzlich einfacher als asymmetrische. Hinzu kommt, dass sich symmetrische Körper, was Bewegungen anbelangt, leichter steuern lassen.

Ein gutes Beispiel dafür, wie Symmetrie das Leben einfacher macht, sind Möbel zum Selbst-Zusammenbauen. Wer mehrere gleiche Regale zusammenschrauben muss, braucht beim ersten meist noch recht lange und macht ein oder zwei Fehler. Beim zweiten geht es schon deutlich besser und schneller, und beim dritten ist man Profi! In der Biologie scheint das nicht anders zu sein.

3
SPIRALEN

Über Spiralen

Als ich am West Sands Beach an der Ostküste Schottlands einmal eine Halsband-Mondschnecke (*Euspira catena*) entdeckt habe, war es nicht die matte, rosa Färbung, die meinen Blick angezogen hatte, sondern es waren die weichen, zu einer perfekten Spirale aufgerollten Windungen des Schnecken-Gehäuses. Ich suchte weitere Exemplare.

Die Natur liebt Spiralen. Man findet ihre Geometrie in den Schalen von Muscheln, in den Fadenauswüchsen der Eikapseln von Haien (»Meerjungfrauen-Beuteln«), in den Tentakeln gestrandeter Quallen, in der Anordnung von Sonnenblumenkernen oder der von Blättern um Pflanzenstängel, in Schmetterlingszungen, Wolkenfetzen oder der Spiralfurchung bei Embryonen. Im Grunde hat jedes Lebewesen schon in der Helix seiner DNA seine ganz persönliche Spirale. Warum Spiralen? Eine sehr einfache Erklärung ist: Die Natur liebt Spiralen, weil sie in Zusammenhang mit Wachstum, Lagerung, Verpackung und Schutz viele Probleme lösen. Aber die eine perfekte Spirale existiert nicht. Vielmehr gibt es unter anderem archimedische Spiralen, logarithmische Spiralen oder Euler-Spiralen, die alle eine einzigartige Geometrie und Funktionalität aufweisen. Wieder andere spiralähnliche Formen wie Helices oder Schrauben ermöglichen Pflanzen, sich zu bewegen. Mit ihrer Hilfe können Samen fliegen, sich in die Erde bohren oder sogar ballistisch verbreiten, während gewundene Rankenpflanzen sich an etwas hochziehen oder klettern können.

Stellen Sie sich eine Zimtschnecke vor. Die flachen, überall gleich breiten Windungen aus Teig bilden eine archimedische Spirale, benannt nach dem griechischen Mathematiker Archimedes (gest. 212 v. Chr.). Seeleute nutzen diese Spiralform gerne, um ihre Seile in kompakten Knäueln zu verstauen, die sich, ohne zu verknoten, wieder ausrollen lassen. Aber archimedische Spiralen treten auch in der Natur auf, angefangen bei den Zungen von Schmetterlingen und Motten bis hin zu den platzsparend eingerollten jungen Blättern von Seerosen und Schilfrohr. Tausendfüßer rollen sich, wenn sie gestört werden, zu archimedischen Spiralen zusammen, genau wie Schlangen, wenn sie sich ausruhen oder ihre Eier ausbrüten. Dennoch ist die archimedische Spirale in der Natur nicht die häufigste. Dieser Titel gebührt der logarithmischen Spirale, deren Bögen mit jeder Windung exponentiell weiter werden. D'Arcy Wentworth Thompson (von 1917 bis 1948 Professor für Naturgeschichte an der Universität von St. Andrews) beschrieb diese Spirale als gewundenen Kegel. Ein solcher »Kegel« kann eine flache Spirale (Planospirale) bilden, wie bei einem Perlboot-Gehäuse, oder eine konische Spirale, wie man sie bei Wellhorn- oder Weinbergschnecken findet. Bei den Schalenhälften von Herzmuscheln handelt es sich im Grunde auch um zwei gegenüberliegende Kegel, und sogar Napfschnecken weisen bei genauerem Hinsehen eine logarithmische Spirale auf.

Wenn Schnecken und Meeresschnecken in ihren harten Gehäusen aus Kalziumkarbonat wachsen, bauen sie an, indem sie um ihre Gehäuseöffnung herum neues Material hinzufügen. Dabei ermöglicht ihnen die Kegelform einer logarithmischen Spirale, größer zu werden, ohne ihre Form oder Proportionen zu verändern. Man spricht von »Selbstähnlichkeit«. Ein winziges Gehäuse sieht genau gleich aus wie ein großes. Die Selbstähnlichkeit garantiert, dass Form und Funktion eines Organismus durch das Wachstum unbeein-

Wachstumslinien
Foraminiferen sind einzellige, im Wasser lebende Organismen, deren filigrane Gehäuse (Tests) aus kristallinem Kalziumkarbonat mehrere Kammern aufweisen. Die Schale dieser benthischen Spezies, *Peneroplis planatus*, weist die flach gewundene Form eines Füllhorns auf (Planospirale). Wächst sie, kommen immer neue Kammern hinzu, wodurch die verräterischen Wachstumslinien entstehen, die auf dem Foto zu sehen sind.

flusst bleiben. Perlboote leben bis zu 15 Jahre, weshalb sie ein Gehäuse brauchen, das mitwächst und es auch ausgewachsen noch beherbergen kann, ohne lebenswichtige Funktionen einzubüßen. Aus demselben Grund findet man kegelförmige, logarithmische Spiralen auch bei Reißzähnen, Schnäbeln, Hörnern, Wirbelsäulen, Klauen und Pflanzendornen.

Schnecken mit einem konischen Spiralgehäuse sind mit ihrer asymmetrischen äußeren Form einzigartig im Tierreich. Über 90 Prozent haben »rechtshändige« (dextrale, rechtsgewundene) Gehäuse mit der Öffnung von oben gesehen rechts. Diese Schnecken sind »chiral« (griechisch für »Hand«). Das bedeutet, das Spiegelbild ihres Gehäuses ist nicht deckungsgleich mit dem Original, wie bei einer linken und einer rechten Hand.

Im Aufbau von Pflanzen findet man Spiralen besonders häufig, vor allem in der präzisen Anordnung von Blättern und anderen seitlichen Organen: der sogenannten Phyllotaxis. So weisen Sonnenblumen beispielsweise eine spiralförmige Anordnung der Samen auf – 34 Spiralen (Parastichen), die im Uhrzeigersinn verlaufen, und 55 gegen den Uhrzeigersinn –, während Kieferzapfen 8 rechtsdrehende und 13 linksdrehende Spiralen haben. Diese Zahlen entsprechen der Fibonacci-Folge, benannt nach dem im 13. Jahrhundert lebenden italienischen Mathematiker Leonardo Fibonacci. Jede Zahl dieser Folge wird aus der Summe der beiden vorherigen gebildet: 1, 1, 2, 3, 5, 8, 13, 21, 34, 55, 89 usw.

Das Bemerkenswerte daran ist: Teilt man eine beliebige Fibonacci-Zahl durch die vorherige, ergibt das eine Näherung an den Goldenen Schnitt ($\varphi \approx 1{,}618$) – je größer die Zahl, desto besser die Annäherung. Übertragen auf einen Kreiswinkel entspricht das Zahlenverhältnis der Parastichen einer Sonnenblume (34/55) einem Winkel von 222,5 Grad, also 137,5 Grad weniger als ein voller Kreis. Dieser Ergänzungswinkel ist der sogenannte »Goldene Winkel«, der die Anordnung der Samen auf der gegebenen Fläche optimiert.

Die Samen entstehen hierbei nicht der Reihe nach, wie eine spiralförmig aufgezogene Perlenkette, sondern bilden sich in einem Winkel von ungefähr 137,5 Grad jeweils schräg gegenüber von ihrem Vorgänger. Auf diese Weise werden, bevor in der Sonnenblume direkt vor einem Kern der nächste entsteht, in den anderen Parastichen 34 weitere Kerne hinzugefügt. Für diese Präzision ist das Meristem der Pflanze verantwortlich, die sogenannte »Wachstumsspitze«, in der primitive Zellen fortlaufend spiralförmige Strukturen ausbilden. Man geht davon aus, dass das Pflanzenhormon Auxin einen chemischen Gradienten bereitstellt, der dafür verantwortlich ist, dass sich die nächste Einheit nicht neben der letzten, sondern in einem Winkel von ungefähr 137,5 Grad gegenüber bildet.

Auch das Wachstum von Blättern um den Pflanzenstängel folgt einem Spiralmuster. Die Anordnung in einer senkrechten Helix maximiert die Aufnahme von Sonnenlicht und minimiert die Selbstbeschattung, wobei die Tatsache, dass der Goldene Winkel eine irrationale Zahl ist, dafür sorgt, dass die Blätter nie direkt übereinander liegen. Wer sich im Sommer unter einen Baum legt und nach oben blickt, wird immer ein paar Fleckchen Himmel sehen, was beweist, dass selbst die untersten Blätter noch Sonne abbekommen – dank ihrer spiralförmigen Anordnung.

RANKE

Passionsblume (*Passiflora pittieri*) und Passionsblumenfalter (*Heliconius* sp.)

Passionsblumen (*Passiflora pittieri*) sind Kletterpflanzen. Auf der Suche nach Halt recken sie ihre Ranken in die Luft, auf deren Spitze dann der Passionsblumenfalter (*Heliconius* sp.) sein Ei ablegt. Doch warum windet sich die Ranke in einer perfekten rechtsgängigen Helix? Und warum legt der Schmetterling nur ein einziges Ei auf ihr ab?

Um ans Licht zu gelangen, brauchen Passionsblumen eine vertikale Struktur, an der sie hinaufklettern können. Dazu suchen die jungen Ranken, die zu Beginn noch gerade sind, ihr Umfeld ab, wobei die Rankenspitze immer größere Kreisbewegungen vollführt. Man spricht von »Circumnutation«. Wächst die Ranke und wird länger, entstehen durch ein asymmetrisches Zellwachstum und Verhärtungen die auf dem Foto zu sehenden Windungen, die die Pflanze auf einen Kontakt vorbereiten. Ist es so weit, schlingt sich die Spitze um den gefundenen Ankerpunkt, und die lockeren Windungen verengen sich zu einer federähnlichen Helix, mit der sich die Ranke enger an ihre Stütze zieht. Pflanzenranken können sowohl rechts- als auch linksgängig sein, die Helices enden jedoch immer am selben Punkt.

Passionsblumenfalter und Passionsblumen bilden eine enge Gemeinschaft. Um Pflanzenfresser abzuwehren, produzieren Passionsblumen giftige cyanogene Glykoside. Die Larven des Passionsblumenfalters jedoch sind dagegen immun und lagern diese ein, um sich ihrerseits gegen Fressfeinde zu schützen. Diese Strategie ist so erfolgreich, dass andere, nicht giftige Schmetterlinge, die mit Passionsblumenfaltern den Lebensraum teilen, deren Warnfarben auf den Flügeln kopieren, ein Phänomen, das sich Müllersche Mimikry nennt.

Die Passionsblume hat daher andere Möglichkeiten entwickelt, den Falter davon abzuhalten, seine Eier auf ihr abzulegen. So besitzt sie tödliche, hakenförmige Pflanzenhärchen an den Blättern (Trichome), die den Raupen die Haut aufreißen können. Zudem bildet sie Auswüchse, die so aussehen wie Schmetterlingseier. Da Passionsblumenfalter ihre Eier so weit voneinander entfernt wie möglich ablegen, damit ihre kannibalischen Larven sich nicht gegenseitig fressen, hält sie das ebenfalls von der Eiablage ab. Und schließlich verfügt die Pflanze noch über extraflorale Nektarien, welche eine Zuckerlösung produzieren, die spezielle Ameisen anlockt. Diese patrouillieren auf der Pflanze und schützen sie, indem sie Eier, Larven und andere Störenfriede fressen. Man hat jedoch festgestellt, dass sich die Ameisen ihre Beute eher selten auf den Rankenspitzen holen.

DIE PERFEKTE SPIRALE

Gemeines Perlboot (*Nautilus pompilius*)

Das Gemeine Perlboot ist ein räuberisches Meeresweichtier, ein Kopffüßer aus der Familie der Nautilidae. Es ist mit Kraken und Tintenfischen verwandt und verfügt über 60 saugnapflose Tentakel. Ein Querschnitt durch das Gehäuse eines Perlboots offenbart seine bemerkenswerte Struktur und perfekte Geometrie.

Das von außen runde Perlbootgehäuse verbirgt eine wunderschöne Spirale aus Kammern, die über eine enge Röhre, das sogenannte Siphunkel, miteinander verbunden sind. Während das Tier in der ersten und größten Kammer lebt, sind die anderen, zu klein gewordenen Kammern mit Gas und salziger Flüssigkeit gefüllt, über die das Perlboot Auftrieb und Tiefe reguliert. Die mit Gas gefüllten Kammern sind ein exzellenter Schwimmkörper, brauchen aber als Schutz gegen den Druck eine sehr dicke Schale. Unabhängig von der Tiefe ist der Druck in den einzelnen Kammern immer niedriger als der durchschnittliche Luftdruck auf Meereshöhe – zwischen 0,3 atm in neuen Kammern und 0,8 atm in älteren.

Wenn das Perlboot wächst, muss sein Gehäuse größer und dicker werden, die Form jedoch gleich bleiben, denn die ist überlebenswichtig und muss mindestens 51 atm standhalten. So groß ist der Druck in einer Tiefe von ungefähr 500 Metern, wo schon Perlboote gefunden wurden (intakte Gehäuse brechen bei 65 atm). Das Perlbootgehäuse bildet eine »logarithmische Spirale«, die überall dieselben Winkel aufweist. So kann es größer werden, ohne dabei die Form zu verändern. Wie bei einer Kugel, einem Würfel, einem Kegel, einer Pyramide oder einem Fraktal handelt es sich um ein selbstähnliches oder isometrisches Objekt, das immer gleich aussieht, egal, wie groß oder klein es ist. Logarithmische Spiralen findet man überall in der Natur – in Kieferzapfen, Tierhörnern oder planktonischen Foraminiferen.

Das Wachstum des Perlbootgehäuses folgt einem mathematischen Muster, dem sogenannten Goldenen Schnitt, dessen Eleganz in vielen Naturphänomenen in Erscheinung tritt und der auch der Fibonacci-Folge und dem Wachstum vieler Pflanzen zugrunde liegt.

BLUT, SCHWEISS UND TRÄNEN

Aurorafalter (*Anthocharis cardamines*)

Schon ein flüchtiger Blick auf einen vorbeifliegenden Schmetterling genügt, um dessen hübsche Form und seine Farben wahrzunehmen; und betrachtet man ihn aus der Nähe, fällt es schwer, nicht in Staunen zu verfallen. Nehmen wir zum Beispiel den Aurorafalter, *Anthocharis cardamines*. Schauen Sie sich diese faszinierenden Augen und das haarige Gesicht (von der Seite) an. Sehen Sie die Spirale unter seinem Kopf, die aussieht wie eine Springfeder? Das ist die Zunge des Schmetterlings.

Schmetterlingszungen sind wirklich erstaunlich. Es handelt sich dabei um eine Röhre, im Fall des Aurorafalters um eine Art Trinkhalm, durch den er flüssigen Nektar aus Blüten schlürft wie wir einen Milchshake. Die Windungen seiner Zunge entsprechen einer archimedischen Spirale, wodurch sie optimal platzsparend eingerollt werden kann. Ausgefahren wird die Zunge hydraulisch, indem der Schmetterling Hämolymphe (Schmetterlingsblut) hineinpumpt und so den inneren Druck erhöht; eingefahren wird sie über innere Muskelstränge und die natürliche Elastizität der Kutikula.

Man kann sich kaum vorstellen, womit sich Schmetterlinge und Motten (Lepidoptera) dank ihrer Röhrenzungen alles ernähren. Manche Schmetterlinge (wie der *Heliconus pachinus*) haben sich darauf spezialisiert, mit ihrer Zunge Pollen zu sammeln, die sie dann mit anderen Mundwerkzeugen zerdrücken und fressen. Andere, wie *Archaeoprepona demophoon,* verfügen über einen Rüssel, der hart genug ist, um in reife Früchte zu stechen; während Vampirfalter (*Calyptra thalictra, C. eustrigata*) mit ihrem kräftigen, spitzen Rüssel Blut saugen und Säugetiere in die dünne Haut um Augen oder Fingernägel stechen! Es gibt sogar Lepidoptera, die es auf Schweiß abgesehen haben, so eine Motte namens *Arthroschista hilaralis* und ein Schmetterling namens *Cethosia cyane cyane*. Und wieder andere (darunter *Lobocraspis griseifusa* und *Hemiceratoides hieroglyphica*) sind darauf spezialisiert, Vogel- und Säugetiertränen zu trinken.

Aber warum haben sich diese Schmetterlinge ausgerechnet darauf spezialisiert, Blut, Schweiß und Tränen zu schlürfen? Die Antwort lautet: Natrium (Salz). In einer terrestrischen Umgebung kann es schwierig werden, ausreichend Natrium zu finden, das für eine erfolgreiche Fortpflanzung jedoch unverzichtbar ist. Man muss dazu sagen, dass Körperflüssigkeiten natürlich nicht die einzige Nahrungsquelle dieser Falter sind – nur eine wichtige Ergänzung.

Wenn ich mehrere Kilo Kameraausrüstung durch den Urwald schleppe, umschwirren mich häufig ganze Wolken von gelben Schmetterlingen und winzigen »Schweißbienen«, die es auf das Salz abgesehen haben. Glauben Sie mir, es ist ein zauberhaft kitzliges Erlebnis, wenn Hunderte winzige Zungen einem den Schweiß von Gesicht und Händen schlürfen. Von Vampirmotten wurde ich bisher aber noch nicht gebissen.

ZICKZACK

Kreuzotter (*Vipera berus*)

Begeisterung, bei vielen anderen eher Angst. Denn was man hier sieht, sind die Windungen einer Kreuzotter (*Vipera berus*), der einzigen Giftschlange Großbritanniens. Dieses Exemplar hier wurde von einem Mäusebussard (*Buteo buteo*) enthauptet, den wir mit dem Schlangenkopf in den Klauen davonfliegen sahen. Den Körper hatte er zurückgelassen. Ich konnte für das Tier nichts weiter tun, als sein wunderschönes Schuppenmuster zu fotografieren und diese Geschichte zu erzählen.

Kreuzottern behalten ihre Eier im Körper und »gebären« lebende kleine Schlangen. Andere Schlangenarten legen Eier, und Pythons regulieren sogar die Temperatur ihrer Eier, indem sie sich um sie zusammenrollen und zittern.

Hier ist der Körper der Schlange zu einer Spirale aufgerollt und müsste sich, um sich zu entrollen, um sich selbst drehen – so wie sich die Helix eines Korkenziehers um die eigene Achse dreht. Würgeschlangen winden sich auf diese Weise um ihre Beute, um sie bewegungsunfähig zu machen und dann zu ersticken, bevor sie sie in einem Stück verschlucken. Bei Kreuzottern, die schnell zuschlagen müssen, würde das Entrollen zu lange dauern. Damit sie sich blitzartig strecken können, liegen Kreuzottern gefaltet wie eine Ziehharmonika im Zickzack auf der Lauer und warten auf Beute (vergleiche das Foto einer Wagler Lanzenotter auf Seite 73). Diese Art, den Körper aufzufalten, wiederholt sich auch im Muster auf dem Rücken der Schlange.

Jede der Schuppen der Kreuzotter (in Form eines Drachenvierecks) ist jeweils von sechs weiteren, präzise angeordneten, leicht überlappenden Schuppen (Drachenvierecken) umgeben, wodurch ein schönes, an hexagonale Fliesen erinnerndes Gitter entsteht. Diese Anordnung der Schuppen entsteht selbstorganisiert während des Entwicklungsprozesses durch ein von Alan Turing 1952 erstmals beschriebenes Reaktions-Diffusions-System. Die Schuppen sind so exakt positioniert, dass sie aussehen wie parallel ineinander gedrehte Spiralen, die mit einem Überschneidungswinkel von 45 Grad sowohl nach rechts als auch nach links laufen. Die Oberflächenstruktur ihrer Schuppen, dank derer sie fast überall Halt finden, ermöglicht Schlangen, sich wie auf Beinen fortzubewegen. Sie können durch Gräser, Gestrüpp und Sand gleiten, auf Bäume klettern, sich eingraben, schwimmen, und manche Schlangen können sogar fliegen (oder besser segeln).

In Gabun entdeckte ich einmal eine hübsche grüne Schlange, die nahezu unsichtbar auf Brusthöhe zwischen den Blättern lag. Als ich mich ihr mit der Kamera näherte, sprang sie aus dem Gebüsch auf den Boden und glitt davon. Überrascht, wie unfassbar schnell sie war – Schlangen können angeblich bis zu 11 km/h erreichen –, kam ich kurz, bevor ich sie erreichte, wieder zur Vernunft und zog mich zurück. Erst als ich mir im Lager die Begegnung dann noch einmal durch den Kopf gehen ließ, wurde mir klar, dass es sich bei der Schlange mit großer Wahrscheinlichkeit um eine Grüne Mamba (*Dendroaspis viridis*) gehandelt hatte. Mein Rückzug hatte mir zweifellos das Leben gerettet. Einen solchen Fehler mache ich sicher nicht noch einmal!

SPIRALGALAXIE

Gemeine Tellerschnecke (*Planorbis plaorbis*)

Die im Süßwasser heimische Gemeine Tellerschnecke (*Planorbis plaorbis*) trägt in dem schleimigen Biofilm, der ihr Gehäuse überzieht, eine ganze Galaxie photosynthetischer einzelliger Mikroorganismen mit sich herum, darunter Cyanobakterien, Diatomeen, Desmiden und *Chlamydomonas*. Unter UV-Licht erscheint das Chlorophyll in diesen einzelligen Algen leuchtend rot (man spricht hier von Autofluoreszenz), was bei Tageslicht meist aber kaum zu erkennen ist. Die Eingeweide der Schnecke sind in dunklen Blautönen zu sehen. Um diesen Kontrast hervorzuheben, habe ich in einem nahegelegenen Bach Tellerschnecken gesammelt und im Dunkeln unter dem Mikroskop fotografiert.

Die oben erwähnten Mikroorganismen bilden gemeinsam mit dem von der Schnecke abgesonderten Schleim, in dem sie leben, einen ökologisch wichtigen Biofilm. Bei der Analyse des Biofilms einer Scharfen Hornschnecke (*Pleurocera*) wurden 1258 verschiedene Arten von Bakterien aus 64 verschiedenen Phyla identifiziert – ein wahrhaft atemberaubendes Universum aus Mikroben, wenn man bedenkt, dass es auf nur einer Wasserschneckenart existiert! Die Wissenschaft forscht in diesem mikrobischen Schmodder derzeit übrigens fieberhaft nach industriellen und medizinischen Anwendungen. Es ist nicht auszuschließen, dass das nächste Superantibiotikum aus unspektakulärem Schneckenschleim gewonnen wird.

Tellerschnecken zählen zum selben Phylum (Mollusken) wie Kopffüßer, aber obwohl ihre Gehäuse eine ähnliche logarithmische Spirale bilden wie Perlbootgehäuse (siehe Seite 86), ist die Anatomie dieser Arten grundverschieden. *Planorbis* zählen wie Weinbergschnecken und Nacktschnecken zu den Gastropoden (griechisch für »Bauchfüßer«), die, obwohl sie oft übersehen und für selbstverständlich erachtet werden, die größte Gruppe der Wirbellosen bilden. Und dazu noch eine sehr eigenartige. Während ihrer Entwicklung vollführen Gastropoden eine komplette Drehung, bei der ihre Eingeweide und andere Organe so zusammengeklappt werden, dass sich der Anus über dem Maul befindet (Torsion). Durch dieses Verdrehen verschaffen sich Schnecken auch den nötigen Platz, um sich in ihr Haus zurückziehen zu können. Die Torsion zerstört die ursprünglich bilaterale Symmetrie der Schnecke, und der Rest ihrer Entwicklung findet auf der linken (in seltenen Fällen auch der rechten) Seite statt.

Obwohl sich der Kopf am vorderen Teil dessen befindet, was wir als den »Fuß« der Schnecke bezeichnen, entleert sie ihren Darm nicht dort. Sind Ihnen schon einmal die schwarzen Fäden aufgefallen, die oft seitlich neben Weinbergschnecken liegen? Direkt unter der Öffnung des Gehäuses? Das ist der Kot. Führt man sich die praktischen Probleme vor Augen, die das Leben in einem Schneckenhaus mit nur einer Öffnung so mit sich bringt, ergibt das auch Sinn. Wasser-Gastropoden wie Tellerschnecken defäkieren zwar über ihr Gesicht, da sie im Wasser leben, wird der Kot aber glücklicherweise sofort weggespült.

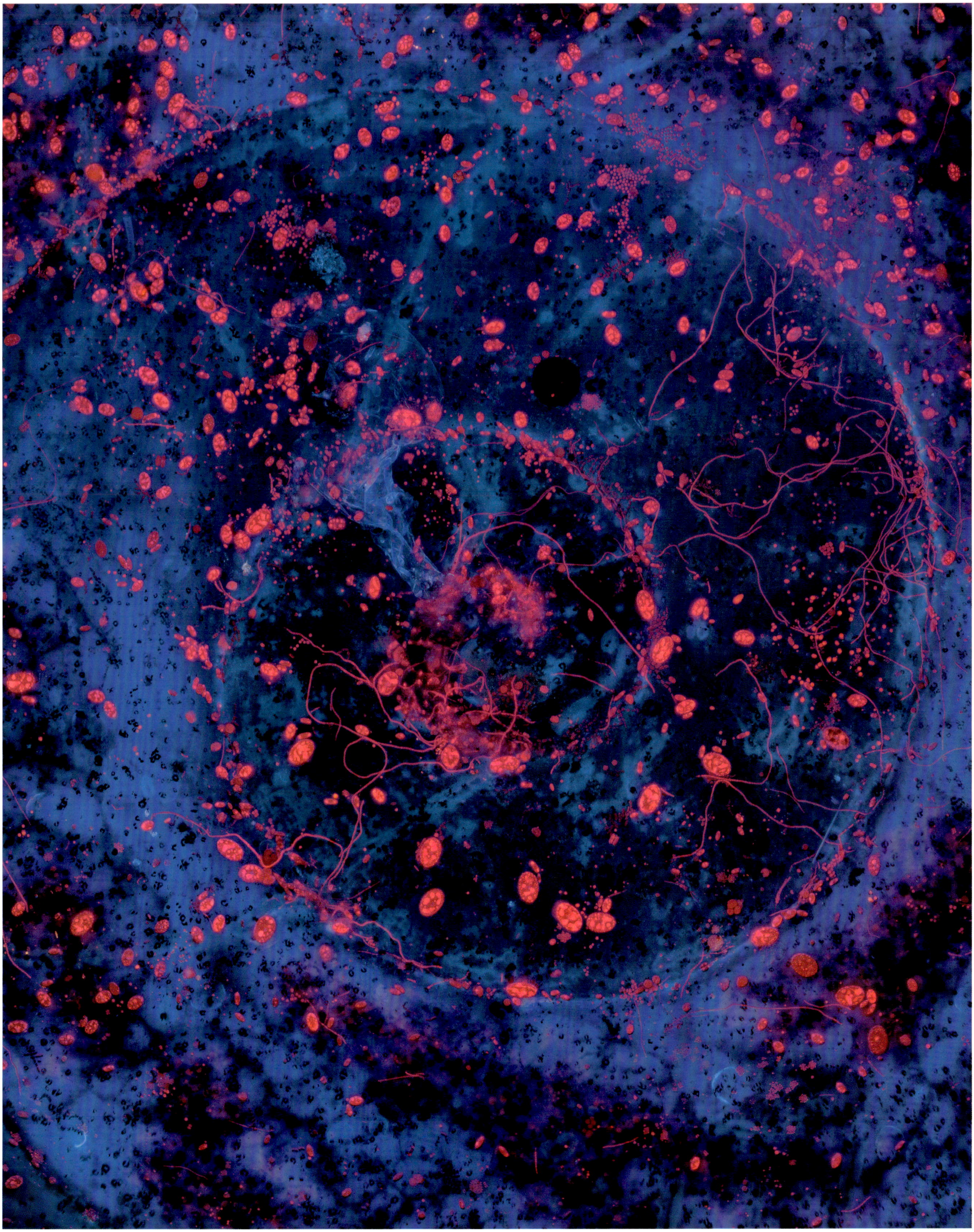

FENSTER

Zungenmuschel (*Meiocardia moltkiana*)

Zungenmuscheln sind wunderschöne, fast durchscheinende, herzförmige Mollusken, die im Sand oder Schlamm flacher Meeresbereiche leben.

Die Klappen einer *Meiocardia moltkiana* wachsen im eleganten, leicht abfallenden Schwung einer logarithmischen Spirale, wobei die Hälften ein klein wenig an Napfschnecken mit lustigen Zipfelmützen erinnern. Obwohl Muscheln zu einer völlig anderen Gruppe von Weichtieren gehören als Perlboote (siehe Seite 86), folgt das Wachstum ihrer spiralförmigen Schalen denselben einfachen Regeln: Expansion, Rotation und Torsion.

Die Schale wächst um die Öffnung herum, indem der Mantel Schichten einer speziellen Art von kristallinem Kalziumkarbonat absondert – in diesem Fall Aragonit. Verteilt sich das Material gleichmäßig über den Rand, entsteht ein Kegel mit einer runden Grundfläche (Apertur) – eine einfache Expansion.

Die Rotation kommt hinzu, wenn der Mantel kontinuierlich auf einer Seite des Apertur-Rands mehr Material absondert als auf der anderen und sich ein Wulst in Form eines Donuts bildet. Treten Expansion und Rotation gemeinsam auf, entsteht die logarithmische Planospirale eines Perlboots.

Die Torsion wird erreicht, indem die Schnecke das neue Material für den Mantel entlang dem Rand der Apertur in einer kreisenden Bewegung absondert.

Die eleganten Spiralen mit leicht geneigten Windungen, die der Muschel das Aussehen eines Gesichts verleihen, resultieren also aus dem Wachstumsmuster der Zungenmuschel, das sowohl Elemente der Rotation als auch der Torsion aufweist.

Corculum cardissa aus der Familie der Herzmuscheln (Cardiidae) haben eine ähnliche Form wie *Meiocardia moltkiana*. Sie leben in Gewässern mit sandigen Böden, die zwischen 0,5 und 0,9 Metern tief sind, also flach genug, um genügend Sonnenlicht abzubekommen. Das ist deshalb wichtig, weil sie wie Riesenmuscheln und Korallen photosymbiotisch sind und in ihrem Mantel, ihren Rippen und ihrem Fuß photosynthetische Dinoflagellaten beherbergen. Noch erstaunlicher ist jedoch, dass die Schale aus einem feinen Netz durchsichtiger »Fenster« besteht. Jedes dieser Fenster – die man erst 2022 entdeckt hat – besitzt einen eigenen Mikrokondensor sowie ein Glasfaserkabel aus Aragonitkristallen, die das Licht in den Körper der Muschel leitet. Die Fenster versorgen die Symbionten mit »verwertbarem« Licht, während das schädliche UV-Licht herausgefiltert wird.

Dieses Glasfaserleitsystem ist so perfekt, dass es eine Auflösung von 100 Linienpaaren pro Millimeter erreicht – genug, um ein Bild durch die Muschelschale zu übertragen, das so scharf ist, als wäre diese gar nicht da!

NÄCHSTE DOPPELSEITE
Foraminiferen (*Elphidium* sp.)
Obwohl sie wie Ammoniten aussehen, zählen diese hübschen, spiralförmigen Schalen aus Kalziumkarbonat zu den einzelligen Protisten, den Foraminiferen (oder Kammerlingen). Mit einem durchschnittlichen Durchmesser von weniger als 500 μm (0,5 mm) leben die meisten der weltweit 50 000 Arten im Meer. Foraminiferen können dort gebietsweise in sehr großer Zahl auftreten – mit bis zu über 300 000 Exemplaren pro Liter Meerwasser.

BALLISTIK

Spiralperistom, Laubmoos (*Funaria hygrometrica*)

Laubmoose, Lebermoose und Hornmoose sind nicht blühende Pflanzen, die zur größeren Gruppe der Bryophyten zählen. Da Bryophyten weder Wurzeln noch ein entwickeltes Gefäßsystem haben, werden fast alle kleinen Pflanzen, die zwischen 3 und 5 cm hoch oder lang werden, dieser Gruppe zugerechnet, wobei ihre größten Mitglieder (*Dawsonia*) auch bis zu 50 cm groß werden können.

Moose kennt wahrscheinlich jeder. Eigentlich kaum zu übersehen, wachsen sie wie grüne Nadelkissen auf Gartenmauern, toten Baumstämmen und anderen feuchten Oberflächen. Im Gegensatz zu blühenden Pflanzen, die Samen produzieren, bilden Moose Sporen aus – kleine einzelne Zellen, die von einer harten, schützenden Schale umhüllt sind, bis eine neue Pflanze daraus keimt. Sporen sind so winzig (weniger als 50 µm), dass sie vom Wind davongetragen werden und als Partikel in der Luft häufig mit ein Grund für die Leiden von Heuschnupfenallergikern sind. Sie entstehen in einer Kapsel am Ende eines dünnen Stiels (Seta) und werden dann mittels der erstaunlichen Vorrichtung, die wir hier sehen – dem Peristom –, in die Luft geschossen (Dehiszenz).

Die spiralförmig angeordneten Zähne sowie die Spiralform des Peristoms selbst sind entscheidend für das erfolgreiche Abschießen der Sporen. Die Zähne reagieren auf Veränderungen der relativen Luftfeuchtigkeit (rF). Ist die Luft feucht, drehen sie sich ineinander und schließen die Apertur, ist die Luftfeuchtigkeit niedrig (unter 75 Prozent rF), öffnen die Zähne die Apertur. Bei den Streifen, die auf den Zähnen des Peristoms zu sehen sind, handelt es sich um verdickte Rippen, die dafür sorgen, dass es ruckelt, wenn sich die Zähne nach außen drehen; und über diese Vibrationen werden die Sporen dann wie mit einer Pistole in die Luft geschossen.

Diese faszinierende ballistische Mechanik findet man bei Laubmoosen, während Torfmoose eine etwas andere Technik zur Anwendung bringen, bei der die Sporen wie mit einem Luftgewehr mit einer Geschwindigkeit von 30 Metern pro Sekunde in die Luft gefeuert werden. Bei derart winzigen Sporen bedeutet das eine beeindruckende Beschleunigung von 36 000 g, wobei 1 g der Fallbeschleunigung von 9,81 m/s^2 entspricht. Wenn man bedenkt, dass eine Kugel aus einem Gewehr mit 300 000 g abgeschossen wird, ist das wirklich beachtlich!

TASTHAARE

Waldspitzmaus (*Sorex araneus*)

Dass es zwischen Eisenbahnschienen und den Tasthaaren von Tieren irgendwelche Gemeinsamkeiten geben soll, ist schwer zu glauben. Aber es gibt sie ...

Ich bin kein besonders guter Autofahrer, was jeder, der schon mal bei mir im Auto saß, bezeugen wird. Das liegt vor allem an den Kurven, die ich grundsätzlich viel zu eng nehme, sodass meine Passagiere auf die Seite geworfen werden. Das scharfe Abbiegen erhöht die Zentripetalkraft, die uns als Zentrifugalkraft nach außen zieht, und gegen die wir uns instinktiv in die Kurve legen. Mit diesem Problem mussten sich auch schon die ersten Eisenbahningenieure auseinandersetzen und lösten es, indem sie die Schienen in sanften Kurven verlegen ließen, um die seitlichen Kräfte, die auf die Passagiere wirkten, zu verringern. Als die ideale Kurve stellte sich die 1744 von Leonhard Euler definierte Klothoide (auch Euler- oder Cornu-Spirale) heraus, deren Krümmung bei null (einer geraden Linie) beginnt und dann mit der Länge der Kurve linear zunimmt.

Erstaunlicherweise entspricht die typische Krümmung der Tasthaare (Vibrissen) von Säugetieren, wie sie auch die Schnauze einer Waldspitzmaus (*Sorex araneus*) zieren, ebenfalls einer Euler-Spirale. Katzen, Ratten, Seehunde, Kaninchen, Eichhörnchen, Füchse, Otter und viele andere Tiere tragen Euler-Spiralen im Gesicht. Aber warum?

Die Tasthaare von Säugetieren sind feine, flexible, sich verjüngende Strukturen, die besonders sensibel auf Berührungen oder Vibrationen reagieren. Diese Sensibilität verdanken sie ihrer speziellen Krümmung, die selbst die kleinsten Berührungen an der Spitze noch verstärkt. So wie wir mit unseren Fingerspitzen, erspüren Säugetiere Größe, Form, Beschaffenheit und Orientierung eines Objekts mit ihren Tasthaaren.

Die Anzahl der Tasthaare hängt davon ab, wie sehr ein Tier auf seinen »Tasthaarsinn« angewiesen ist. Ratten und Mäuse, die relativ kleine Augen haben und nachtaktiv sind, haben 200 bis 300 Tasthaare. Seehunde ertasten sich ihren Weg im trüben Wasser mit 300 Vibrissen und nehmen selbst die Bewegungen eines Herings wahr, der in 180 Metern Entfernung vorbeischwimmt. Katzen haben 228 Tasthaare, Kaninchen 126, Wüstenrennmäuse 122 und Schweine nur 23.

Die hier abgebildeten Tasthaare einer Waldspitzmaus ragen über die Breite ihres Körpers hinaus, und schon die leiseste Berührung – oder ein Windhauch – genügt, um der Maus, die immerzu auf der Jagd nach Insekten, Würmern und anderen Krabbeltierchen ist, Gefahr oder potenzielle Beute zu signalisieren.

Der Tasthaarsinn wird noch durch »Schnüffeln« verstärkt, wofür das Tier die Schnauze schnell auf und ab und den Kopf von einer Seite auf die andere bewegt. Wer schon einmal eine Waldspitzmaus beobachtet hat, weiß, dass deren Schnauze niemals stillsteht. Dieses charakteristische Zittern und Wackeln der Tasthaare sind der Grund, weshalb Mäuse und Ratten gerne als kleine »Schnüffler« dargestellt werden.

PAARWEISE BLÄTTER

Moosfarn (*Selaginella* sp.)

Obwohl es schätzungsweise 750 lebende Arten von Moosfarnen gibt, gehören sie alle einer Gattung an, den *Selaginella*. Wandert man durch einen tropischen Wald, sind daher die Chancen ziemlich hoch, dass es sich bei den kleinen fächrigen Pflanzen, die dort überall am Boden wuchern, um Moosfarne handelt.

Moosfarne sind nicht blühende Pflanzen (Angiospermen), die über ein Gefäßsystem Blätter und Wurzeln versorgen. Das Xylem dient der Weiterleitung von Wasser, das Phloem der Weiterleitung von »Nahrung«. Was die Klassifizierung anbelangt, liegen Moosfarne – wie der Name schon sagt – irgendwo zwischen Moosen (nicht vaskulären Pflanzen) und Farnen (vaskulären Pflanzen).

Die Blätter von Moosfarnen (Mikrophylle) unterscheiden sich von denen anderer vaskulärer Pflanzen dadurch, dass sie nur eine unverzweigte Ader haben. Bei der hier fotografierten *Selaginella* bildet das Leitbündel eine zentrale Rippe, während die Blätter aussehen, als klebten sie wie die Schuppen eines Fischs oder einer Schlange direkt am Stamm.

Man sieht zwei Reihen von Blättern, die sich in einer gedrehten Spirale den »Stamm« hinaufwinden – Paare großer Blätter wechseln sich mit Paaren kleiner Blätter ab. Handelt es sich wie hier um eine spiralförmige Anordnung der Blätter (Phyllotaxis), spricht man von einer Fibonacci-Phyllotaxis. Die Blätter des Moosfarns sind nur wenige Zellen dick, weshalb sie auf dem Foto transparent erscheinen und es nicht offensichtlich ist, dass die großen Blätter ventral auf der einen Seite des Stamms liegen und die kleinen auf der gegenüberliegenden Seite (dorsal). Dieses exakte Muster aus sich abwechselnden großen und kleinen Blättern ergibt eine auffällige Zickzack-Struktur, die auch mit der von Hundertfüßern verglichen wird.

Das Foto lässt klar erkennen, wie durch die Phyllotaxis verhindert wird, dass sich die Blätter gegenseitig überschatten. Für Moosfarne ist das besonders wichtig, da sie im dunklen Unterholz tropischer Regenwälder wachsen, wo kaum Licht hinfällt.

Als ich dieses Foto aufgenommen habe, war ich fasziniert von der schimmernden Oberfläche der Blätter, die aussahen, als wären sie mit Kristallstaub überzogen. Tatsächlich sammeln *Selaginella* Siliziumdioxid aus ihrer Umgebung und bilden in der Blattepidermis Siliziumdioxidklümpchen aus, sogenannte Phytolithe, die aussehen wie kleine Linsen, die auf riesigen Chloroplasten (Bizonoplasten) sitzen. Erst 2022 konnte nachgewiesen werden, dass die Phytolithe tatsächlich auch wie kleine Linsen funktionieren und das Licht dort konzentrieren, wo die Pflanze es am dringendsten braucht: in den riesigen Chloroplasten darunter. Soweit wir wissen, sind die im Schatten lebenden *Selaginella* die einzige Pflanzenart, die auf diese Weise Licht gewinnt.

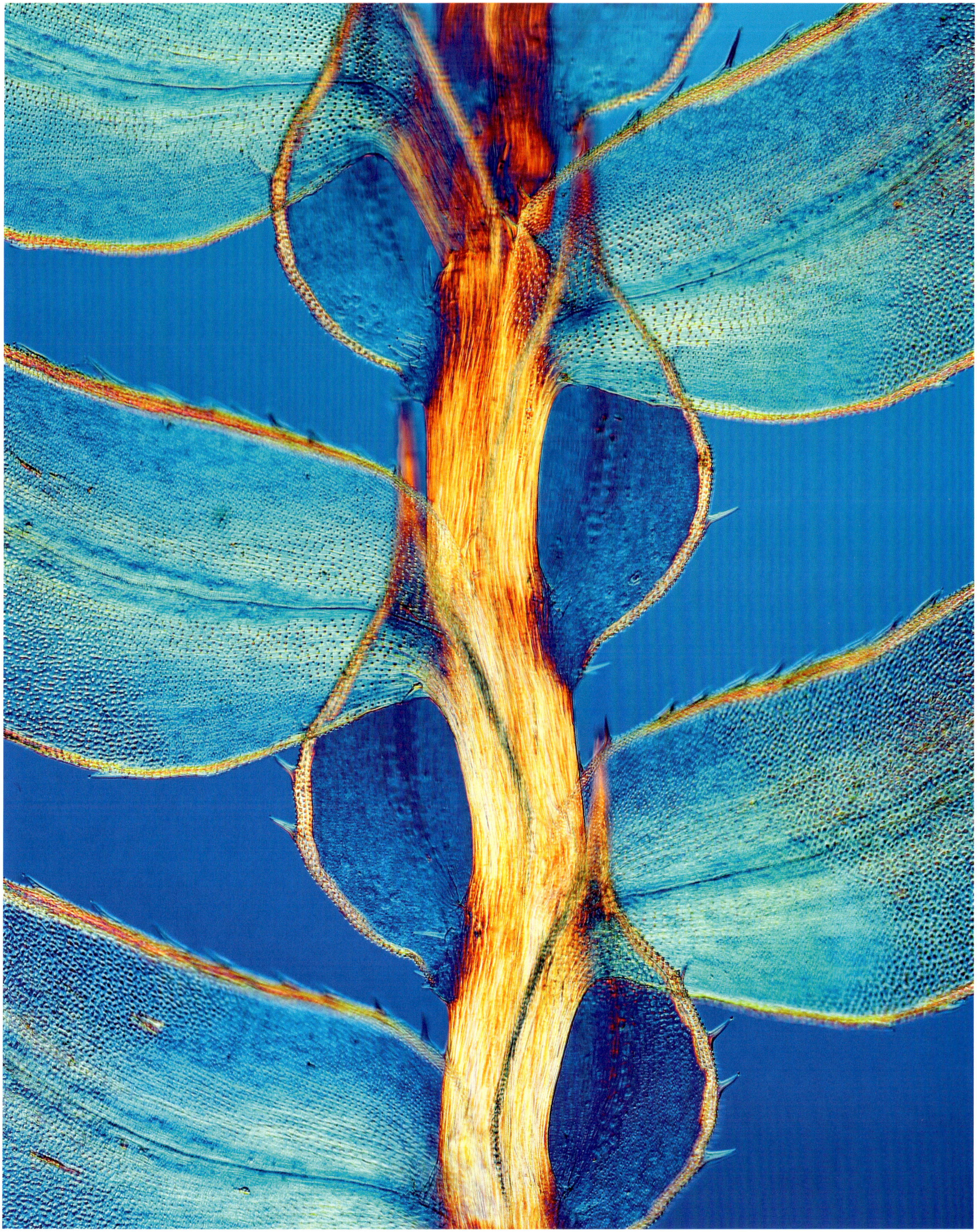

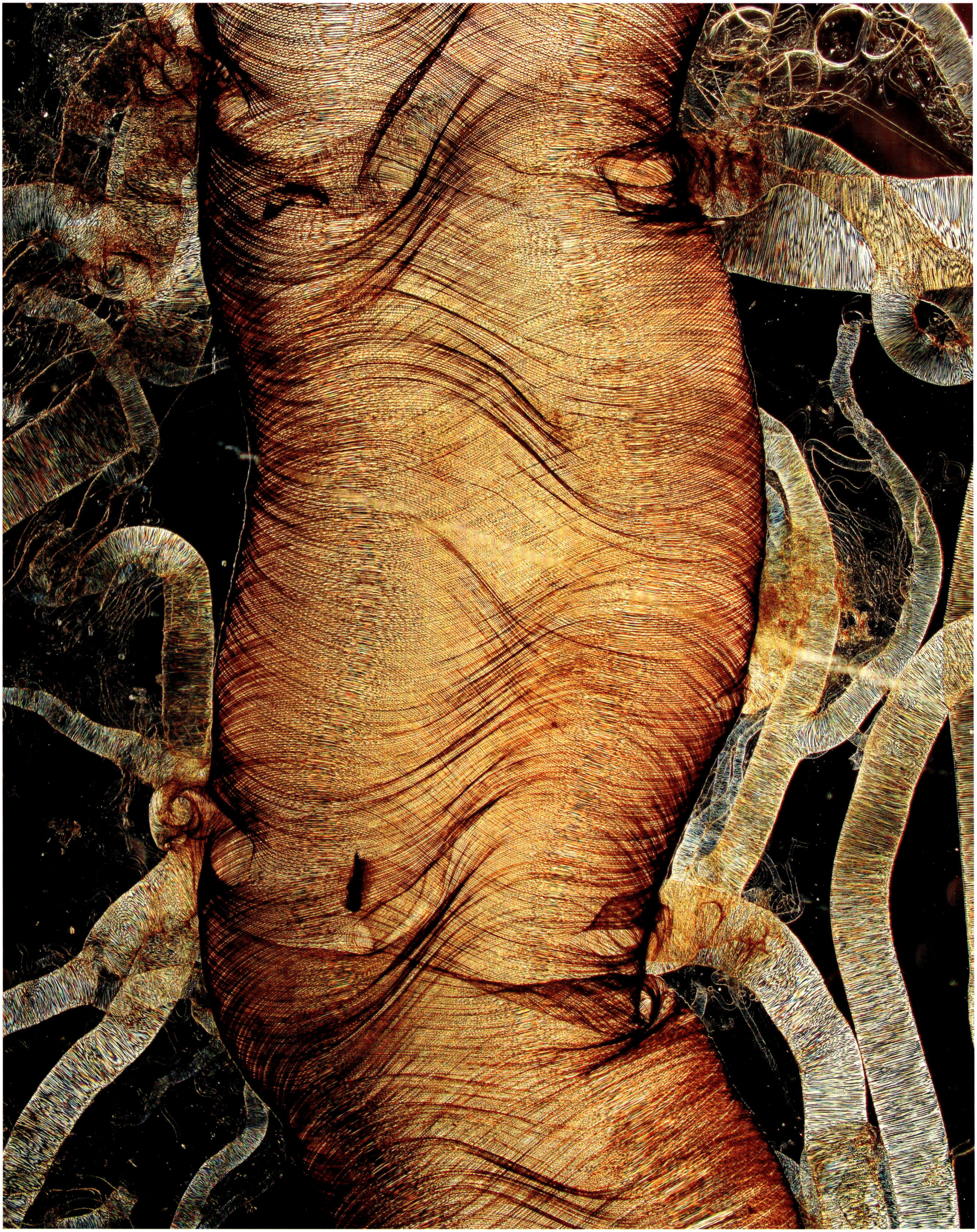

ATMENDE KURVEN

Atemröhren, Gelbrandkäfer (*Dytiscus marginalis*)

Wie schafft man es als fliegendes Insekt, unter Wasser zu atmen? Der clevere Gelbrandkäfer (*Dytiscus marginalis*), der in Teichen und Tümpeln jagt und genauso gut taucht wie schwimmt, meistert diese Herausforderung vortrefflich, indem er sich eine Luftblase unter die Deckflügel (Elytren) klemmt, aus der er dann, wie ein Taucher aus einer Taucherflasche, atmet.

Insekten atmen durch Atemlöcher, die mit einem Netzwerk aus Röhren, den sogenannten Tracheen, verbunden sind, die sich in immer noch feinere Röhren (Tracheolen) in alle Körperteile des Insekts verzweigen. Die dünnen Wände der Tracheen bestehen aus Kutikula, einem komplexen Geflecht aus kristallinen, in eine Proteinmatrix eingebetteten Chitin-Nanofasern.

Chitin – ein mit Zellulose verwandtes stickstoffhaltiges Polysaccharid – ist zwar flexibel, lässt sich aber nur schwer dehnen, weshalb Insekten ihre Chitinhülle abstreifen, wenn sie wachsen. Sie tun das, indem sie sich einschließlich der Tracheen komplett häuten. Selbst die Hüllen der allerfeinsten Tracheolen mit einem Durchmesser von nur 2 µm (0,002 mm) werden bei jeder Häutung abgestreift.

Aus diesem Grund bilden die Tracheen von Insekten untereinander keine Verbindungsgänge (Anastomosen). Die alte Kutikula könnte sonst nicht von den Atemröhren abgezogen werden. (Das wäre, als wollte man einen Handschuh von einer Hand ziehen, deren Fingerspitzen zusammengewachsen sind.)

Damit die dünnen Wände der Tracheen nicht einbrechen, werden sie durch Spiralwindungen aus verdickter Kutikula, den sogenannten Taenidien, verstärkt. Dank der spiralfederartigen Verdickungen können sich die Röhren verbiegen, ohne zu knicken oder zu brechen.

Das Foto zeigt einen Teil des Tracheensystems eines Gelbrandkäfers, das ein viktorianischer Wissenschaftler dem Tier entnommen hat, um es zu untersuchen. Was oben rechts im Bild aussieht wie die auseinandergezogenen Spiralringe eines verhedderten Treppenläufers, sind die Ringe einer Trachee.

Die Art und Weise, wie sich die hauchdünnen Fäden der Taenidien um die Trachee winden und ihr dadurch das Aussehen einer griechischen Statue verleihen, versetzt mich immer wieder in Staunen.

Blütenblätter

Bevor sich die Blüte einer Chrysantheme vollständig öffnet, sind ihre röhrenförmigen Blätter in einer Spirale angeordnet. Auf diese Weise entstehen in der Knospe keine Knicke, und die Blütenblätter können sich in einer geschmeidigen Drehung gegen den Uhrzeigersinn nacheinander entfalten, ohne sich dabei in die Quere zu kommen.

REET

Schilfrohr (*Phragmites australis*)

Dieser Querschnitt durch die wachsende Halmspitze eines Schilfrohrs (*Phragmites australis*) offenbart das faszinierende Muster der umeinandergewickelten Blätter. Der Wirbel bildet eine nahezu perfekte archimedische Spirale.

Aber schauen Sie sich die Blätter (auf dem Foto sind es vier) einmal genauer an, und folgen Sie ihrem Verlauf von der Mitte aus. Das erste Blatt rollt sich nach rechts, das zweite nach links, das dritte wieder nach rechts, und so weiter. Durch die abwechselnde Anordnung der Blätter erhält man eine spiralförmige Phyllotaxis, die die grundsätzliche Symmetrie des Stiels beibehält.

Die Pflanze nutzt den Platz, den der runde Stiel bietet, optimal aus. Ihre spiralförmige Anordnung erlaubt den Blättern, sich im Wachsen übereinander zu schieben, bis sie sich voneinander trennen und entrollen. Während der Halm in die Höhe wächst, entfalten sich die Blätter spiralförmig eines nach dem anderen, wie eine Wendeltreppe.

Ich habe diesen jungen Schilfrohrhalm im April, zu Beginn der Wachstumsphase, mit nach Hause genommen, mit der Rasierklinge eine hauchdünne Scheibe von der Spitze abgeschnitten und dann unter mein Mikroskop gelegt. Unter ultraviolettem Licht autofluoresziert der Querschnitt in unterschiedlichen Farben – Gewebe, das Chlorophyll enthält, leuchtet rot, während die Hülle und Zellulose blau leuchten.

Die kleinen blauen »Gesichter« sind die Leitbündel (Xylem und Phloem). Es fällt auf, dass der Abstand zwischen den Leitbündeln in den Blättern beibehalten wird – Dicke der Blätter und Durchmesser des Halms wachsen gemeinsam –, wodurch die Leitbündel ordentliche Reihen bilden, wie die Speichen eines Fahrrads.

Der einfache zylindrische Halm eines Schilfrohrs ist hoch, dünn und relativ biegsam, wodurch er schnell wächst. Stünde er allein, würde er Wind und Regen ausgesetzt wahrscheinlich leicht abknicken. Dagegen schützen sich Schilfrohre, indem sie in großflächigen Röhrichten zusammenleben, die in Norfolk in England – woher dieses Schilfrohr stammt – mehrere Quadratkilometer groß sein können.

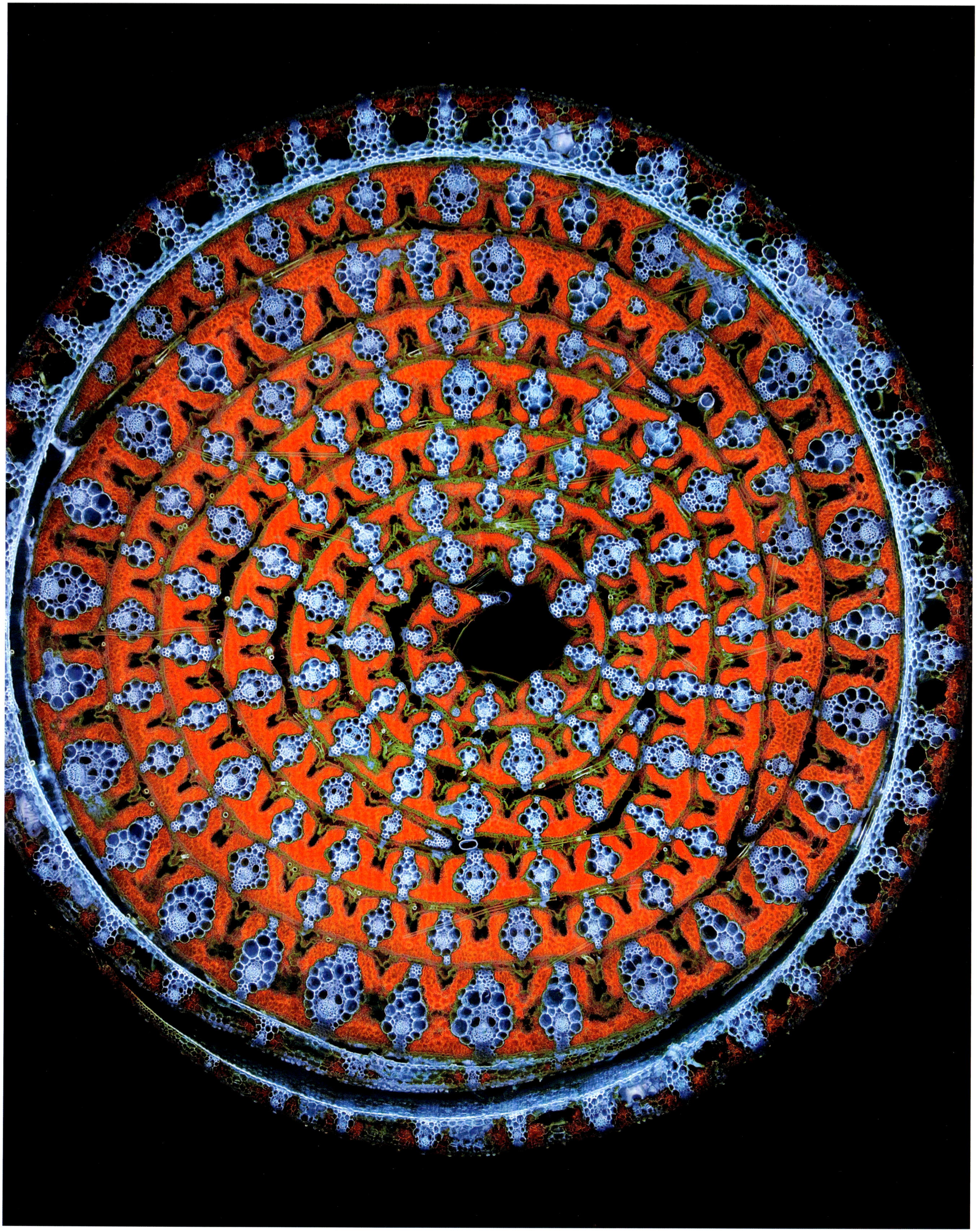

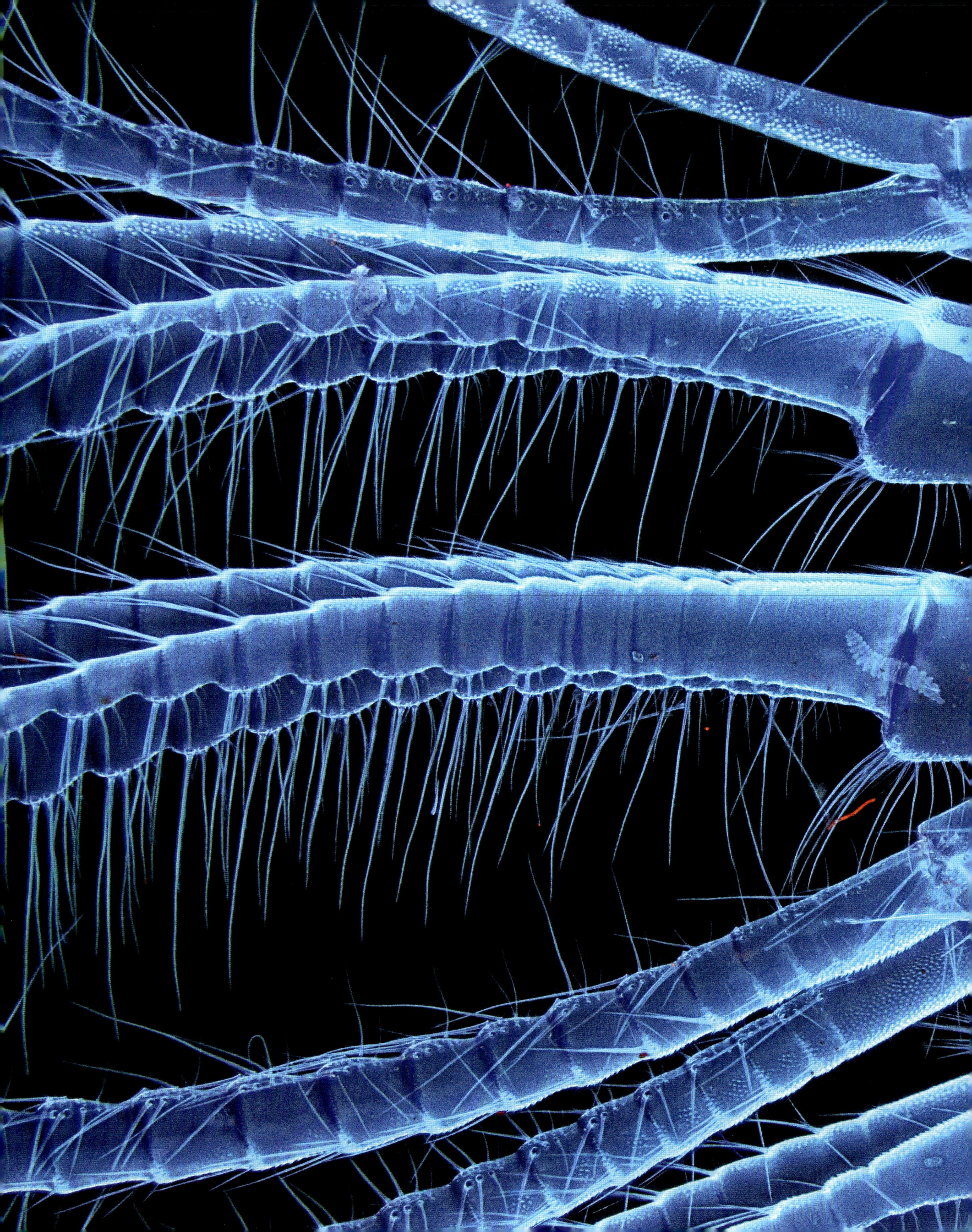

4 GRÖSSE

Über Größe

Was wir um uns herum sehen, erscheint uns selten unverhältnismäßig groß oder klein. Häuser, Bäume, Vögel, Gras, Autos – das alles wirkt absolut normal und hat aus unserer anthropomorphen Perspektive die »richtige« Form und Größe. Verlegen wir unseren Autoschlüssel, wissen wir, wonach wir suchen müssen, weil wir ein klares Bild von seiner Größe und Form haben. In der Natur hingegen kann es uns leicht beunruhigen, wenn wir einem Tier begegnen, dessen Größe nicht zu seinem Kontext passt. Ein Phänomen, das in Horrorfilmen oft sehr effektiv eingesetzt wird – denken Sie nur an *Jurassic Park* oder *Alien*.

Babys und Kleinkinder stecken sich die unglaublichsten Dinge in den Mund, wenn man sie am Strand oder im Garten für einen Moment unbeobachtet spielen lässt. Das Corpus Delicti taucht dann meist ein paar Stunden später wieder auf. Wir haben gerade in Südafrika gelebt, als ich einen Schrei aus dem Badezimmer hörte. Angeblich hatte unser Sohn Regenwürmer gegessen. Harmlos, dachte ich, und ging nachsehen. Tatsächlich schwammen zwei Würmer in der Toilette. Nur dass jeder von ihnen ungefähr 30 Zentimeter lang war – neben unserem kleinen Sohn also riesig. Hinzu kam, dass es keine Regenwürmer, sondern zwei ausgewachsene Exemplare eines Darmparasiten waren: *Ascaris lumbricoides*. Auch das sind Würmer. Aber im Gegensatz zu Regenwürmern, die zu den Vielborstern (Polychaeten) zählen, handelt es sich hier um Fadenwürmer (Nematoden). Zu behaupten, dass wir hell entsetzt waren, wäre noch untertrieben. Aber zum Glück war mit ein paar Tabletten alles schnell wieder normal.

Neue Erfahrungen mit der Natur wie diese können oftmals schockieren, dennoch akzeptieren wir, dass Größe mit dem Wachstum zunimmt. Eier sind normalerweise sehr viel kleiner als das ausgewachsene Tier, das sie gelegt hat; und der Embryo, der sich in dem Ei entwickelt, verändert stetig seine Größe und Form, während Glieder und Organe mehrere Entwicklungsstadien durchlaufen. Nach dem Schlüpfen kann sich das Lebewesen dann auf zwei Arten weiterentwickeln: Entweder es durchläuft eine partielle Metamorphose (Hemimetabolismus) oder eine vollständige Metamorphose (Holometabolismus). Insekten (wie Heuschrecken) und Krustentiere (wie Sandflöhe, *Talitrus saltator* oder *Megalorchestia californiana*) sehen, während sie mehrere Wachstumsstadien (Nymphen) durchlaufen, bereits aus wie kleine Erwachsene – man spricht dann von einer partiellen Metamorphose. Schmetterlinge und Motten hingegen durchlaufen eine vollständige Metamorphose. Der Körperbau verändert sich in den wichtigsten Wachstumsstadien komplett: Aus dem Ei wird eine Larve, die sich in eine Puppe und schließlich in einen geflügelten Erwachsenen verwandelt.

VORHERIGE SEITE
Abgestreifte Hülle, Seepocke (*Balanus* sp.)
Seepocken sehen mit der Kalkpyramide, unter der sie leben, zwar aus wie Napfschnecken, sind aber tatsächlich Krustentiere. Wenn die Seepocke wächst, muss sie ihre harte Rüstung ablegen; sie streift ihre komplette Hülle ab – selbst die feinen Härchen auf ihren federähnlichen Armen, mit denen sie im Wasser treibende Partikel einfängt.

Die Größe eines Organismus hat Einfluss auf fast alle Aspekte seines Lebens, und entsprechend verläuft seine Entwicklung. Nehmen wir zum Beispiel das Verhältnis von Volumen und Oberfläche. Das Volumen vergrößert sich im Verhältnis zur Länge in der dritten Potenz (l^3), während die Oberfläche im Verhältnis zur Länge in der zweiten Potenz (l^2) zunimmt. Das bedeutet, ohne eine Veränderung der Form (Adaption), nimmt die Hautoberfläche im Verhältnis zur Größe ab, wenn ein Tier wächst. Gleichwarme (homoiotherme) Tiere, die ihre Körpertemperatur in einem kalten Klima halten müssen – wenn sie beispielsweise in großer Höhe leben – nutzen das, indem sie einfach größer werden. Man spricht hier von der »Bergmannschen Regel«, die sich bei vielen Arten beobachten lässt. So sind Bären, die näher am Äquator leben, kleiner als Bären, die näher am Nordpol leben. Die größten heute lebenden Bären sind die Eisbären (*Ursus maritimus*).

Viele Vögel und Säugetiere können ihre relative Größe und Form verändern, indem sie ihr Gefieder oder Fell »aufplustern«. Man kann das vor allem bei sehr kleinen Vögeln oder Säugetieren beobachten, wenn es kalt ist, aber auch in Zeiten, in denen sie nicht fressen und Energie sparen müssen.

Jeder biologische Prozess, bei dem sich »Material« über Oberflächen bewegt, wird von der Größe massiv beeinflusst. Die besten Beispiele hierfür sind die Verteilung von Sauerstoff bei der Atmung, die Aufnahme von Nährstoffen oder auch der Austausch von Wärme. Organe wie Kiemen, Lungen oder der Darm erfüllen diese Funktionen auf einem kleinen, durch den Körper begrenzten Raum, indem sie auf clevere Art große Oberflächen entwickelt haben.

Auch die Art der Fortbewegung eines Organismus kann dessen Größe und Form bestimmen. Ein Vogel braucht Flügel, um zu fliegen. Darüber hinaus bestimmen aber auch unvermeidliche physikalische und aerodynamische Gesetze seine Form und Größe, denn es gibt Grenzen. Je größer ein Vogel ist, desto schwerer ist er – es hat seinen Grund, weshalb ein Straußenvogel nicht fliegen kann.

Am Ende hat jeder Organismus im Laufe der Evolution die Größe entwickelt, die am besten zu seinem Körperbau und Lebensstil passt, oder wie John Tyler Bonner es ausdrückte: »Größe hat eine enorme Macht in der Welt, sie bestimmt die Form und Funktion von allem, was lebt.«

EI

Kleine Sumpfschnecke (*Galba truncatula*)

Ich liebe es, meinen Kescher in einen Gezeitentümpel oder Teich zu tauchen – ich empfinde freudige Erregung in Erwartung von etwas Unbekanntem. Wenn ich etwas fange, untersuche ich es mit Begeisterung und werde jedes Mal aufs Neue überrascht. Aber einer der wirklich erhebenden Momente war, als ich diese Kleine Sumpfschnecke entdeckte, wie sie in ihrem Ei herumkroch.

Innerhalb des Zyklus des Lebens steht die Größe in einem untrennbaren Zusammenhang mit Wachstum und Entwicklung, denn jüngere Organismen sind in der Regel kleiner als ältere. Die Entwicklung vom Ei zum erwachsenen Tier ist ein entscheidender Teil der »Lebensgeschichte« eines jeden Organismus; unterschiedliche Tiere haben hierfür unterschiedliche Strategien entwickelt, die alle ihre ökologischen Vor- und Nachteile haben.

So legen Meeresschnecken Tausende winzige Eier, aus denen noch kaum entwickelte, frei schwimmende, planktonische Veligerlarven schlüpfen (siehe Seite 34). Aus diesen entwickeln sich juvenile Formen, die ein bisschen aussehen wie kleine erwachsene Tiere, und die dann langsam auf den Meeresgrund sinken, wo sie Teil des Benthos werden (griechisch für »Tiefe«). Der Vorteil dieser Strategie ist, dass sich einzelne Tiere in neue Lebensräume ausbreiten, der Nachteil, dass die meisten Juvenilen, die von der Strömung häufig in ungünstige Habitate gespült werden, nicht überleben.

Süßwasserschnecken hingegen legen weniger und größere Eier. Eine Süßwasserschnecke durchläuft das Veligerstadium noch im Ei und schlüpft als kleines juveniles Tier. Die Nahrung, die sie braucht, steckt im Ei, durch dessen Schale sie sich schließlich in Freiheit frisst. Eine Entwicklungsstrategie, die der Redewendung »sich durchbeißen« eine ganz neue Bedeutung gibt. Ein entscheidender Vorteil dieser Strategie ist, dass die Schlüpflinge in einem günstigen Habitat bleiben.

Beheimatet ist die Kleine Sumpfschnecke (*Galba truncatula*) u.a. in den Süßwassertümpeln im Primärdünensystem des Tentsmuir Forest in Schottland. Ihre Embryonen entwickeln sich im Ei, bevor sie als sehr süße Babyschnecken schlüpfen. Die kleine Schnecke auf dem Foto ist ungefähr sieben Tage alt.

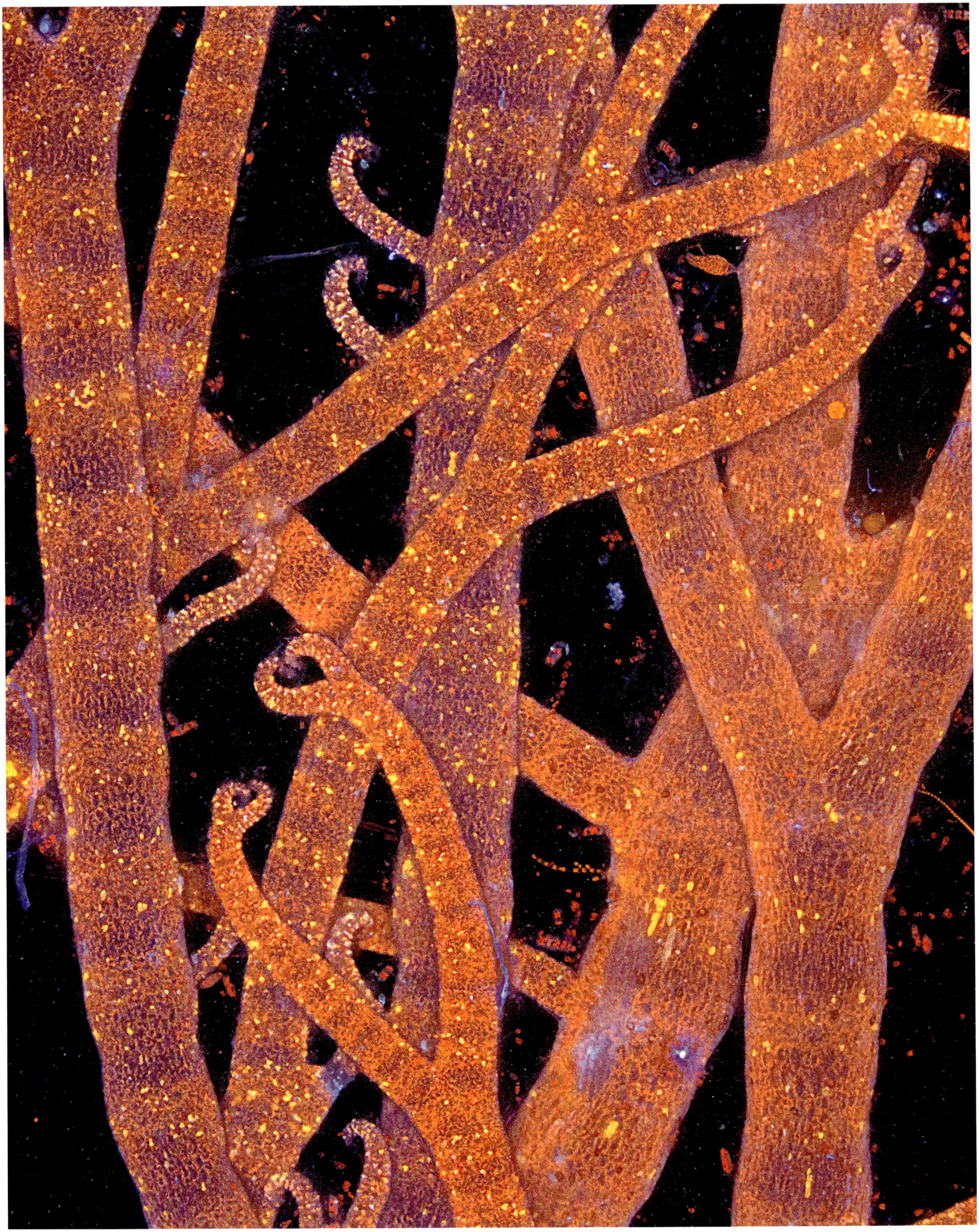

HÖRNER

Horntang (*Ceramium ciliatum*)

Ich freue mich jedes Mal, wenn es bei Voll- oder Neumond zu Springfluten kommt und Gezeitentümpel, die normalerweise unzugänglich sind, durch die besonders starke Ebbe zugänglich werden. Plötzlich tauchen Dinge auf, die man normalerweise nicht zu sehen bekommt, ohne komplett nass zu werden – wie beispielsweise diese wunderschöne, fragile Rotalge.

Der Horntang (*Ceramium ciliatum*), der seinen Namen dem Ringelmuster seiner Stränge und den verzweigten Spitzen, die wie kleine Hörner aussehen, verdankt, weist eine Besonderheit auf, die, wenn die Algen bei stürmischer See von den Felsen gerissen und vom Meer achtlos an den Strand geworfen werden, jedoch leider verloren geht. Dieses Foto zeigt ein lebendes, noch intaktes Exemplar, das ich, um es in seiner ganzen Schönheit abbilden zu können, unter UV-Licht fotografiert habe, unter dem die Photosynthesepigmente (Chlorophyll) rot leuchten.

Lebende Algen sondern nämlich einen klebrigen Schleim ab, der ihre Stränge komplett überzieht und in dem eine Vielzahl anderer maritimer Kreaturen und Mikroorganismen lebt, unter anderem einzellige Algen, Bakterien und Diatomeen. Diese anhaftenden Organismen sind für mich die »Besonderheit« dieser Alge. Sieht man ein wenig genauer hin, erkennt man auf dem Foto kleine rote Flecken und Punkte außerhalb der Alge, welche die Existenz dieser photosynthetisch aktiven Organismen belegen – die gelben Flecken sind absterbende Algenzellen, die blauen Flecken Plastik und anderer Müll.

Obwohl Algen oft als nicht vaskuläre Pflanzen bezeichnet werden, sind sie streng genommen weder Pflanzen noch Tiere, sondern bilden eine eigene Gruppe, die sogenannten Protisten (zu denen auch Diatomeen zählen).

Der Horntang und viele andere Algenarten weisen ein ganz besonderes Wachstumsmuster auf. Jede Hornspitze teilt sich irgendwann in zwei Stränge, die wachsen und sich dann wieder teilen, und immer so weiter. Dieses regelmäßige fraktale Wachstum nennt sich »dichotome Verzweigung« und erlaubt Pflanzen und Algen, größer zu werden und eine Form anzunehmen, die ihrer Umgebung angepasst ist. Pflanzen unterscheiden sich hierin grundsätzlich von Tieren. Dank eines nicht festgelegten Bauplans können sie während des Wachstums immer neue Körperteile hinzufügen.

TORPOR

Kupferbürzelamazilie (*Amazilia tobaci*)

Dieses bezaubernde, schillernd grüne Federkleid gehört zu einer Kupferbürzelamazilie (*Amazilia tobaci*), die sich in das kleine Haus verirrt hatte, in dem ich während einer Expedition durch das Arima-Tal in Trinidad untergekommen war. Der Kolibri war hinter einem Fenster gefangen und konnte keine Blüten mehr anfliegen, um Nektar zu trinken. Ein scheinbar unbedeutendes Missgeschick, das aber für den kleinen Vogel um ein Haar fatale Folgen gehabt hätte.

Kolibris sind in der Regel sehr klein – der kleinste Vogel der Welt ist die Bienenelfe mit einem Gewicht von weniger als 2 Gramm. Vögel sind Warmblüter (endotherm) und verbrauchen, allein um ihre Körpertemperatur zu halten, ziemlich viel Energie – und Kolibris benötigen für ihren Schwirrflug sogar noch mehr Energie.

Kleine Tiere haben im Verhältnis zu ihrem Volumen eine proportional größere Oberfläche als große Tiere, was bedeutet, dass kleine Tiere über die Haut schneller an Körpertemperatur verlieren. Das Gefieder hilft zwar, den Wärmeverlust einzudämmen, dennoch müssen kleine Warmblüter mehr fressen, um ihren Stoffwechsel anzukurbeln. Kolibris sind gezwungen, tagsüber ununterbrochen Blüten anzufliegen, die energiereichen Nektar produzieren, um ihre Energiereserven aufzufüllen.

Die winzigen Vögel sind gefangen in einem Hamsterrad. Nicht nur, dass sie aufgrund ihrer Körpergröße im Verhältnis deutlich mehr Energie benötigen als größere Tiere, um sich warmzuhalten, auch ihr Flugstil, das Schwirren, ist energetisch sehr aufwendig, für ihre Art der Nahrungsaufnahme jedoch unabdingbar.

Beobachtet man Kolibris bei ihrem täglichen Treiben – Trinidad ist dafür der perfekte Ort –, fällt auf, dass sie in regelmäßigen Abständen immer wieder dieselben Blüten aufsuchen. Jeder Vogel hat ein Revier, das so viele Blüten umfasst, wie er braucht, um seinen täglichen Energiebedarf zu decken. Da es eine Weile dauert, bis eine Blüte die nächste Portion Nektar abgesondert hat, drehen Kolibris Runden, auf denen sie den Blüten nach einem festen Zeitplan einen Besuch abstatten. Und da ihr Überleben davon abhängt, verteidigen sie ihr Blütenrevier auch.

Aber was machen Kolibris nachts? Zuerst einmal kuscheln sie sich aneinander, wodurch ihre »Gesamtfläche« größer und ihre individuelle Oberfläche kleiner wird. Dann plustern sie sich auf, was die Isolation verbessert, und fahren zudem ihren Stoffwechsel herunter, indem sie eine Art kurzen Winterschlaf halten, der sich »Tagestorpor« nennt.

Was mit der verirrten Kupferbürzelamazilie in meinem Haus geschehen ist? Ich hatte sie noch rechtzeitig entdeckt. Von ihrer Nahrungsquelle abgeschnitten, war sie in einen energiesparenden Tagestorpor verfallen. Ich habe das Fenster geöffnet, den Kolibri angestupst und er ist davongeflogen.

DURCHLÄSSIGE FLÜGEL

Zwergwespe (*Litus cynipseus*)

Geht es um Größe, ist es gar nicht so einfach zu sagen, wie groß, oder in diesem Fall klein, etwas ist. Zwergwespen sind unglaublich winzige Insekten – manche kleiner als einige einzellige Organismen. Dennoch können sie nicht nur fliegen, sondern sind zudem furchteinflößende kleine Jäger mit komplexen Augen, Sinnesorganen und einem Gehirn. Und das alles steckt in einem Körper, der nicht viel größer ist, als ein menschliches Haar breit – 150 µm (0,15 mm).

Zwergwespen sind Parasitoide, die ihre Eier in die Eier anderer Insekten legen. Ihre Eier sind so klein, dass aus einem Ei des Wirts gleich mehrere Zwergwespen schlüpfen können.

An der hier abgebildeten Zwergwespe (*Litus cynipseus*) ist sehr schön zu sehen, wie die Größe die Form (Morphologie) beeinflusst. Die bei einem so kleinen Tier notwendigen physikalischen Voraussetzungen, dass es fliegen kann, bestimmen die bemerkenswerte Form seiner Flügel, die mit ihren typischen Borsten und zahlreichen Löchern eher wie Pinsel aussehen – und das hat seinen Grund.

Luft ist nicht gleich Luft. Ihre physikalischen Eigenschaften hängen davon ab, wie groß etwas ist. Winzig kleine Dinge – wie Staubkörner – können in der Luft schweben, während größere fallen. Das hat mit der relativen »Zähigkeit« von Luft zu tun, die unterschiedlich große Objekte unterschiedlich erfahren. Für winzige Dinge ist Luft zäh, wie Honig oder Melasse, während sie für größere Dinge keinen oder kaum Widerstand bietet. Taucht man einen Teelöffel in ein Glas Honig, führt dessen hohe Viskosität dazu, dass eine größere Menge Honig am Löffel kleben bleibt und aus dem Glas entnommen wird, als in den Löffel hineinpassen würde. So ähnlich ist es, wenn eine Zwergwespe mit den Flügeln schlägt. An einem normalen, nicht fransigen Flügel würde zu viel Luft »hängen« bleiben und die Wespe könnte nicht mehr so gut damit schlagen. Aus diesem Grund haben Zwergwespen und andere Mikroflieger wie Thripse oder Zwergkäfer (*Paratuposa*) durchlässige »Borstenflügel«.

NÄCHSTE DOPPELSEITE
Zwergwespe (*Anaphes flavipes*)
Zwergwespen (Mymaridae) sind mikroskopisch klein, viele von ihnen so winzig wie ein Pantoffeltierchen (200 µm / 0,2 mm lang); und sie sind die komplexesten Mikrovielzeller (Metazoen) der Welt. Bei dieser Zwergwespe hier handelt es sich um eine britische Spezies, *Anaphes flavipes*. Damit ein so winziges Tier fliegen kann, braucht es spezielle Flügel, die besonders schmal und borstig sind und sich leichter durch die Luft bewegen lassen, die sich für eine Zwergwespe so zäh anfühlt wie Öl.

WER FRISST WEN?

Schwarzaugenlaubfrosch (*Agalychnis moreletti*) und Kleinfleckige Katzenaugenschlange (*Leptodeira polysticta*)

Diese dramatische Szene, in der es um Leben und Tod ging, spielte sich in den vom Regenwald überwucherten Ruinen einer alten Maya-Zivilisation im Chiquibul Nationalpark in Belize ab. Ein Schwarzaugenlaubfrosch (*Agalychnis moreletti*) kämpft mit einer Kleinfleckigen Katzenaugenschlange (*Leptodeira polysticta*) um sein Leben. Die Schlange hat ihr bevorzugtes Beuteziel verfehlt und sich in eine Pattsituation manövriert. Das offene Maul des Frosches verhindert, dass die Schlange ihn schlucken kann, ohne ihn vorher loszulassen.

Da Schlangen ihre Beute ganz verschlingen, spielt die Größe der Beute eine entscheidende Rolle. Man könnte meinen, der Frosch auf dem Foto war ohnehin zu groß für die Schlange. Aber Schlangen haben einen besonderen Trick, der es ihnen ermöglicht, auch große Beutetiere zu schlucken. Sie können ihren Unterkiefer aushängen und die Haut zwischen den Kiefern sehr weit dehnen, wodurch sich ihre Maulöffnung beachtlich vergrößert. Große Pythons und Schlangen, die Eier fressen, sind hier die Rekordhalter: Der Kopf einer 52 Kilogramm schweren Dunklen Tigerpython (*Python bivittatus*) ist nur 11,5 Zentimeter breit, dennoch kann sie ein 35 Kilogramm schweres Reh mit einer Körperbreite von 25 Zentimetern schlucken.

Aber auch eine Schlange kann nichts verschlingen, was an der breitesten Stelle breiter ist als ihr Maul. Daher können die Schultern eines Tieres, die in der Regel breiter sind als der Kopf, problematisch werden. Die an den Schultern festgemachten Gliedmaßen lassen sich jedoch meist leichter seitlich nach hinten klappen als über den Kopf des Tieres, weshalb Schlangen erbeutete Frösche mit dem Kopf zuerst schlucken. Für die Katzenaugenschlange auf dem Foto war das allerdings nebensächlich geworden – aus der Sackgasse der ineinander verbissenen Kiefer kam sie nicht wieder heraus.

Ich war damals bereits seit zwei Wochen im Chiquibul Nationalpark und hatte noch nicht einen Frosch gesehen. Es war das Ende der Trockenzeit und es hatte noch nicht geregnet. Als der Regen dann endlich kam, folgte ich den Balzrufen der Frösche und entdeckte große Ansammlungen von Schwarzaugenlaubfröschen (*Agalychnis moreletti*), Rotaugenlaubfröschen (*Agalychnis callidryas*) und Mexikanischen Grabkröten (*Rhinophrynus dorsalis*), deren intensive Fortpflanzungsaktivitäten aber auch Fressfeinde wie die Katzenaugenschlange angelockt hatten, die auf eine Mahlzeit hofften.

Auf den ersten Blick könnte man das Foto auch dahingehend interpretieren, dass der Frosch versucht, die Schlange zu fressen, und die Beute dem Jäger ein Schnippchen geschlagen hat. Aber obwohl mir diese Vorstellung gefällt, war das leider nicht der Fall.

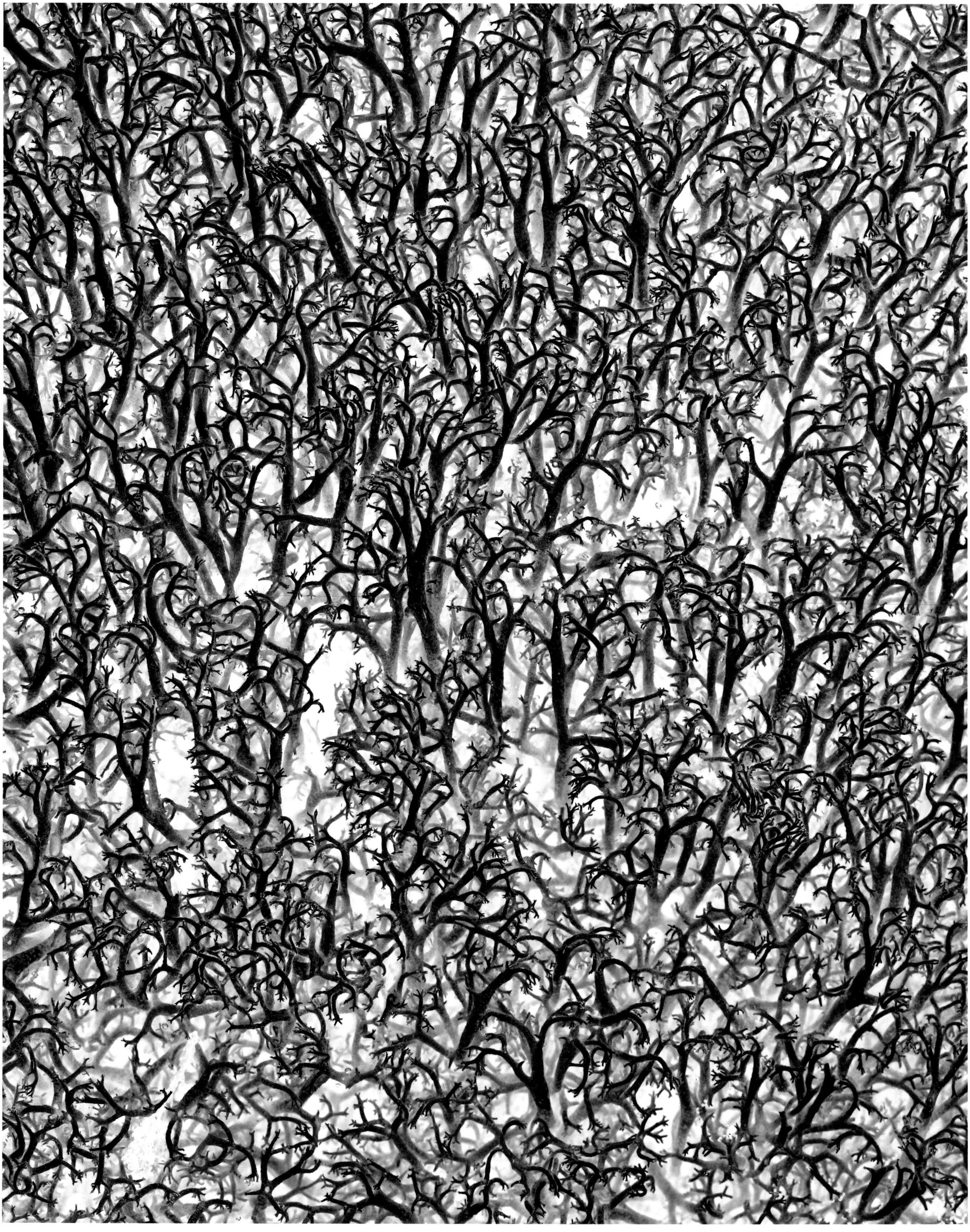

FRAKTALER WALD

Rentierflechte (*Cladonia portentosa*)

Was ist das? Ein Luftbild von einem Wald? Da außer den »Bäumen« selbst nichts zu sehen ist, woran wir deren wahre Größe festmachen könnten, ist diese schwer einzuschätzen. Bäume sind uns so vertraut, dass wir bei einem solchen Bild automatisch einen Maßstab ansetzen, der der Größe von Bäumen entspricht, wie wir sie kennen. Aber das hier sind keine Bäume. Dieser Wald besteht aus winzigen Flechten, und das Foto bildet eine Fläche von nur ungefähr 10 × 15 Zentimetern ab.

Flechten sind einzigartige Organismen, die weder zu den Tieren noch zu den Pflanzen gerechnet werden. Vielmehr handelt es sich um eine symbiotische Mischung aus Pilz und Alge (wobei manche Flechten anstelle von Algen auch Cyanobakterien haben). Ihre Farbe verdanken Flechten in erster Linie den photosynthetisch aktiven Algen (oder auch Cyanobakterien), die in den Zellen direkt unter der »Haut« (Kortex) der Flechte leben, während der Pilz der Flechte ihre Form gibt.

Rentierflechten (*Cladonia portentosa*) sind in der nördlichen Hemisphäre heimisch, wo sie in Heidelandschaften dichte Matten bilden. Je nachdem, wo sie wachsen, sind sie die Hauptnahrungsquelle von Rentieren oder Karibus, denen sie auch ihren Namen verdanken. Die dichotomen Verzweigungen der Flechtenstränge entsprechen einem fraktalen Wachstumsmuster, das bei nicht-vaskulären, pflanzenähnlichen Arten sehr häufig ist und beispielsweise auch bei frei lebenden Algen wie Hornalgen (siehe Seite 116) sowie bei Korallen- oder Keulenpilzen (Clavarioiden) auftritt.

Das dichotome Verzweigen ist für die Flechte eine einfache Art, sich auszubreiten und allen verfügbaren Platz einzunehmen, wobei das fraktale Wachstumsmuster dafür sorgt, dass sie diesen nicht vollständig ausfüllt. Für die Flechte ist eine lockere Struktur, durch die das Licht sämtliche Zweige erreicht, wichtig. Noch wichtiger sind jedoch ihre photosynthetisch aktiven Symbionten – die »Blätter« der »Flechtenbäumchen«.

HAUT

Abgestoßene Hülle, Seepocke (*Balanus* sp.)

Ausgewachsene Seepocken sind sessil. Das heißt, sie sitzen fest an einer Stelle und lassen sich von den Wellen und Gezeiten mit Nahrung versorgen. Ihre langen Beine (Cirren) – hier als abgestoßene Hüllen zu sehen – dienen nicht zur Fortbewegung, sondern zum Filtrieren der Nahrung. An jeder Cirre sind neben den Gelenken auch die winzigen Tasthärchen zu sehen, die die »Zähne« des federähnlichen Kamms bilden. Die Seepocke durchkämmt damit das Wasser nach mikroskopisch kleinen Lebewesen und Partikeln, bevor sie sie in regelmäßigen Abständen in die Mundöffnung zieht. Danach springen die Cirren wie Klappmesser wieder heraus, um neue Nahrungspartikel zu fangen.

Auch wenn Seepocken mit den Pyramiden aus Kalziumkarbonat, in denen sie leben, vielleicht aussehen wie Napfschnecken, sind sie keine Mollusken, sondern Krustentiere. Ihre Pyramiden bestehen auch nicht aus einer einzigen Schale, sondern aus mehreren harten Schutzplatten. Ist die Seepocke bei Ebbe der Luft ausgesetzt, zieht sie ihre empfindlichen Cirren ein und schließt die »Tür«, indem sie kleine Klappen über die Öffnung oben in der Pyramide zieht. Der Rand dieser Öffnungen hat sehr scharfe Kanten, die gemeinsam mit den rauen Platten dafür verantwortlich sind, dass man sich an Seepocken gerne mal schneidet.

Eine bestimmte Seepockenart siedelt sich auf Bartwalen, insbesondere Grauwalen (*Eschrichtius robustus*) und Buckelwalen (*Megaptera novaeangliae*) an und verkrustet ihre Haut; diese Wale können bis zu 450 Kilogramm Seepocken auf ihrem Körper haben. Es gibt Nachweise, dass diese Seepockenflächen den Walen als Waffe oder Rüstung im Kampf mit männlichen Rivalen dienen oder wenn sie von Killerwalen (*Orcinus orca*) angegriffen werden.

Das Leben in einer Pyramide erlaubt der Seepocke zu wachsen, ohne dadurch ihre Form zu verändern. Dazu baut sie an der Basis der Pyramide an, wodurch diese zwar größer wird, die Form aber die gleiche bleibt. Dennoch muss der Gliederfüßer in seinem Inneren sein hartes Exoskelett abstreifen, wenn er wächst. Diese abgelegte Hülle einer Seepocke trieb zwischen Seegrassträngen im Meer, als ich sie entdeckte. Die meisten Krustentiere öffnen ihr Exoskelett für die Häutung (Ecdysis) mit einem Riss, kriechen hinaus und lassen die alte Behausung buchstäblich hinter sich. Seepocken hingegen gelingt die Häutung, ohne dass sie ihre festsitzenden Plattenpyramiden verlassen. Stattdessen werfen sie ihre alte Hülle mithilfe der Cirren einfach vor die Tür, wo sie von der Strömung fortgetragen wird.

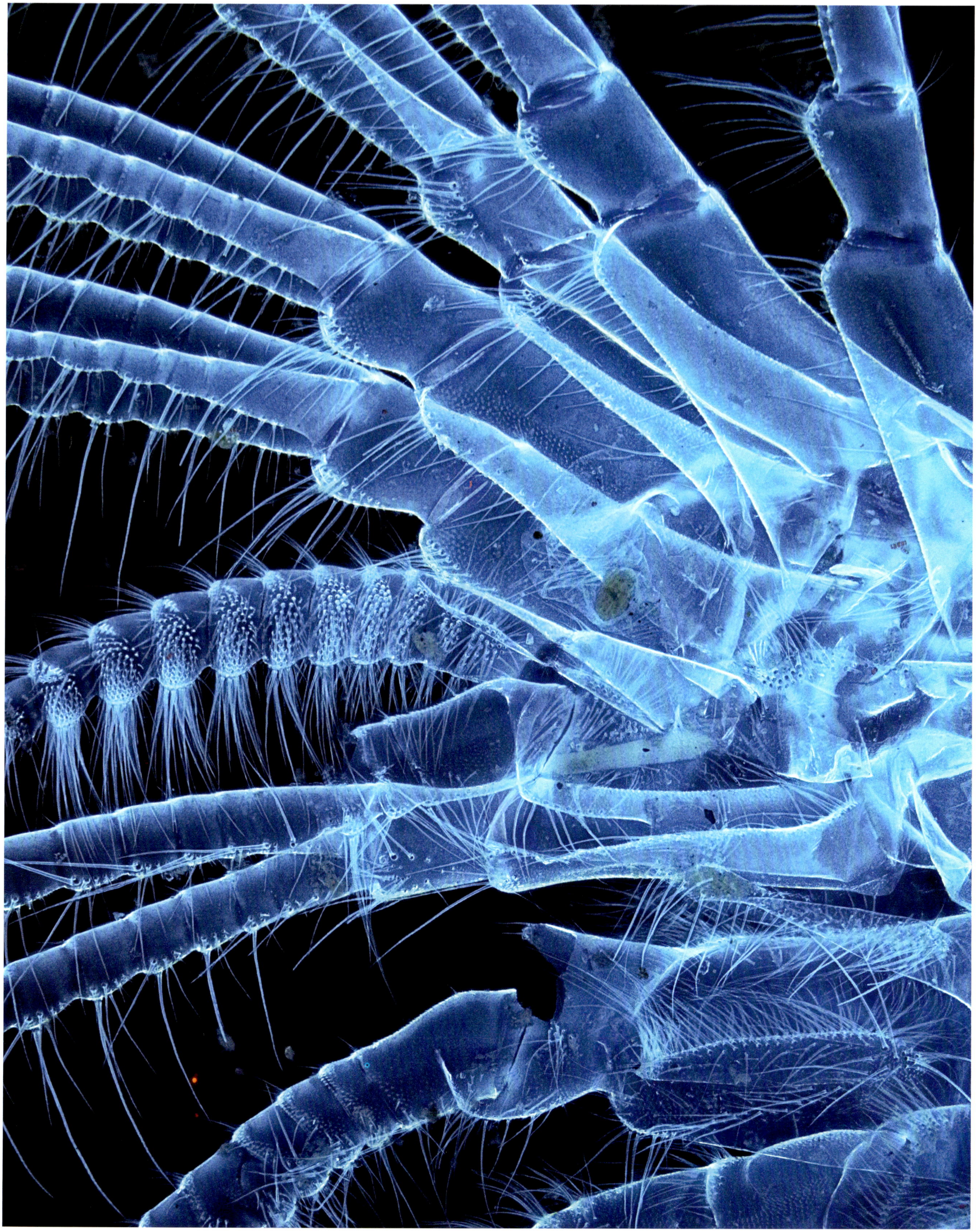

TÖDLICHE DISTANZ

Rotnackige Schwarzkopfnatter (*Tantilla alticola*)

Dieser Schlange bin ich begegnet, als sie über einen Pfad durch den Chiquibul Nationalpark in Belize glitt. Falls Sie bereits einen Blick auf das Foto geworfen haben und dachten: »Eine Schlange – na und?«, wäre das zu verzeihen. Aber schauen Sie noch einmal genauer hin. Sehen Sie die Adern des Blatts, auf dem die Schlange liegt? Tatsächlich ist diese Natter sehr, sehr klein. Mit ungefähr 50 mm Länge und 2 mm Breite hat sie noch nicht einmal die Größe eines durchschnittlichen Regenwurms. Können Schlangen wirklich so klein sein?

Es mag wie eine Selbstverständlichkeit klingen, aber ein Tier kann bestimmte Nahrung nur dann fressen, wenn es groß genug dafür ist. Schlangen sind Raubtiere, und da sie für gewöhnlich keine Beine haben, fragt man sich, was diese winzige Schlange wohl jagt? Die Antwort lautet: Hundertfüßer. Schlangen, die sich auf Hundertfüßer spezialisiert haben, sind dafür perfekt angepasst – und das müssen sie auch sein. Während ihr Körperbau für die nötige Schnelligkeit sorgt, um ihre Beute zu jagen, erfüllt der Kopf gleich mehrere komplexe Aufgaben. Mit ihm muss sie ihre Beute, die nicht größer sein darf als ihr Maul, fangen, töten (mithilfe von Gift) und schlucken.

Unglücklicherweise sind Hundertfüßer ebenfalls tödliche Raubtiere, die durch ein Paar zu hohlen Zangen umfunktionierte Vorderbeine ebenfalls Gift injizieren können. An dieser Stelle ein kleiner Tipp: Lassen Sie sich nicht von einem Hundertfüßer beißen – es ist äußerst schmerzhaft! Die meisten Hundertfüßer sind zudem deutlich größer als diese kleine Schlange, weshalb sie aufpassen muss, dass sie am Ende nicht selbst gefressen wird.

Schlangen haben gegenüber Hundertfüßern jedoch einen entscheidenden Vorteil: Sie können aus der Ferne zuschlagen. Dazu falten sie ihren Körper (wie auf dem Foto) wie eine Ziehharmonika zusammen, strecken ihn blitzschnell aus, um dem Hundertfüßer ihr Gift zu spritzen, und ziehen sich dann sofort wieder aus der Gefahrenzone zurück. Das alles geschieht so schnell, dass der Hundertfüßer, der nicht weiß, wie ihm geschieht, nicht reagieren kann.

HUTMACHERRAUPE

Gummiblattskelettierer (*Uraba lugens*)

Es gibt nur wenige Organismen, die ihre Entwicklung so spektakulär zur Schau stellen wie die Raupe des australischen Gummiblattskelettierers (*Uraba lugens*). Was hier aussieht wie ein Totempfahl aus Masken, sind die leeren Kopfkapseln, die die Raupe nach jedem abgeschlossenen Larvenstadium bei sich behält und aufeinanderstapelt. Daher der englische Name *hatterpillar* – »Hutmacherraupe«.

Um zu wachsen, müssen sich Gliederfüßer (Arthropoden) in regelmäßigen Abständen häuten. Die Raupe legt sich eine neue Hülle zu, die größer und geräumiger ist als die alte, und frisst und dehnt sich so lange aus, bis diese ebenfalls zu eng wird und wieder abgestoßen werden muss. Bei einer Hutmacherraupe ist deutlich zu erkennen, wie die abgestoßene Hülle mit jedem neuen Kopf größer wird.

Aber warum behält die Raupe die alten Hüllen zu einer Säule aufgestapelt auf dem Kopf? Erstaunlicherweise benutzt sie sie zur Verteidigung gegen räuberische Schild- oder Stinkwanzen (Pentatomoidea). Stinkwanzen haben stilettähnliche Rüssel, mit denen sie ihre Beute aufspießen und ihr die flüssigen Teile aussaugen. Bei Experimenten mit Hutmacherraupen hat man festgestellt, dass Stinkwanzen dazu neigen, ihre Rüssel in deren gestapelte Köpfe zu stechen. Die Raupen parieren den Angriff, indem sie die Kopfkapseln wie ein Florett einsetzen.

Ich habe diese Raupe, die sich hier gerade durch ein Eukalyptusblatt frisst, in meiner Zeit in Coogee, einem Stadtteil von Sydney, in einem kleinen Park fotografiert. Da dieser auf dem Weg zur Universität lag, an der ich damals für meine Doktorarbeit forschte, konnte ich die Raupen intensiv beobachten.

Nachdem sie aus dem Ei schlüpfen, sind Hutmacherraupen bis zur vierten Häutung sehr gesellig und rotten sich auf den Blättern zu kleinen haarigen Matten zusammen. Erst nach der fünften Häutung beginnen sie, die alten Kopfkapseln zu stapeln. Wenn parasitäre Wespen versuchten, Eier in die Raupen zu legen, bäumten sich diese auf und fuchtelten mit ihren Köpfen über ihrem Körper hin- und her. Man weiß, dass die Raupen die Luftbewegungen spüren, die die parasitären Wespen mit ihren Flügeln verursachen. Also versuchte ich, dieselbe Reaktion auszulösen, indem ich ihnen sanft über den Rücken blies.

Es war faszinierend zu beobachten, wie der haarige Teppich aus Babyraupen gleichzeitig die Köpfe hin- und herbewegte und dabei mit den Mundwerkzeugen über die Blattoberfläche kratzte – ein überraschendes und deutlich hörbares raschelndes Geräusch. Wenn es einem gelingt, die Natur dazu zu bewegen, für einen zu musizieren, ist das ein unbeschreiblicher Moment.

ZEITFALTEN

Springschwanz (*Lepidocyrtus* sp.)

Ein winziger Springschwanz frisst die proteinreichen Sporen zwischen den Lamellen eines Pilzes, der dem winzigen Tier Schutz und Nahrung bietet. Es handelt sich um den Inbegriff eines Basidiomyceten – einen Fliegenpilz.

Diese zeitlose Szene hätten schon die Dinosaurier beobachten können, wenn sie sich denn dafür interessiert hätten. Springschwänze sind eine der ältesten Gruppen von Hexapoden (terrestrische Gliederfüßer einschließlich Insekten) und bevölkern die Erde schon seit mindestens 400 Millionen Jahren.

Es war September in den Nadelwäldern des Oulanka Nationalparks in Finnland, und überall schoss eine Vielzahl wunderschöner Pilze aus dem Boden. Dennoch blieb mein Blick an dieser anrührenden Szene hängen. Der kleine, circa 1,5 mm lange Springschwanz sondert beim Fressen Exkremente ab – auf dem Foto sind sie als winzige Kugeln in der Nähe seines Kopfes zu erkennen –, die auf dem Waldboden die Wiederaufbereitung von Nährstoffen beschleunigen.

Es ist leicht, all die winzigen Kreaturen um uns herum einfach zu ignorieren, aber wahrscheinlich sind gerade sie es, die das Ökosystem der Erde im Gleichgewicht halten. Eine einzelne Diatomee ist nahezu unsichtbar, aber alle Diatomeen zusammengenommen produzieren einen großen Teil des Sauerstoffs unseres Planeten, von dem auch unser Überleben abhängt. Springschwänze, die in vielen Habitaten der Erde Nährstoffe in Umlauf bringen und wiederaufarbeiten, sind mit dem, was sie tun, mindestens ebenso wichtig.

Das menschliche Interesse konzentriert sich für gewöhnlich auf die Dinge, die wir ohne Probleme sehen können, oder die in einem wahrnehmbaren Größenverhältnis zu uns selbst stehen. Aber Menschen sind mit im Schnitt zwischen 1,5 und 1,8 Metern Länge relativ große Lebewesen. Nur zum Vergleich: Es gibt Mikrobakterien, die nur 0,3 µm (0,0003 mm) lang sind, während ein Blauwal um die 30 Meter misst. Das heißt, was unsere Größe anbelangt, sind wir deutlich näher bei einem Wal als bei den meisten anderen Lebensformen der Erde.

Betrachtet man die Gesamtbiomasse der Erde – also die Masse aller lebenden Organismen von Bakterien über Menschen bis hin zu Bäumen –, ist diese überraschenderweise unter den Arten nicht gleichmäßig verteilt. Stattdessen konzentriert sich das Leben entweder im sehr Kleinen (Springschwänze, Bakterien und Diatomeen) oder im sehr Großen (Menschen und Bäume), während alles dazwischen eher selten ist. So tragen beispielsweise Amphibien, Reptilien und Ringelwürmer am wenigsten zur Biomasse bei.

Was die winzigen Lebensformen unseres Planeten anbelangt, ist die Einstellung »aus den Augen, aus dem Sinn« also kaum angebracht.

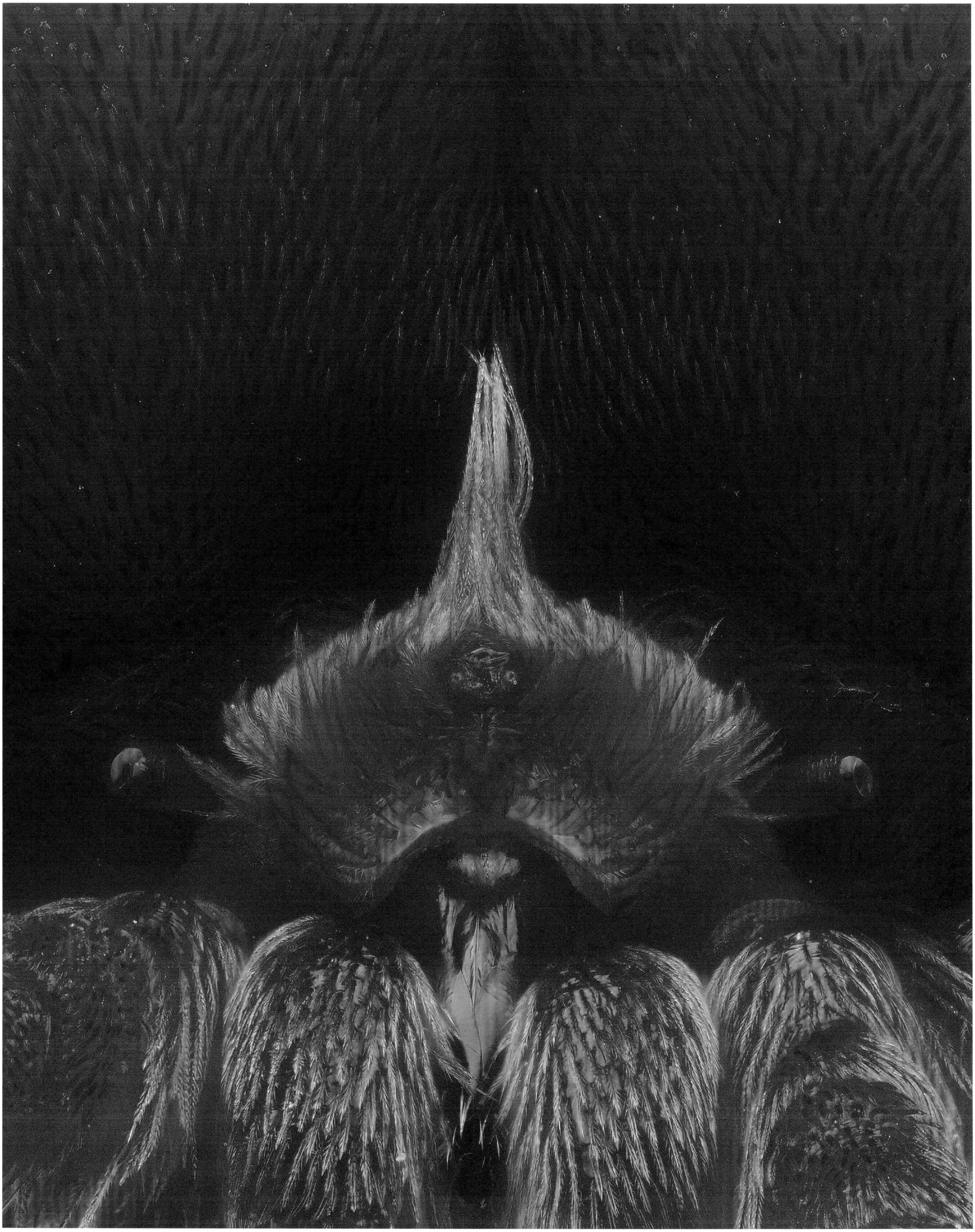

ROT-BLINDHEIT

Rote Samtmilbe (*Trombidium holosericeum*)

Ich freue mich immer auf die ersten warmen Frühlingstage im März oder April, denn um diese Jahreszeit gibt es in unserem Garten ein von der Sonne geküsstes Fleckchen Erde, auf dem ich zuverlässig beobachten kann, wie die Roten Samtmilben ihr Leben im Untergrund für kurze Zeit aufgeben und für die Suche nach Partnern an die Oberfläche kommen.

Im Vergleich zu vielen anderen Milbenarten ist die Rote Samtmilbe riesig. Diese Spezies hier, *Trombidium holosericeum*, misst ausgewachsen im Schnitt ungefähr 2,5 mm, kann aber bis zu 5 mm lang werden. Stark vergrößert ist nicht zu übersehen, woher die Samtmilbe ihren Namen hat: Sie ist in einen Mantel aus flauschigen Haaren (Setae) gehüllt, die aussehen wie üppige Tannenbäume.

In dieser Länge und Dichte sind Haare ein effektiver Schutz, da sie gemeinsam mit der Oberflächenspannung verhindern, dass auch nur der kleinste Tropfen Wasser durch die samtene Hülle der Milbe dringt.

Als Gruppe sind die Samtmilben jedoch nicht ganz so niedlich, wie ihr Aussehen vielleicht vermuten lässt. Man geht davon aus, dass viele Samtmilbenarten, wenn sie ausgewachsen sind, andere winzige, im Boden lebende Gliederfüßer jagen. Und als Larven sind sie allesamt Parasiten.

Schaut man sich andere Insekten im Garten genauer an, entdeckt man manchmal kleine rote Kugeln, die ihnen an Beinen, Unterleib, Antennen oder sogar an den Augen hängen. Es handelt sich dabei um Samtmilbenlarven, die den Insekten das Blut aussaugen. Als Wirt dienen den Larven alle Arten von Gliederfüßern – Springschwänze, Spinnen, Fliegen, Käfer, Blattläuse oder Schmetterlinge.

Besonders auffällig und ungewöhnlich ist die knallrote Farbe der Samtmilben. Rote, gelbe und orangefarbene Pigmente entstehen bei Tieren in der Regel durch Karotinoide (wie bei Karotten). Die meisten Tiere können Karotinoide aber nicht selbst produzieren, sondern nehmen sie über die Nahrung auf. Spinnenmilben und Rote Samtmilben, die ihr rotes Karotinoid selbst herstellen, sind da eine Ausnahme. Aber warum sich eine knallrote Farbe zulegen? Sticht man Fressfeinden dadurch nicht erst recht ins Auge? Weit gefehlt. Tatsächlich können räuberische Ameisen und Schildwanzen, die die Roten Samtmilben normalerweise fressen würden, sie nicht sehen, da ihren Augen Rot-Rezeptoren fehlen.

Rote Samtmilben tragen also eine Art Tarnumhang, der sie unsichtbar macht.

5 RAUM

Über Raum

Nichts nimmt in der Natur auf dieselbe Weise Raum ein wie Blasen und Schaum. Manche schaumähnliche Strukturen sind das zufällige Produkt physikalischer Prozesse in der Umwelt, wie beispielsweise der Meerschaum (siehe Seite 142), andere werden von Tieren zum Schutz ihrer Eier bewusst produziert, wie der Laich von Laubfröschen (zum Beispiel *Polypedates otilophus*), das Nest der Gottesanbeterin (*Mantis religiosa*) oder der »Speichel« von Schaumzikaden (siehe Seite 154).

Auch im Körperbau von Lebewesen kommen Schaumstrukturen zum Einsatz; dafür gibt es unzählige Beispiele, denn im Grunde kann jede Zelle als Blase gesehen werden. Die »Zellblase« wird von einer Membran eingeschlossen, zu der weitere Schichten aus extrazellulärem Material hinzugefügt werden können oder die mit Mineralien wie Siliziumdioxid (Diatomeen) oder Kalziumkarbonat (Knochen) biomineralisiert ist.

Schaum bringt gewisse Vorteile. Da seine Bestandteile auf der geometrischen Form einer Kugel basieren, kann er, um ein bestimmtes Volumen einzuschließen, aus der geringsten Menge des benötigten Materials hergestellt werden (von allen geometrischen Formen hat die Kugel im Verhältnis zum Volumen die kleinste Oberfläche). Hinzu kommt, dass Schaum porös und gleichzeitig extrem druckbelastbar sein kann (man denke an einen Schwamm).

Bei hartem Schaum (oder »zelligen Feststoffen«) handelt es sich um biomineralisierte Strukturen. Eine besondere Form von Hartschaum findet man in jeder Tierhandlung in der Abteilung für Wellensittiche. Ich spreche von Tintenfisch-»Knochen«. Tintenfische (*Sepia officinalis*) sind Kopffüßer und mit Kraken, Kalmaren und Seeschnecken verwandt. Ihr Schulp, eine Art Muschelschale im Inneren, ist aus Aragonit, einer kristallinen Form von Kalziumkarbonat, und dient dazu, den Auftrieb zu kontrollieren.

Ich habe am Strand von St. Andrews schon viele angespülte Schulpe gefunden, nichtsdestotrotz kann ich nicht widerstehen, sie jedes Mal aufzuheben und anzusehen. Sowohl ihre Form als auch ihre Funktion sind ein Wunder. Man bemerkt sofort, wie unglaublich leicht sie sind. Tatsächlich ist der Zellschaum nur zu 10 Prozent solide – der Rest ist hohl. Lebende Tintenfische kontrollieren ihren Auftrieb, indem sie das Verhältnis von Gas und Flüssigkeit im Inneren des Schulps verändern. Wenn sie tot sind, verdunstet die Flüssigkeit in den Schaumzellen und sie füllen sich mit Luft, wodurch sie so unglaublich leicht werden. Man hat Tintenfische schon in einer Tiefe von fast 600 Metern gesichtet, was bedeutet, dass ein Schulp einem Druck von 60 atm standhält, ohne zu implodieren.

VORHERIGE DOPPELSEITE
Ballen einer Pranke, Tiger (*Panthera tigris*)
Ihr innerer Aufbau macht die weichen Ballen einer Tigerpranke zu Stoßdämpfern, die dem Raubtier zusammen mit dem Fell an seinen Pfoten ein lautloses Anschleichen ermöglichen. Ein Gerüst aus elastischen Kollagenfasern bildet ellipsenförmige Zellen, die mit Fett gefüllt sind (Fettgewebe). Diese faszinierende Konstruktion absorbiert und isoliert die bei jedem Schritt entstehenden Vibrationen und Erschütterungen.

Andere Formen von zellulärem Schaum findet man in den Federn von Vögeln, den Stacheln von Igeln und Stachelschweinen sowie im Mark von Pflanzenstängeln wie Papyrus (siehe Seite 144–145).

Wenn wir an die Wellensittiche denken, die in ihrer ursprünglichen Heimat Australien in großen Schwärmen umherfliegen, leitet das zu einer anderen schaumähnlichen Struktur über – den Flügelknochen flugfähiger Vögel, die nicht mit Knochenmark, sondern mit wabenförmigen Luftkammern gefüllt sind. Das Skelett eines Flügels ist leicht und trotzdem stabil, was für das für die Flugfähigkeit entscheidende, richtige Verhältnis von Auftrieb und Gewicht sorgt.

Auf einer Expedition in Nordsulawesi habe ich in einem Laubhaufen den Schnabel und Helm eines Helmhornvogels (*Aceros cassidix*) gefunden. Bei dem sogenannten Helm handelt es sich um ein längliches bootförmiges Gebilde auf der Stirn des Vogels. Aufgrund der Gesetze zum Handel mit Wildtieren konnte ich ihn nicht für weitere wissenschaftliche Untersuchungen mit nach Hause nehmen, aber ich konnte seinen ausgeklügelten Aufbau fotografieren – ein schwammähnliches Netzwerk aus knöchernen Stäbchen, das Trabekel genannt wird.

Die Funktion dieses Helms ist nach wie vor unklar. Bei anderen Spezies wird er jedoch mit Kopfstößen, Partnerwahl, Schallverstärkung oder (da er von vielen Blutgefäßen durchzogen ist) der Temperaturregulierung in Zusammenhang gebracht. Dank der trabekulären Struktur ist der Helm trotz seiner beeindruckenden Größe relativ leicht.

Pflanzen haben kein den Tieren vergleichbares Organsystem, weshalb jede Zelle mit ihrer Zellwand – jede »Blase« – für das Skelett eine wichtige Rolle spielt, insbesondere für stabile, dem Licht zustrebende Landpflanzen, die senkrecht nach oben wachsen und sich verzweigen. Um Licht einzufangen, müssen die Pflanzen möglichst viel Raum einnehmen, und Zellblasen bilden eine leichte, aber stabile Struktur aus möglichst wenig Material.

Eine der bemerkenswertesten Strukturen, die die Natur hervorbringt, findet man in den Stielen der Flatterbinse (*Juncus effusus*). Die Zellen ihres Marks bilden einen noch sparsameren und stärker durchbrochenen Schaum (siehe Seite 170), indem sie in einem hexagonalen, sternähnlichen Gitter (Sternparenchym oder auch Aerenchym) miteinander verbunden sind. Diese Struktur ist zu 98 Prozent porös und mit einer Dichte von 17 Kilogramm pro Kubikmeter extrem leicht. Zum Vergleich: Die Dichte von Wasser liegt bei 997 kg/m^3.

Der Mensch hat für diese erstaunliche Struktur schon sehr früh eine ausgezeichnete Verwendung gefunden. Zieht man einem grünen Flatterbinsenstängel die Haut ab, bekommt man einen langen Strang aus Zelluloseschaum. In geschmolzenes Tierfett getaucht und abgekühlt, diente das ausgehärtete »Binsenlicht« als eine Art Kerzenanzünder, der durchs Haus getragen werden konnte. Genial.

REGENBOGENBLASEN

Meerschaum

An der Ostküste Schottlands können die Ostwinde, die über die Nordsee hereinwehen, gewaltige Wellen auftürmen, die unter den Meeresalgen, die die felsige Küste überziehen, großen Schaden anrichten. Der Inhalt der zerschmetterten Algenzellen wird von der Brandung mit Meerwasser aufgeschlagen, und es bilden sich Luftblasen, die mit einem Film aus Meerwasser und Zelllipiden überzogen sind. Die Lipide wirken wie ein Tensid, das die Blasen stabilisiert und dafür sorgt, dass es sehr viel länger dauert, bis sie platzen. Die Schaumteppiche, die dadurch entstehen, werden an die Flutlinie gespült und überziehen die zerfetzten Stränge von Blasentang und anderen Meerespflanzen.

An manchen Tagen, wenn der Himmel bedeckt ist, schillern diese Schaumblasen in einem spektakulären Kaleidoskop aus Farben. Lichtwellen werden reflektiert, zunächst von der äußeren Oberfläche des Blasenfilms, dann von der inneren. Wenn beide Wellen in unsere Richtung zurückgeworfen werden, stören sie sich gegenseitig, was manche Wellenlängen (Farben) verstärkt und andere dämpft oder entfernt. Das Ergebnis sind diese wunderschön schillernden Regenbogenfarben auf den Blasenoberflächen.

Ihre Farben verraten uns, wie dick die Blasenwände sind – rote sind dicker als blaue. Läuft Wasser über die Blasen, wird ihre Wand dünner und die Farben verändern sich, bis die Blasen schließlich so dünn sind, dass sie platzen. An rauen, stürmischen Tagen kann man dieses Farbenspiel am besten bewundern, da mehr Algenzellen zerstört werden und die Blasen langlebiger sind.

Je nach Verhältnis von Flüssigkeit und Gas entsteht »nasser« Schaum (mit einem Flüssigkeitsanteil von über 10 Prozent) oder »trockener« Schaum (mit einem Flüssigkeitsanteil von unter 10 Prozent). Blasen in nassem Schaum sind in der Regel klein und rund, während trockener Schaum aus großen, vielflächigen Blasen besteht. Auf diesem Foto füllt nasser Schaum die Räume zwischen den großen, bunten Blasen von trockenem Schaum.

Schaum und Blasen sind eine ausgezeichnete Methode, um aus wenig Substanz möglichst viel zu machen. In fester Form ist Schaum leicht und trotzdem stabil und damit für vieles sehr nützlich – Rasierschaum, Blisterfolie, Schaumstoffmatratzen, Luftporenbeton, Feuerlöscher, Flugzeugflügel, und so weiter. In der Natur findet man Schaum und schaumähnliche Strukturen in Vogelknochen, Pflanzenstielen, Schwämmen, den Schalen von Diatomeen (Frusteln), den Gehäusen von Stachelhäutern (Tests), den Stacheln von Igeln und Stachelschweinen, dem »Speichel« der Schaumzikaden und in den »Nestern«, die die Eier von Laubfröschen oder Gottesanbeterinnen schützen.

NÄCHSTE DOPPELSEITE
Papyrus (*Cyperus papyrus*)
Querschnitt durch den löchrigen Staudenstängel einer im Wasser heimischen Riesensegge, *Cyperus papyrus*. Die Leitbündel des Stängels sehen aus wie kleine Gesichter, die die Glyphen alter ägyptischer Papyrusrollen imitieren. Dabei sind die »Augen« wassertransportierendes Metaxylem und die roten »Hüte« zuckertransportierende Phloemzellen. Über den Gesichtern sind große, mit Luft gefüllte Aerenchymzellen zu sehen, die Sauerstoff zu den in anoxischem Schlamm steckenden Wurzeln transportieren.

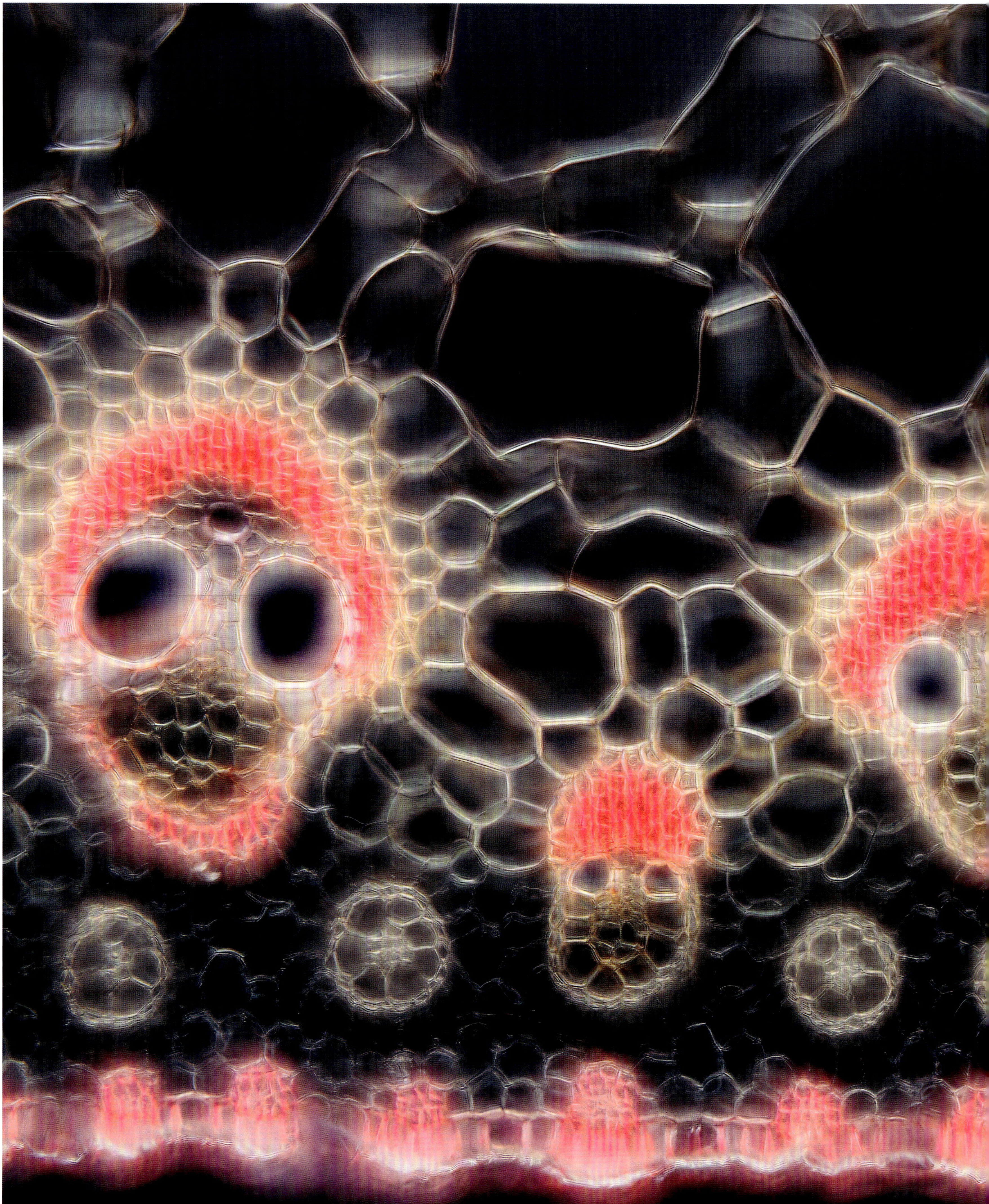

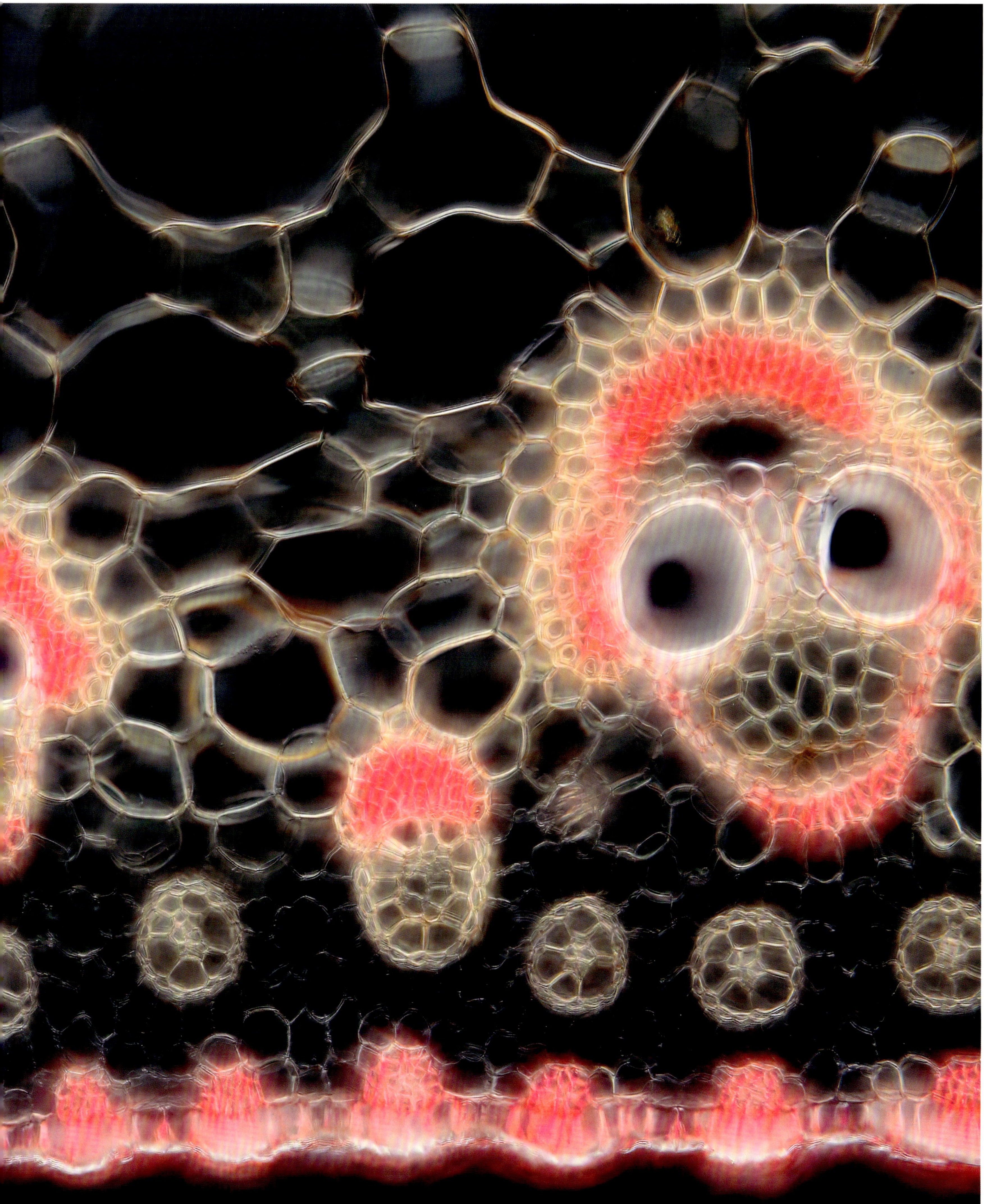

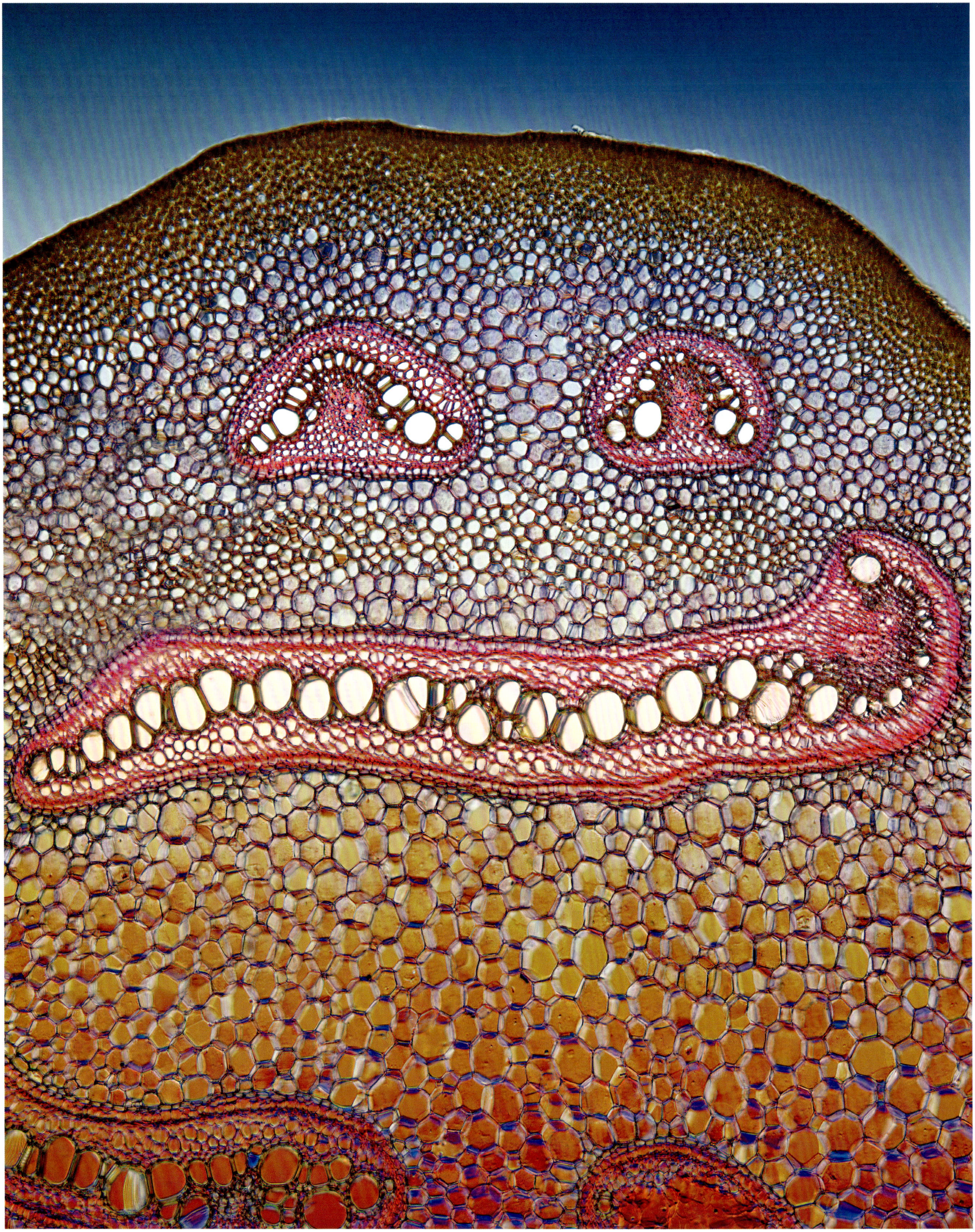

AUTSCH

Adlerfarn (*Pteridium aquilinum*)

Es sieht zwar aus wie das Gesicht von jemandem, dem man gerade auf die Zehen getreten ist, aber tatsächlich besteht diese Grimasse aus Leitbündeln, die durch die zentrale Rippe (Rhachis) eines Adlerfarns (*Pteridium aquilinum*) laufen. Unsere Rhachis (griechisch für »Rückgrat«) ist die Wirbelsäule.

Persönliche Erfahrungen mit pflanzlichen Leitbündeln kann man machen, wenn man nicht mehr ganz junge Sellerie- oder Spargelstangen isst. Die zähen Fasern, die einem wie Zahnseide zwischen den Zähnen hängen bleiben, das sind Leitbündel.

Farne sind zwar keine Holzpflanzen, aber um ihre Wedel gegen die Kräfte der Schwerkraft und den Wind zu versteifen, wird der Blattstiel (Petiolus) von einem Stereom stabilisiert, einem verholzten Ring aus kleinen, eng gepackten, runden Zellen direkt unter der Oberfläche des Stiels (im Foto als brauner Rand zu erkennen), der den Stiel zu 95 Prozent stützt. Die Krautwedel von Adlerfarnen können jedoch bis zu 90 Zentimeter lang werden, weshalb die verholzten Xylemgefäße (im Bild »Augen« und »Mund«) sowie der Kern aus leichtem, schaumähnlichem Parenchym noch eine zusätzliche Stütze bieten.

Die Zellen von Pflanzenparenchym sind ein gutes Beispiel für biologischen Schaum. Viele Pflanzenstile sind mit leichten, blasigen Zellstrukturen, die oft auch als Mark bezeichnet werden, angefüllt. Dieser Schaum bildet sich aus einem Minimum an Materialien und ist dadurch gleichzeitig leicht und stabil wie Styropor. Die »Zellblasen«, die zu einer Schaumstruktur zusammengepresst werden, haben eine besondere Geometrie, die ihre Oberflächen verkleinert und ihnen mechanische Stabilität verleiht.

Im Jahr 1887 stellte Lord Kelvin fest, dass Blasen mit einer minimalen Oberfläche die Form eines Tetrakaidekaeders annehmen, eines ebenseitigen Polyeders mit vierzehn Flächen – sechs quadratischen und acht sechseckigen. Es gibt jedoch eine noch sparsamere Anordnung bei Polyedern. Sie wurde 1993 entdeckt, ihre komplexe Geometrie bringt jedoch lediglich eine Verbesserung von 0,3 Prozent.

Wer wissen möchte, wie Blasen in einer komplexen polyedrischen Anordnung auf engsten Raum gepackt werden können, muss nur einen Granatapfel öffnen und sich die Form der einzelnen Arillen (fleischigen Samen) anschauen, die an saftige, facettenreiche Edelsteine erinnern.

GEOMETRISCH VERPACKT

Ruderfußkrebs (*Tigriopus fulvus*)

Die bei Ebbe entstehenden Gezeitentümpel sind wundervolle Orte, um sich darin auf die Suche nach interessanten Lebewesen zu machen. Da durch die reflektierende Wasseroberfläche oft kaum etwas zu erkennen ist, finde ich es praktisch, durch den Boden eines durchsichtigen Plastikbehälters zu schauen. Hier sieht man ein kleines Ruderfußkrebsweibchen (*Tigriopus fulvus*), das einen Sack mit Eiern schleppt und sich in der Astgabel einer Rotalge (*Ceramium ciliatum*) ausruht.

Algen wie dieser Horntang sondern einen Schleim ab, der sie vollständig überzieht und in dem eine ganze Menagerie von Mikroorganismen lebt (siehe Seite 116). Unter ultraviolettem Licht fluoresziert der Körper des Ruderfußkrebses blau, während der Seetang und die photosynthetisch aktiven Mikroben, von denen sich der Ruderfußkrebs ernährt, rot leuchten.

Obwohl Ruderfußkrebse sehr klein sind (dieser hier misst nur 2,5 mm), treten diese planktonischen Arten in so großer Zahl auf, dass sie für viele Meereslebewesen die Hauptnahrungsquelle bilden, angefangen bei Jungfischen bis hin zu Bartwalen.

Aufgrund ihrer geringen Größe können Ruderfußkrebse Sauerstoff direkt durch die Körperoberfläche aufnehmen, genau wie ihre sich entwickelnden Embryonen. Dieses Weibchen trägt ungefähr 50 Eier in seinem kugelförmigen Sack mit sich herum.

Sehen Sie sich die auffällig sechseckigen, an Honigwaben erinnernden Kontaktlinien zwischen den einzelnen Eiern an. Die Natur ist stets bemüht, die effektivste Methode zu finden, um Dinge auf dem kleinstmöglichen Raum zusammenzupacken, denn das spart Material und Energie. Wirken physikalische Kräfte auf etwas ein, führt das häufig zum selben Ergebnis. Blasen sind deshalb rund, weil die Oberflächenspannung dafür sorgt, dass das Volumen von der kleinstmöglichen Fläche eingeschlossen wird – der »Minimaloberfläche« (Kugel). So wie Bienen keine quadratischen oder dreieckigen Waben bauen, weil sie dazu mehr Wachs produzieren müssten.

Die Eier des Ruderfußkrebses stecken in einem geschlossenen Sack und brauchen, um atmen zu können, Kontakt zur Außenfläche. Ein geometrisches Gesetz besagt, dass es unmöglich ist, nur aus Sechsecken eine Kugel zu bilden, man braucht auch Fünfecke. Schauen Sie sich den Sack noch einmal an. Jedes Ei ist wie eine Blase, die in einen Sack gequetscht wurde, und weil alle Eier Kontakt zur Außenfläche brauchen, bilden sie ein Kachelmuster aus Sechs- und Fünfecken.

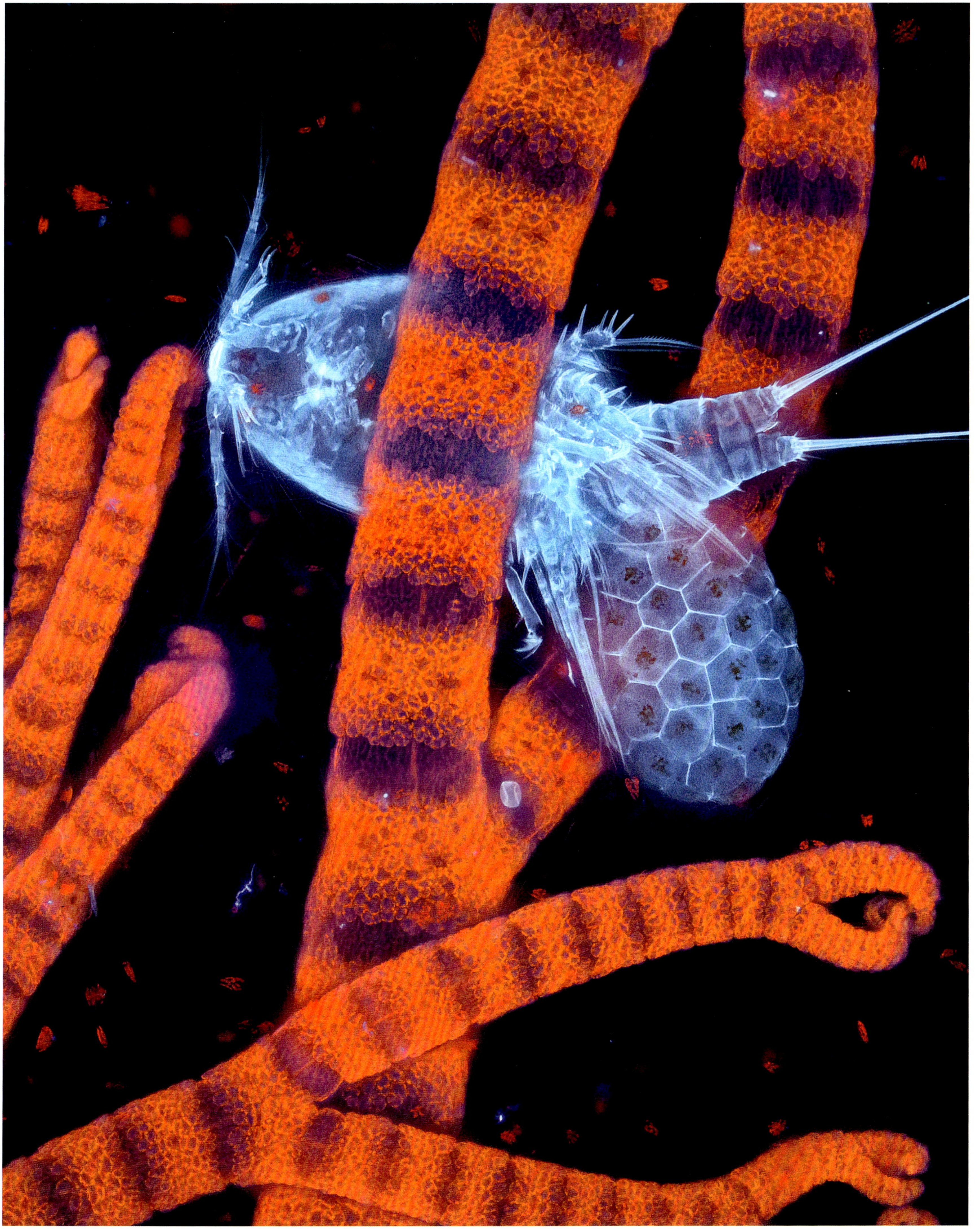

GLASBLASEN

Silicoflagellaten

Dass diese geometrischen Formen biologischen Ursprungs sein sollen, fällt schwer zu glauben – für mich sehen sie eher aus wie Lehrmittel, die man Kindern im Physik- oder Matheunterricht austeilt. Tatsächlich handelt es sich aber um die einfachen, gerüstähnlichen Kristallskelette aus Siliziumdioxid (wie in Opal oder Glas) von Photosynthese betreibenden, einzelligen, planktonischen Algen (Protisten) – sogenannten Flagellaten.

Der berühmte Biologe Ernst Haeckel war von der Geometrie des maritimen Lebens so fasziniert, dass er seine wunderbaren Beschreibungen, darunter auch die von Silicoflagellaten, 1899 in *Kunstformen der Natur* veröffentlichte. Und etwas später beschrieb dann D'Arcy Wentworth Thompson in *Über Wachstum und Form,* inwiefern die Geometrie von Blasen als Schablone bei der Entstehung der Skelette von Silicoflagellaten dient.

Blasen verbinden sich in Dreiergruppen und treffen in Winkeln von 120 Grad aufeinander. Dabei bilden sie nach den von Joseph Antoine Ferdinand Plateau aufgestellten »Blasenregeln« einen sogenannten Plateau-Vertex. Diese dreiachsige Form findet man in der Mitte von *Corbisena apiculata* und *Dictyocha hexacantha* sowie an den vier Ecken von *Bachmannocena quadrangular*. Die Grenzen zwischen den Blasen (Plateau-Kanten) können Schablonen für die Biomineralisierung der Stäbchen zwischen den Knotenpunkten sein. Selbst die Krümmung der Blasenwand kann sich in Form von Siliziumdioxidstäben kristallisieren (siehe *C. apiculate, D. hexacantha* und *Dictyocha calida*).

Die Glasgerüste sind für die kleinen Protisten eine perfekte Leichtbauverschalung, da sie mit der geringsten Menge an Material das größtmögliche Volumen umschließen.

Lebende Silicoflagellaten können in so großer Zahl auftreten, dass sie das Meer rot färben – und eine der berüchtigten »Roten Fluten« verursachen. Diese sind zwar ein faszinierender Anblick, können aber tödlich sein. Fische, die durch das rote Wasser schwimmen, atmen zwangsläufig Silicoflagellaten ein, deren Spitzen die empfindlichen Blutgefäße in ihren Kiemen verletzen.

LINKE SEITE
(oben, von links nach rechts)
Corbisena apiculate, Naviculopsis constricta, Bachmannocena quadrangular

(unten, von links nach rechts)
Dictyocha hexacantha, Bachmannocena apiculate, Dictyocha calida

WANDTEPPICH

Stechender Mäusedorn (*Ruscus aculeatus*)

Ich liebe all die kleinen Details, mit denen die Natur aufwartet – ihre Strukturen, Formen und Farben. Und ganz besonders liebe ich Dinge, die über die Grenzen der physikalischen Welt hinausgehen, wie dieses Beispiel hier. Tatsächlich ist es nur ein Querschnitt durch den Stiel einer Pflanze, eines Stechenden Mäusedorns (*Ruscus aculeatus*), und doch lässt dieses Foto so viel mehr erkennen.

Vaskuläre (oder »höhere«) Pflanzen werden in Monokotyledonen (wie Gräser, Lilien, Orchideen und Bananenbäume) und Dikotyledonen (Rosen, Eichen, Apfelbäume und so weiter) unterteilt, wobei als Unterscheidungsmerkmal der Gruppen ihre charakteristische Form dient. So sind grasähnliche Pflanzen in der Regel Monokotyledonen, während es sich bei baumähnlichen Pflanzen um Dikotylen handelt. Der Stechende Mäusedorn tanzt jedoch aus der Reihe. Obwohl er eindeutig eher aussieht wie ein Baum, zählt er zu den Monokotyledonen. Und seine harten, stacheligen Blätter sind auch keine Blätter, sondern stark veränderte Stiele (Blatttriebe).

An den über den gesamten Stiel verteilten Leitbündeln lässt sich erkennen, dass das Foto einen Schnitt durch eine Monokotyledone zeigt, bei einer Dikotyledone wären die Leitbündel in Ringen angeordnet. Es sind hier vier Leitbündel zu erkennen mit je einem Klumpen roter Phloemgefäße in der Mitte. Das umgebende schaumähnliche Gewebe besteht aus dünnwandigen Parenchymzellen. Diese Zellen sind polyedrisch mit einem grob sechseckigen Profil. Der Stiel wurde quer durchgeschnitten, in einem rechten Winkel zur Länge, wodurch wir die Innenwandoberfläche der Parenchymzellen knapp vor ihren Endwänden sehen. Diese Endwände bilden auf dem Foto das wunderschöne türkisfarbene Webmuster.

Die unterschiedlichen Farben entstehen, weil das polarisierte Licht, das durch den Pflanzenquerschnitt dringt, von den verschiedenen Geweben entsprechend ihrem jeweiligen Brechungsindex in zwei unterschiedliche Lichtstrahlen geteilt wird (Doppelbrechung). Diese beiden Strahlen setzen sich neu zusammen und überlagern sich, sodass die hier erkennbaren Interferenzfarben entstehen.

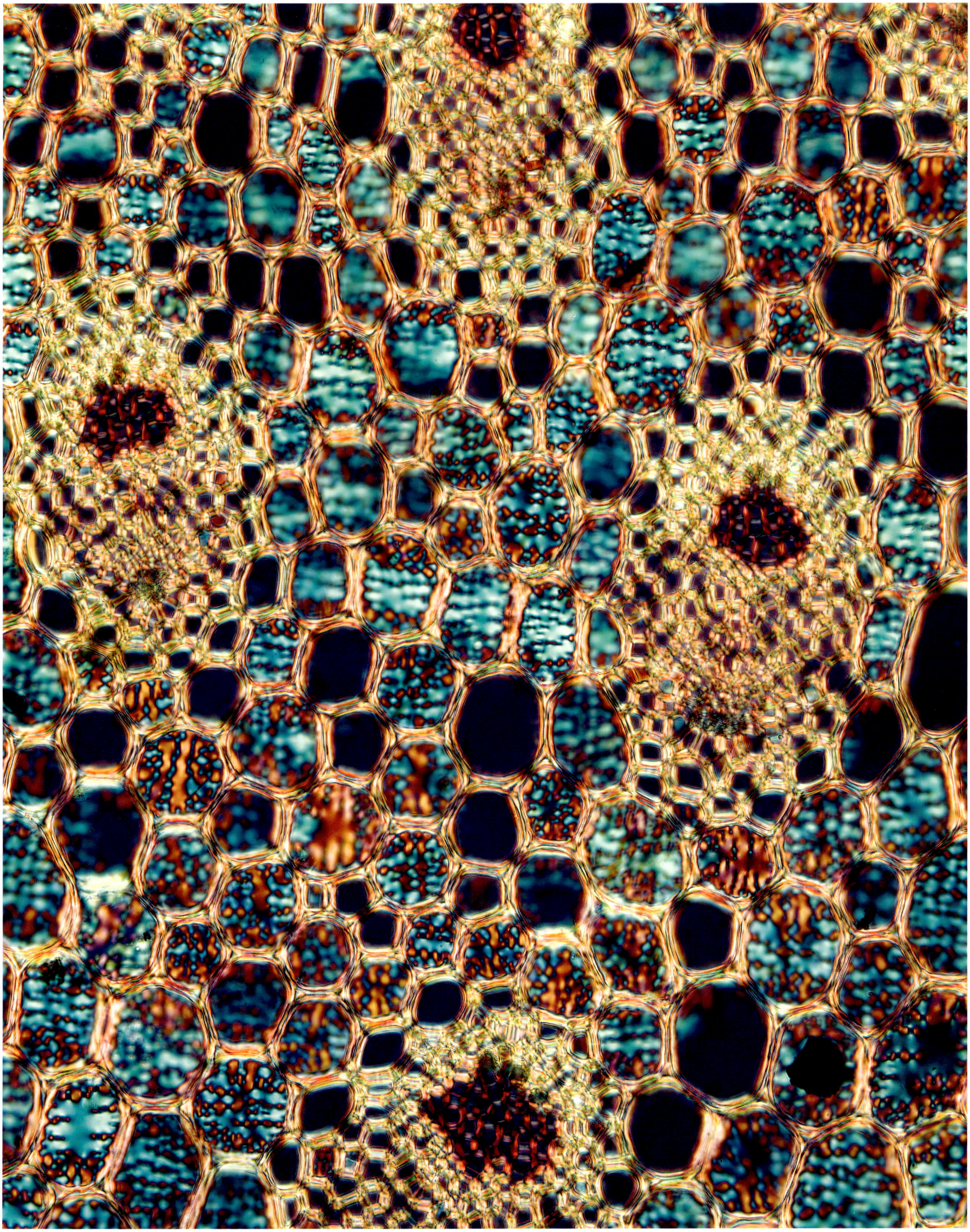

ZIKADEN-ATEM

Wiesenschaumzikade (*Philaenus spumarius*)

In Großbritannien sind die kleinen weißen Schaumkugeln, die scheinbar über Nacht an den Stielen und Blättern bestimmter Pflanzen auftauchen, eine willkommene Ankündigung des Frühlings. Da das Erscheinen dieser »Speichelblasen« mit der Rückkehr der Kuckucksvögel zusammenfällt, spricht man in England auch von »cuckoo spit« (Kuckucksspeichel).

Der Speichel stammt jedoch nicht von Kuckucken, sondern von Schaumzikaden, den Nymphen (Larven) einer Cercopoidea-Art (Hemiptera, zu denen auch die Zikaden zählen). Hier auf dem Foto ist eine junge Wiesenschaumzikade zu sehen (*Philaenus spumarius*).

Die Nymphen zapfen den Pflanzensaft des Xylems an, entziehen ihm die Nährstoffe und schäumen dann die überschüssige Flüssigkeit zu einem wässrigen Schutzmantel auf. Das bedeutet, dass die Larven von Schaumzikaden, die Luft atmen und an Land leben, eigentlich ständig »unter Wasser« sind. Um atmen zu können, benutzen die Zikaden einen »Schnorchel«, der ihnen aus dem Hinterleib ragt und den sie durch den Schaum in die Luft strecken.

Der Kuckucksspeichel schützt die kleinen Zikaden nicht nur vor parasitären Wespen, die den Schutzwall aus Blasen nicht durchdringen können, sondern auch vor dem Austrocknen, Überhitzen und vor Infektionen durch Bakterien.

Zikadenschaum ist relativ langlebig, da die Blasenwände durch eine Mischung aus Molekülen verstärkt werden, die teils aus dem Pflanzensaft stammen und teils von den Insekten selbst abgesondert werden, unter anderem Fettsäuren, Aminosäuren, Kohlenhydrate und Proteine. Dennoch hält der Schaum nicht länger als ein paar Tage und muss ständig nachproduziert werden. Verdunstet das Wasser und er beginnt auszutrocknen, erhöht sich die Konzentration der gelösten Stoffe, und der Schaum wird klumpig. Räuberische Insekten wie Ameisen bleiben darin hängen und haben Schwierigkeiten, sich aus dem immer klebriger werdenden Schaum zu befreien.

Im Gegensatz zu Meerschaum (siehe Seite 142), dessen Blasen alle unterschiedlich groß sind, haben die Blasen von Schaumzikaden fast alle dieselbe Größe. Das liegt daran, dass die Zikaden die Blasen produzieren, indem sie ihren Hinterleib zusammenziehen und Luft in die ausscheidende Flüssigkeit pressen. Jede Kuckucksspeichelblase wird mit genau einer »Lungenfüllung« Zikadenatem gefüllt, nicht mehr und nicht weniger.

BLÄTTERORIGAMI

Blattknospe, Ahorn (*Acre* sp.)

Es fällt schwer, sich eine Pflanze vorzustellen, ohne dabei die Form ihrer Blätter vor Augen zu haben – die langen dünnen Halme von Gras, die mehrteiligen, gefiederten Blätter von Eschen oder Rosen oder die Blätter von Ahorn. Eines der auffälligsten Merkmale von Blättern ist ihre große Oberfläche. Wie ist es möglich, dass so ausladende Flächen jeden Frühling aus winzigen Knospen sprießen?

Die Antwort liegt in einer sehr cleveren Origamitechnik. Blattknospen sind mit Blättern vollgestopft – nicht das kleinste bisschen Platz wird verschenkt. Die Lage der Blätter in der Knospe nennt sich Vernation (von lateinisch *vernare*, »grünen«).

Die Blätter von Ahorn und Bergahorn weisen die für Ahorn typische palmate Form mit fünf »Fingern« und leicht gezackten Rändern auf, wobei durch jeden Blattfinger eine zentrale Ader läuft, von der dünnere Seitenadern abzweigen.

Das Foto zeigt einen Querschnitt durch die eng gepackte Blattknospe eines Ahornbaums. Die halbrunden, über abgewinkelte »Arme« verbundenen Bereiche sind die Blattadern, mit den flachen Teilen des Blatts (Lamina) dazwischen. Wenn das Blatt wächst, bricht es aus der Knospe hervor, entfaltet sich und breitet sich zu einer flachen, glatten Fläche aus. Entscheidend ist hierbei die spezielle Falttechnik. Da sich die Knicke und Falten alle entlang der Adern befinden, überschneiden sich die gefalteten Teile nicht und sind sich beim Entfalten auch nicht im Weg.

Diese Methode, dünne, leichte Strukturen mit sehr großen Oberflächen zu verpacken und zu entfalten, hat das Design vieler faltbarerer Geräte inspiriert, unter anderem das von Solaranlagen für Weltraumsatelliten.

NÄCHSTE DOPPELSEITE

Gemeine Wespe (*Vespa vulgaris*)

Papierwespen, wie die Gemeine Wespe (*Vespa vulgaris*), bauen die Nester für ihre Kolonie aus zerkautem Holz. Hier sieht man, wie die Wespen jeden Baum und jeden Zaunpfosten, den sie für den Bau ihres Nests besuchten, in »Papier« festgehalten haben. Die Farbstreifen sind das Werk weiblicher Arbeiterwespen, die das Holz unterschiedlicher Baumarten oder unterschiedlich verwitterter und gestrichener Holzoberflächen zerkaut und wieder ausgespuckt haben.

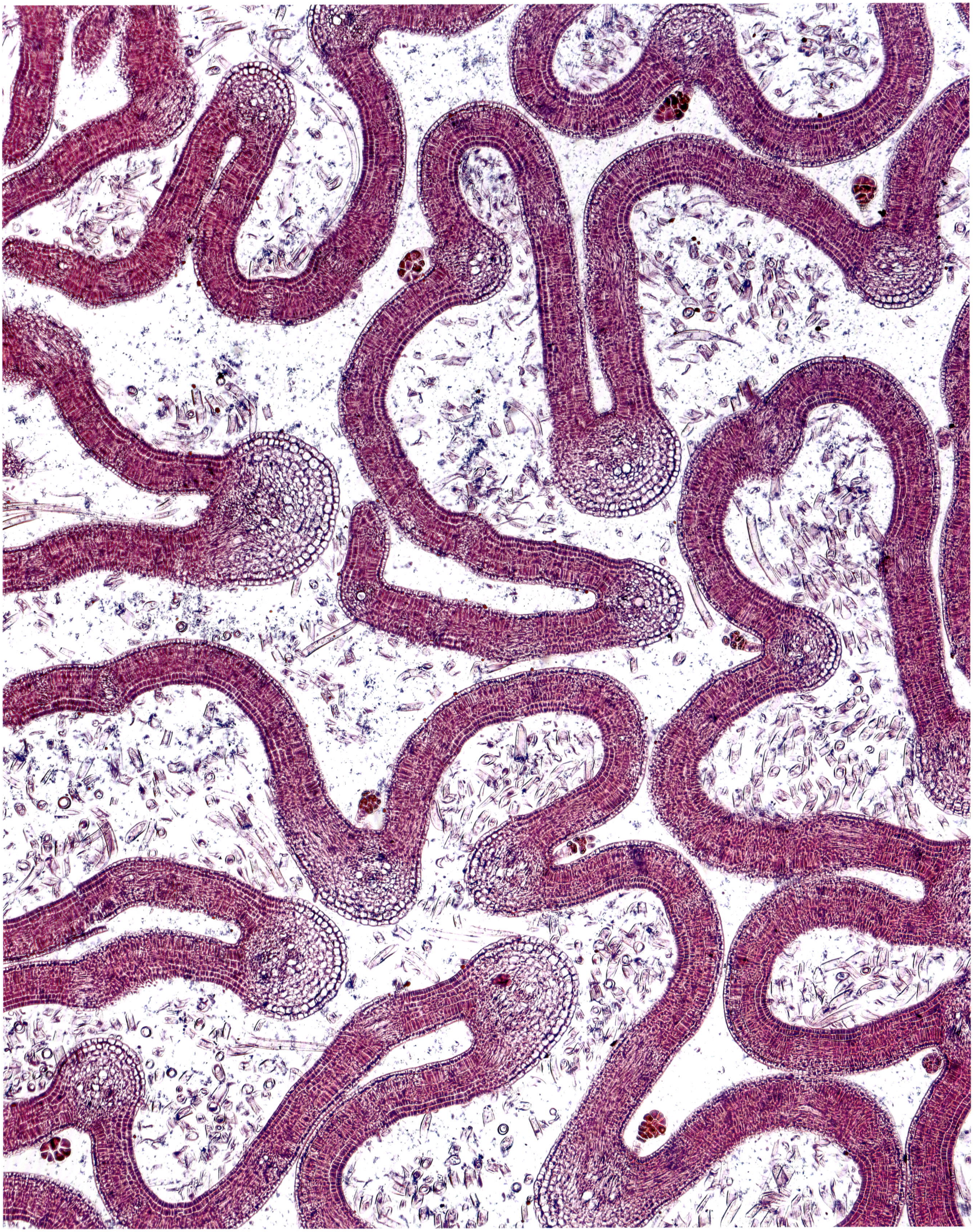

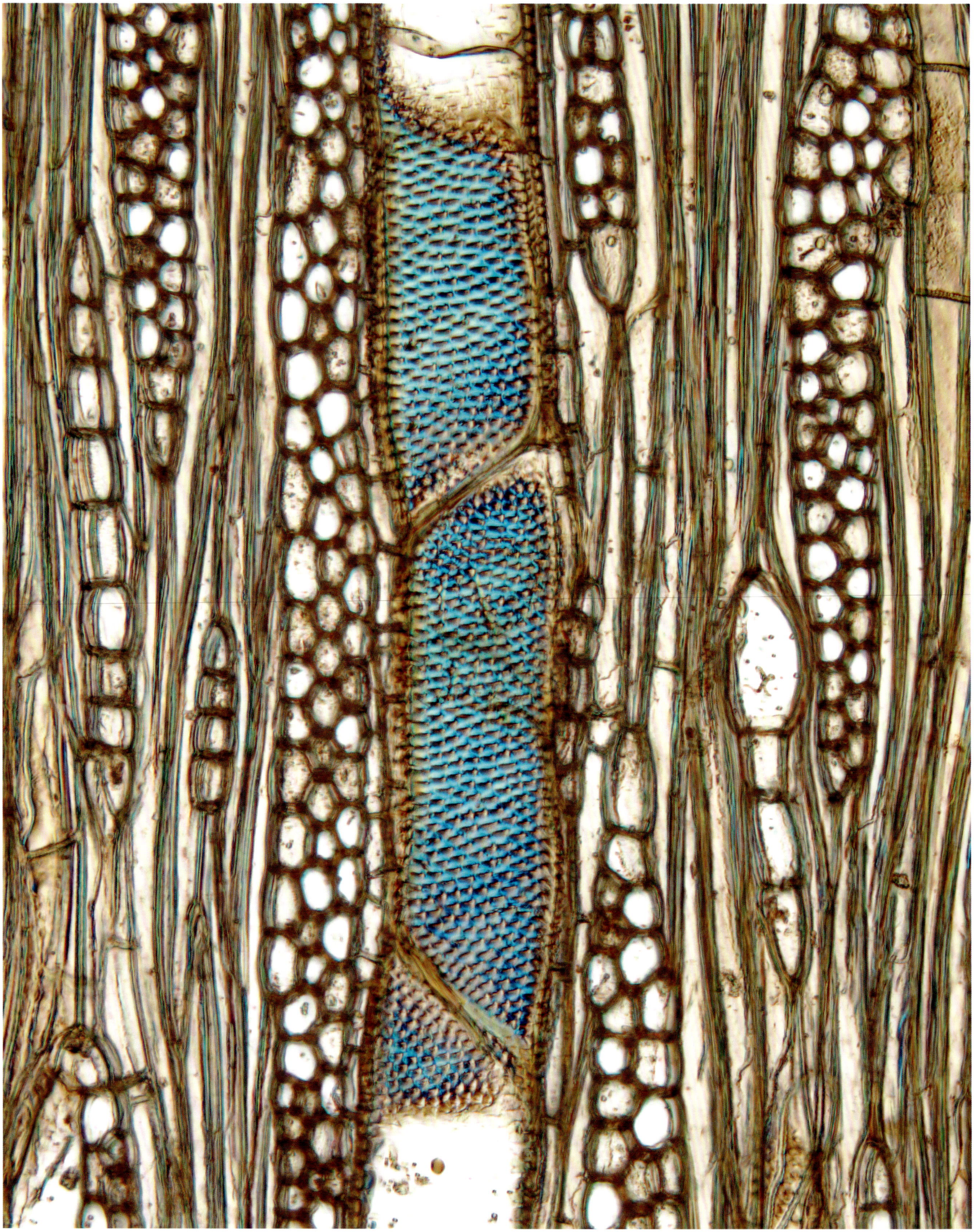

SIEB

Sassafrasholz (*Sassafras albidum*)

Holz ist eine ausgeklügelte, perfekt zusammengesetzte Struktur. Um den Baum zu stützen und dem Wetter standzuhalten, muss es stabil, leicht und flexibel sein, gleichzeitig aber auch als Leitungssystem funktionieren, durch das Wasser und Nährstoffe von den Wurzeln in die Blätter transportiert werden. Aus diesem Grund ist Holz nicht massiv, sondern hohl.

Ein Tangentialschnitt durch das Holz eines Sassafrasbaums (*Sassafras albidum*) offenbart dessen poröse, löchrige Beschaffenheit. Das »massive« Holz, aus dem unsere Tische und Stühle gemacht sind, sieht unter dem Mikroskop ganz ähnlich aus.

Die Zusammensetzung von Holz, das im Wesentlichen aus drei Komponenten besteht, ist brillant: Zellulose (der Hauptbestandteil), Hemizellulose und Lignin bilden gemeinsam die Xylemfasern. Die Zellen der Xylemfasern haben eine grob zylindrische Form und verlaufen in Reihen parallel zur Längsachse von Stamm oder Wurzel, um diese mechanisch zu stützen. Auf dem Foto sind die Fasern als vertikale parallele Linien zu erkennen (Botaniker sprechen von einem axialen Parenchym). Zwischen den Fasern sieht man »Strahlen« – von oben gesehen eiförmige Bündel aus anderen Zellen –, die rechtwinklig (zirkumferentiell) zu den Fasern verlaufen. Diese kreuzweise Anordnung trägt entscheidend zur Stabilität des Stamms bei.

Xylem enthält zudem spezielle Zellen, die Wasser transportieren, sogenannte Tracheiden. Die türkisfarbene Struktur in der Mitte des Fotos ist eine solche Zelle. Tracheiden sind verschlossene Röhren, mit porösen, siebähnlichen Wänden, die das Wasser seitwärts weiterleiten. Bei offen miteinander verbundenen Röhren, einem anderen Typ von wasserleitenden Zellen, spricht man von Gefäßen. Diese besitzen keine Zwischenwände und leiten das Wasser wie Trinkhalme oder Rohrleitungen vertikal weiter.

An der Tracheide im Bild fällt auf, dass sie kleine Löcher oder Einbuchtungen in den Wänden aufweist, die als gekreuzte Spiralen angeordnet sind. Bei Sassafrasbäumen (die zu den Angiospermen zählen) sind die Einbuchtungen »einfach« und nicht »gerändert« wie beim Holz von Tannen (Gymnospermen) (siehe Seite 192). Einfach ausgedrückt, fließt das Wasser durch eine Reihe von Gefäßen von den Wurzeln durch den Stamm nach oben und dann über die Tracheiden seitlich in die Äste.

Und ja, wir sprechen hier von dem Sassafrasbaum, der für amerikanisches Root Beer verwendet wird.

DAS GESETZ DER BLASEN

Froschlaich, Grasfrosch (*Rana temporaria*)

Diese glibberigen Eier (Ova) eines Grasfroschs (*Rana temporaria*) habe ich vier Stunden nach ihrer Befruchtung in einem Entwicklungsstadium mit vier Zellen fotografiert (das ich gerne auch als »Brötchenstadium« bezeichne). Die graue Kugel in der Mitte, die als einzelnes befruchtetes Ovum oder auch Zygote anfängt, hatte sich zunächst in zwei Zellen (Blastomeren) und dann in vier geteilt – und das auf eine Art und Weise, bei der die ursprüngliche Größe der Zygote erhalten blieb. Das heißt, vier Zellen nehmen hier den Raum von einer ein.

Symmetrie spielt in der Entwicklung von Embryonen eine entscheidende Rolle. Bei Amphibien ist die Zellteilung holoblastisch – die Zellen werden vollständig getrennt – und bilateral. Bei Säugetieren ist sie rotatorisch, bei Seeigeln radiär und bei Weichtieren spiral.

Jedes Froschei kann als Blasenpaar betrachtet werden: Die graue Blase in der Mitte, die sich teilt, sitzt in einer größeren, durchsichtigen Gallertblase. Die geometrische Anordnung dieser Blasenpaare wird von der Oberflächenspannung bestimmt. Eine einfache, auf dem Wasser treibende Schicht aus Blasen ordnet sich automatisch in einem hexagonalen Muster an. Sechsecke zeichnen sich dadurch aus, dass jede Seite nur zwei andere Seiten berührt mit einem Winkel von 120 Grad am Scheitelpunkt. In einer einfachen Schicht weigern sich Blasen, sich in anderen Formationen zusammenzuschließen. Geschieht es doch, sortieren sie sich sofort neu und bilden dreizackige Verbindungen. Bei unserem Froschlaich ist diese klassische 120-Grad-Dreiecksverbindung zwischen den drei Eiern in der unteren Mitte des Fotos gut zu erkennen.

Schauen Sie sich nun die Schnittpunkte auf den »Brötchen« an. Das Ei unten in der Mitte hat im Moment die Zellteilung vollzogen und zeigt vier exakte 90 Grad-Winkel. Nur Sekunden später wird sich dieser einzelne Schnittpunkt bereits durch eine seitliche Verschiebung der vier Zellen wieder auflösen – wie in den benachbarten Eiern oben und rechts bereits zu sehen – und zwei stabile 120-Grad-Dreiecksverbindungen anstreben.

Selbst Froschlaich gehorcht dem Gesetz der Blasen.

RISSE

Fischschuppe, Silberbarbe (*Mugil curema*)

Was sieht man hier? Ist es die Oberfläche einer japanischen Raku-Keramik mit den typischen dunklen Rissen? Obwohl es sich bei den schwarzen Strichen tatsächlich um Risse handelt, befinden sich diese nicht in Keramik, sondern auf der Oberfläche einer Schuppe einer Silberbarbe (*Mugil curema*).

Fischschuppen wie von dieser Silberbarbe bestehen aus einem Biomaterial aus gekreuzten Kollagenfasern, die mit einer Form von hydratisiertem Kalziumphosphat namens Hydroxylapatit (bezeichnet als HAP; $Ca_{10}(PO_4)_6(OH)_2$) biomineralisiert sind. Es handelt sich dabei um dieselbe Substanz, die heute gerne in Zahnpasta verwendet wird, aber auch ein Hauptbestandteil von Knochen und Zahnschmelz ist.

Fischschuppen sind aus zwei Schichten aufgebaut. Die äußere Schicht aus Kollagenfibrillen weist eine höhere Biomineralisierung auf (50 Prozent HAP) und wird daher häufig als Knochenschicht bezeichnet. Die innere Schicht hat eine geringere Biomineralisierung (circa 40 Prozent HAP) und wird als Kollagenschicht bezeichnet. Jede dieser Schichten ist aus dünnen Lagen paralleler Kollagenfibrillen aufgebaut, die je nach Fischart in Winkeln zwischen 0 und 90 Grad kreuzweise übereinanderliegen. Genau wie bei der Herstellung von Sperrholz werden die Schichten in rechten Winkeln zueinander übereinandergestapelt. Diese Kreuzlagenkonstruktion macht Fischschuppen extrem widerstandsfähig. Tatsächlich sind sie so ziemlich das widerstandsfähigste biologische Material, das wir kennen.

Die »Risse« in der Oberfläche dieser Silberbarbenschuppe folgen der Ausrichtung der darunterliegenden Kollagenfibrillen. Auf dem Foto ist zu sehen, wie diese sich in einem Winkel von ungefähr 80 Grad kreuzen, wodurch ein Gitter aus Parallelogrammen entsteht.

Dazu noch ein netter kleiner Fakt am Rande: Da sich die Risse in einem Winkel von fast 90 Grad kreuzen und jeder Schnittpunkt vier Linien verbindet, wie bei einem einfachen Kreuz, lässt sich allein anhand des Fotos erkennen, dass wir es mit einer harten, kristallinen Substanz zu tun haben. Weiches Material neigt zu Rissen mit drei Linien, die deutlich größere Winkel bilden (um die 120 Grad), wie wir sie bei Blasen gesehen haben (vergleiche Seite 142).

MOSAIK

Knoblauchkristalle (*Allium sativum*)

Die prismatischen Kristalle von Kalziumoxalat werden oft auch als »pflanzliche Edelsteine« bezeichnet – nicht ohne Grund, wie man hier sieht. Auf dem Foto sehen sie aus, als hätte ein Juwelier sie sich zurechtgelegt, um sie zu schätzen oder zu glitzerndem Schmuck zu verarbeiten.

Bei diesem wunderschönen Mosaik handelt es sich um die äußere Haut, oder Tunika, einer Knoblauchknolle (*Allium sativum*). Normalerweise enthält jede Zelle einen einzelnen Kalziumoxalatkristall. In manchen Zellen entstehen jedoch auch rotatorisch gekreuzte Zwillingskristalle – einer dieser Zwillingskristalle ist in der Bildmitte zu erkennen.

Kalziumoxalatkristalle findet man bei über 75 Prozent der Pflanzenfamilien. Sie sind die häufigste Form der Biomineralisierung. Kalzium kombiniert mit Oxalsäure und Wasser bildet abhängig von der Wassermenge fünf verschiedene Kristalle aus (Raphide, Drusen, prismatische Kristalle, Styloiden und Kristallsand). Knoblauchkristalle werden als Styloiden aus Kalziumoxalat-Dihydrat, sogenanntem Weddellit ($CaC_2O_4 \cdot 2H_2O$), gebildet. Sie sehen aus wie rechteckige Stäbchen, auf deren Enden zwei Prismen sitzen.

Um dieses Foto aufzunehmen, habe ich mir aus der Küche eine weiße Knoblauchknolle stibitzt, ein Stück von der trockenen, papierähnlichen Tunika abgeschält und sie mit polarisiertem Licht angestrahlt. Die Kristalle sind doppelbrechend, weshalb sie entsprechend ihrer Nord-Süd- (polaren) Ausrichtung und Dichte in unterschiedlichen Farben erscheinen. Wenn polarisiertes Licht durch die Knoblauchhaut dringt, wird es unterschiedlich beeinflusst, wodurch die große Bandbreite an Interferenzfarben entsteht, die wir hier sehen.

Warum binden Pflanzen Kalziumoxalat in ihrem Gewebe? Tatsächlich wissen wir es nicht genau, aber eine Theorie lautet, dass es ihnen hilft, ihren Kalziumhaushalt zu regulieren. Kalzium ist für das Wachstum und die Gesundheit der Pflanze wichtig, in zu großen Mengen jedoch schädlich. Da Kalziumoxalat nicht löslich ist, liegt es eingebettet in der Zelle, ohne den normalen Kalziumgehalt zu stören.

Eine andere Theorie geht davon aus, dass die Biokristalle das Licht streuen und zu den photosynthetisch aktiven Zellen lenken. Und eine dritte, dass Kalziumoxalat den Pflanzen beim Entgiften von Schwermetallen hilft, da Oxalsäure Aluminiumionen neutralisiert. Und schließlich könnten die Kristalle auch ein Mittel gegen Pflanzenfresser sein, insbesondere die wie Nadeln geformte Raphiden, die in deren Darmzellen eindringen können.

Aber welche Funktion die Kristalle auch haben, sie sind in jedem Fall ein unglaublich schönes Beispiel für den Erfindungsreichtum der Natur.

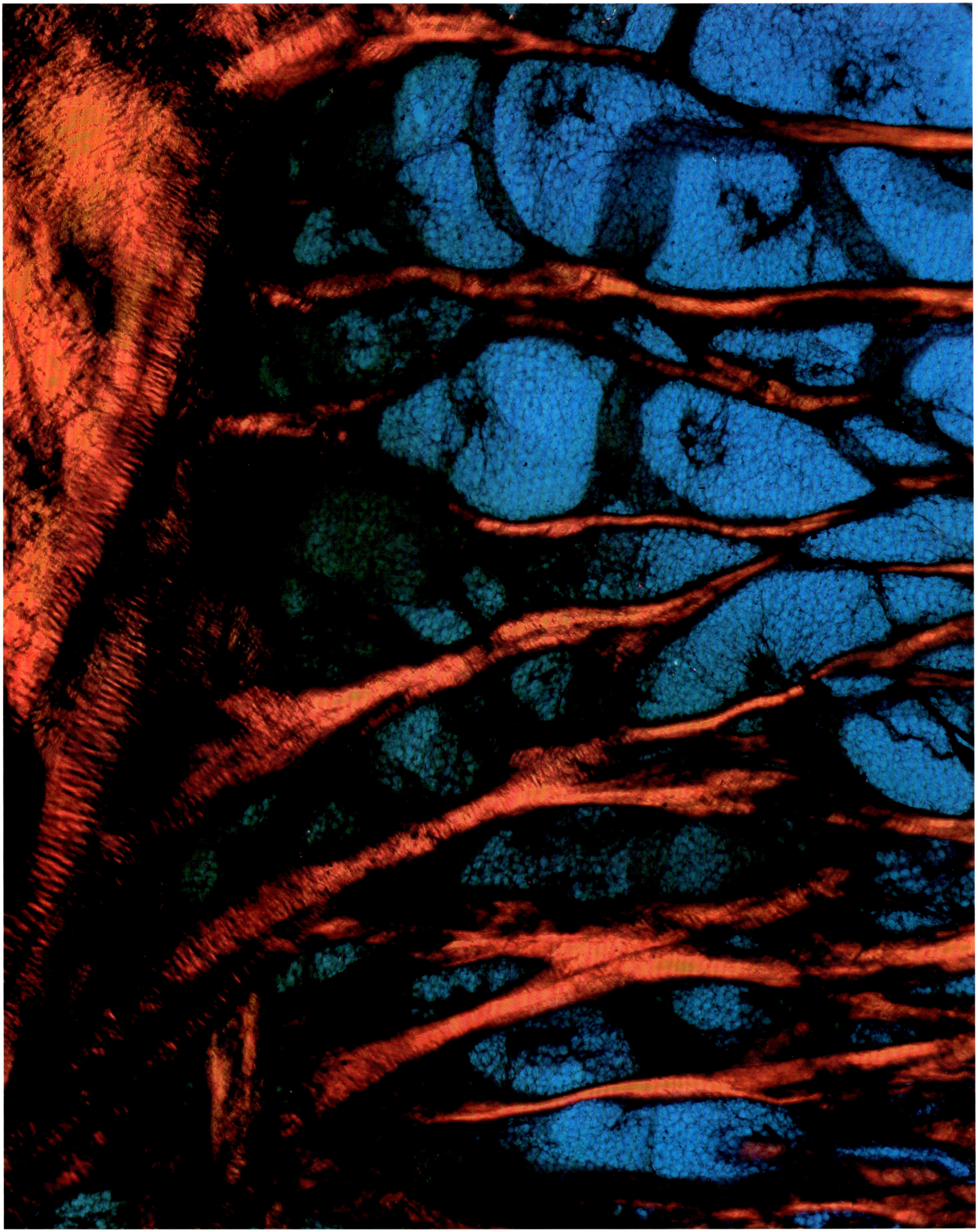

AUF LEISEN SOHLEN

Pfotenballen, Tiger (*Panthera tigris*)

Dass ich Mitte der 1990er-Jahre an der Fakultät für Zoologie der Universität Leeds arbeiten durfte, als der verstorbene Robert McNeill Alexander dort noch Professor war, war eine große Ehre für mich. Alexander war eine führende Koryphäe auf dem Gebiet der Biomechanik, speziell für Tierbewegungen, und in seinem Labor erwarteten einen stets überraschende »Objekte«.

Das war auch während der Forschungen für seinen 1986 veröffentlichten Artikel *Mechanical Properties and Function of Paw Pads of Some Mammals* (Mechanische Eigenschaften und Funktion der Pfotenballen einiger Säugetiere) der Fall, für die die Untersuchung diverser abgetrennter Gliedmaßen erforderlich war. Laut seinen Angaben zu Arbeitsmethoden und -materialien war ein Wallaby Maßnahmen zur Populationskontrolle zum Opfer gefallen, wurde ein Fuchshund als ungenügendes Mitglied eines Rudels aussortiert, haben Dachs und Fuchs ihr Leben bei einem Verkehrsunfall gelassen, und eine Katze war adipös.

Warum ich das erzähle? Weil diese Studie (gemeinsam mit anderen) dazu beigetragen hat, das Design von stoßdämpfenden Sportschuhen zu verbessern, und mir zudem ermöglicht, einen kleinen Einblick in die Struktur und Funktion der hier abgebildeten Tigerpranke zu geben.

Alle Katzen, auch Raubkatzen wie der Tiger (*Panthera tigris*), gehen auf den Ballen ihrer Zehen, man spricht auch von Zehengängern oder einer digitigraden Gangart. Als listige Jäger müssen sie sich so leise wie möglich an ihre Beute heranschleichen. Dazu haben sie dicke Ballen an den Pfoten, die nicht nur das Gewicht besser verteilen (ein erwachsener Tiger kann bis zu 300 kg wiegen), sondern aufgrund ihrer Elastizität auch die Schritte abfedern. Das Aufsetzen wird gedämpft, was die Verletzungsgefahr verringert und dem Tiger ermöglicht, sich geräuschlos durch den Dschungel zu bewegen.

Und was verhindert, dass die elastischen Tigerballen nicht bei jedem Schritt auf und ab hüpfen? In seiner Studie zu Tierpfoten spricht Alexander von »chattering« (Zittern). Aber die Pfoten eines Tigers zittern nicht. Er ist absolut trittsicher, und dieses Foto hier offenbart, warum. Die Ballen des Tigers bildet ein Gerüst aus flexiblen Kollagenfasern mit unregelmäßig großen, mehreckigen Kammern, die mit Fettzellen (Adipozyten) gefüllt sind. Obwohl der Ballen bei jedem Schritt zusammengedrückt wird, schnellt er, sobald die Pfote angehoben wird, sofort wieder in seine alte Form zurück. Dabei verhindern die individuelle Form und die leicht abweichenden mechanischen Eigenschaften der einzelnen Fettkammern einen gleichzeitigen Rückprall, sodass die Pfote nicht auf und ab klappert. Die mit Fett gefüllten, schwammähnlichen Tigerballen dämpfen also Schläge, isolieren Vibrationen und sorgen für leise Schritte – die Beute hört den Tiger nicht kommen.

NÄCHSTE DOPPELSEITE
Flatterbinse (*Juncus effusus*)
Leicht, stabil und luftdurchlässig, bildet das Mark im Stängel einer Flatterbinse ein hexagonales, sternförmiges Gitter (Sternaerenchym) aus Zelluloseschaum, der zu 89 Prozent durchlässig ist. Das heißt, er besteht überwiegend aus Luft, und versorgt die Wurzeln der Pflanze, die in anoxischem Schlamm stecken, mit Sauerstoff. Einer der Gründe, weshalb Binsen in Sümpfen und Feuchtgebieten zu finden sind.

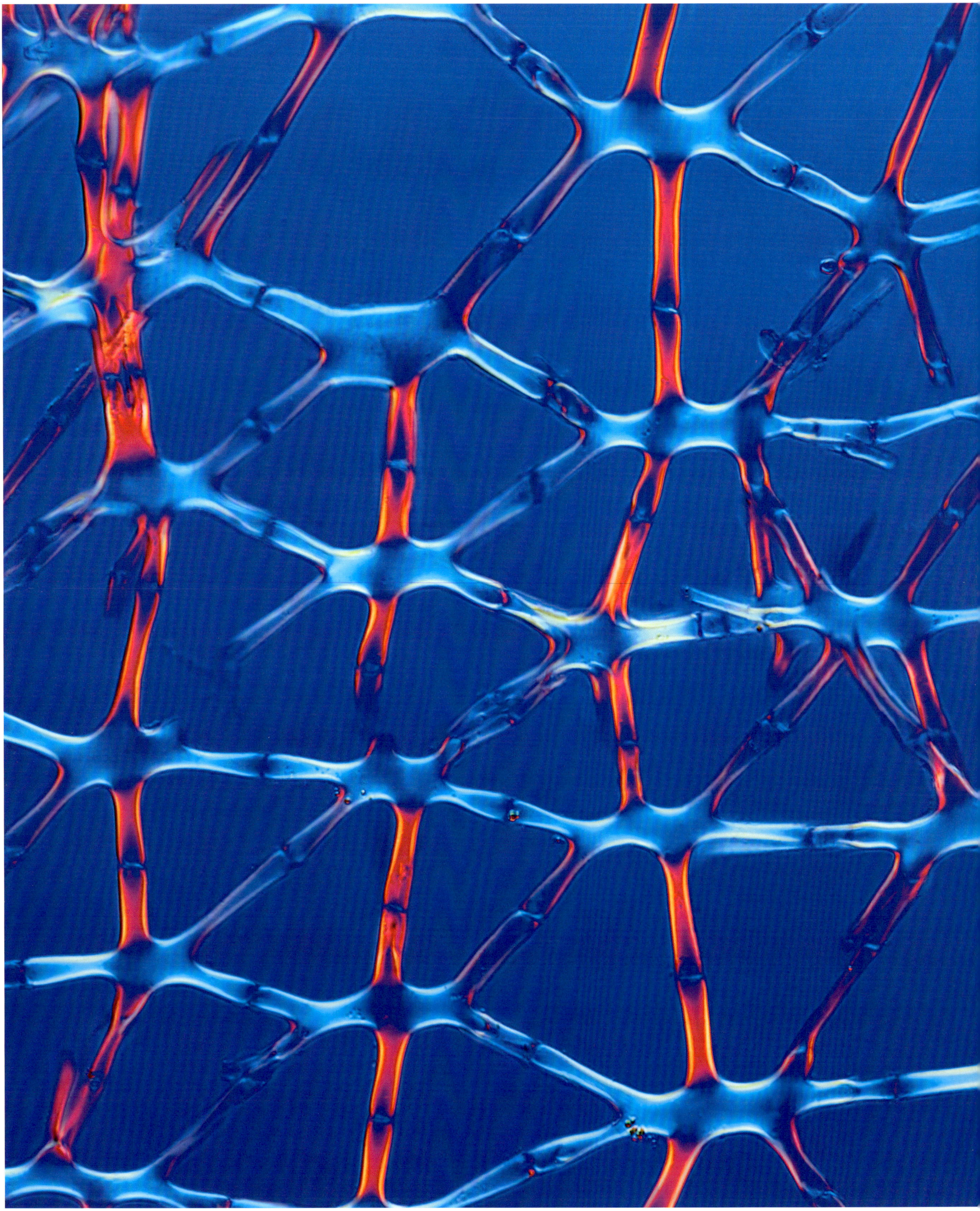

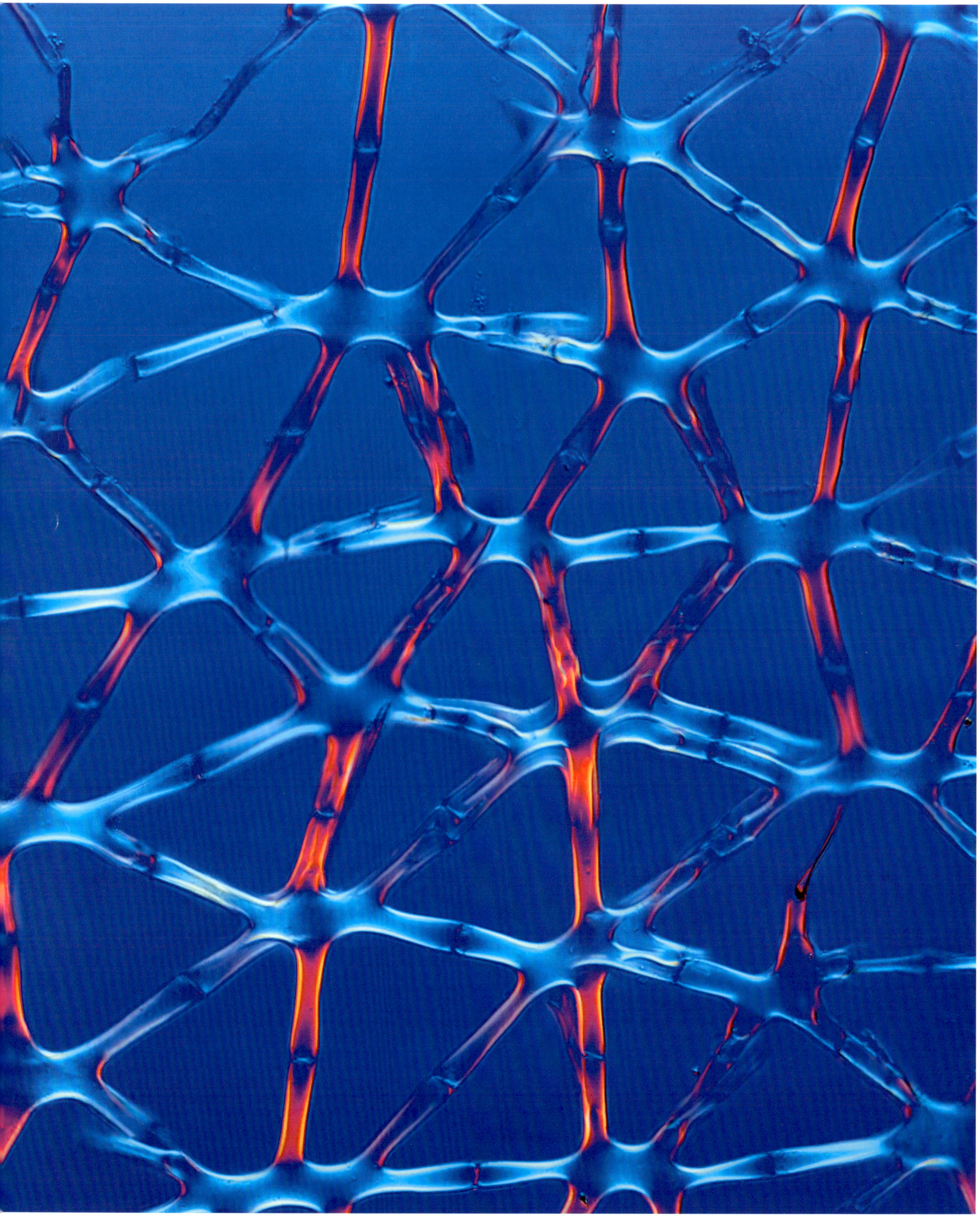

6
FLUSS

Über das Fließen

»Fließen« ist schon fast ein Synonym für »leben«. Ohne in irgendeiner Form »im Fluss« zu sein, kann kein Organismus existieren. Jedes Lebewesen tauscht mit seiner Umwelt ununterbrochen Energie und Moleküle aus. Wasser, Sauerstoff, Nahrung, Wärme, Abfallprodukte – alles fließt. Bei einzelligen Organismen in einem Teich gelangt der im Wasser gelöste Sauerstoff mittels einfacher Diffusion durch die Zellmembran oder Zellwand in den Organismus, wobei dieser passive Fluss von Gasen vom Konzentrationsgefälle zwischen Umgebung und »Körper« eines Organismus abhängt.

Diffusion ist ein immer wieder erstaunlicher, im Wesentlichen zufälliger physikalischer Prozess, der über sehr kurze Distanzen sehr schnell abläuft und über weite Distanzen extrem langsam. Ich erinnere mich, wie ich meinen Vater einmal zu einer Ausstellung an der Fakultät für Physik an der St. Andrews Universität begleitet habe. In einem alten Schrank mit Glasfront stand ein schmaler Zylinder, ungefähr 90 Zentimeter hoch, der mit Wasser gefüllt war. Auf dem Boden lag ein blauer Kristall (Kupfersulfat), der in der Säule nach oben diffundierte und das Wasser einfärbte. In der Mitte der Säule war eine klare Trennlinie zwischen dem blauen Wasser unten und dem klaren Wasser oben zu erkennen. Was mein Vater mir dazu erklärte, beeindruckte mich zutiefst: Man hatte das Kupfersulfat bereits vor acht Jahren in den Zylinder mit klarem Wasser gelegt! Das bedeutete, um ungefähr 50 Zentimeter nach oben zu diffundieren, hatte es acht Jahre gebraucht, und mein Vater meinte, bis es ganz oben in der Säule ankommen würde, würde es noch weitere vierundzwanzig Jahre dauern, da die Diffusionsrate nicht linear ist.

Lassen Sie mich Ihnen eine Vorstellung davon geben, was Diffusion für einen lebenden Organismus, der seinen Sauerstoff aus dem Wasser ziehen muss, bedeutet. Wenn sich der Organismus nicht bewegt, wechselt (diffundiert) ein Sauerstoffmolekül, das 1 µm (0,001 mm) entfernt ist, fast augenblicklich hinüber in den Körper des Organismus. Das dauert nur 0,2 Millisekunden. Ist das Sauerstoffmolekül 100 µm (0,1 mm) entfernt, benötigt es schon länger als 2 Sekunden, um zu diffundieren. Bei 1000 µm (1 mm) dauert es über vier Minuten und bei einer Entfernung von 10 cm 27 Tage! Ändert der Organismus daran nichts, erstickt er.

VORHERIGE DOPPELSEITE
BZ-Auflösung
Die Reaktionsdiffusionsgleichungen, die hinter diesen konzentrischen Kreisen, Spiralen und Flecken stecken, die durch eine Belousov-Zhabotinsky-Reaktion (BZR) entstanden sind, spielen auch bei den meisten unverwechselbaren Mustern der Natur eine Rolle – angefangen bei den Flecken auf Schmetterlingsflügeln oder dem Fell von Leoparden bis hin zur spiralförmigen Anordnung der Kerne im Kopf einer Sonnenblume oder der Blätter um einen Stiel.

Eine Lösung ist Bewegung – entweder das Tier bewegt sich selbst, um neue Sauerstoffmoleküle an seinen Körper zu bringen, oder es nutzt bestimmte Strukturen oder Mechanismen, die das Wasser über seine Oberfläche pumpen. Eine weitere Lösung ist, die für den Austausch von Gasen benutzte Oberfläche zu vergrößern und mit speziellen Strukturen wie Kiemen, Lungen oder Tracheen Sauerstoff aus dem Wasser oder der Luft zu ziehen.

Große Tiere haben Verteilungssysteme entwickelt, die Gase und andere Stoffe durch ihre Körper transportieren. Dafür findet man in vielen unterschiedlichen Lebensformen ähnliche Konstruktionen und Strukturen, wobei ähnliche Formen universelle Probleme oft auf ähnliche Weise lösen (konvergente Evolution). Die hierarchischen Verzweigungen von Bäumen, Wurzelgeflechten und Blattadern und die Verästelung von Insektentracheen oder die der Luftwege in den Lungen von Säugetieren weisen alle eine auffällig ähnliche Architektur auf. Und die Prinzipien, die bei der Entstehung biologischer Transportnetze eine Rolle spielen, gelten in sehr viel größerem Maßstab auch an anderer Stelle in der Natur – Flusssysteme mit ihren sich verzweigenden Nebenflüssen kommen einem in den Sinn oder das Muster, das ein Blitz an den Himmel zeichnet.

Die Interaktion von Organismen mit ihrer Umgebung wird häufig durch den Fluss oder die Übertragung von »Informationen« gesteuert. So können männliche Stechmücken über hochsensible, federähnliche Antennen, deren Form die Evolution minutiös an genau diese Aufgabe angepasst hat, die Vibrationen spüren, die durch den Flügelschlag eines Weibchens entstehen.

Auch Fledermäuse spüren über ein Sonar Geräusche (die Vibrationen von Luftmolekülen), allerdings auf eine andere Art und Weise als Stechmücken, was vor allem an einem sehr unterschiedlichen Körperbau liegt. Fledermäuse haben keine Antennen, sondern Ohren. Trotz dieser drastischen anatomischen Unterschiede sind die Prozesse der Transduktion bei Stechmücken und Fledermäusen die gleichen. Schallwellen bewegen feine, haarähnliche Strukturen, die Nervenreize auslösen, welche dann mithilfe derselben physiologischen Mechanismen ins Gehirn übertragen werden. Tatsächlich funktionieren die Nervensysteme von Stechmücken, Fledermäusen und Menschen alle gleich.

Nur indem wir die universellen Prinzipien erkennen, die überall in der Natur am Werk sind, können wir einen tieferen Einblick gewinnen, wie die Natur funktioniert.

10 000 JAHRE

Brotweizenblatt (*Triticum aestivum*)

Das Getreide, das wir als Weizen kennen, zählt zu den Gräsern (Monokotyledonen) der Gattung *Triticum*. Weizen wurde vor ungefähr 10 000 Jahren in Mesopotamien (dem heutigen Irak) domestiziert und ist die älteste, kultivierte Getreideart, die wir kennen. Sein Anbau führte zu einigen entscheidenden Erfindungen: Bewässerung, Pflug, Rad ... im Grunde zu unserer heutigen westlichen Zivilisation. Heute ist Weizen eine globale Handelsware, die 20 Prozent der weltweit verbrauchten Kalorien liefert.

Was an diesem Foto sofort ins Auge sticht, ist die Ähnlichkeit mit einem vertrauten Webmuster, den sogenannten »Römerstreifen«. Im alten Rom waren die unterschiedlich breiten Streifen auf der Toga ein Zeichen für Status und Macht. Schmale Streifen kennzeichneten die Equester (den Ritterstand), breite Streifen waren den Senatoren vorbehalten.

Die langen schmalen Blätter des Weizens werden als »Fahnenblätter« bezeichnet. Auf dem Foto sind ihre drei dominanten Strukturen zu erkennen: Blattadern (die senkrechten »Straßenbahnlinien«), rechts und links davon Stomata (die roten Punkte) und dazwischen wie eine Backsteinmauer gestaffelte rechteckige Epidermiszellen mit faltig gezackten Zellwänden.

Phloem (die Leitbahn für durch Photosynthese erzeugten Zucker) und Xylem (die Wasserleitbahn) sind in den Blattadern gebündelt. Kohlendioxid, Wasserdampf und Sauerstoff gelangen durch Diffusion über die Stomata in das Blatt hinein oder hinaus. Abhängig vom Turgordruck (also davon, wie viel Wasser vorhanden ist) können sich die Epidermiszellen dank ihrer gefalteten Wand ausdehnen oder zusammenziehen, wobei ausgedehnte Zellen das Blatt stabilisieren.

Die Kutikula (Haut) der Blätter hat gleich mehrere wichtige Funktionen: Sie verhindert den Verlust von Wasser, reguliert den Gasaustausch und schützt vor Verletzungen und UV-Strahlung.

Gasaustausch und Photosynthese der Blattoberseite und der Blattunterseite werden unabhängig voneinander geregelt. Die Stomata können dazu je nach Wassergehalt der Pflanze und der Notwendigkeit eines Gasaustauschs geöffnet oder geschlossen werden.

Das Fahnenblatt einer Weizenpflanze ist ein perfektes Beispiel für das harmonische Zusammenspiel von Struktur und Funktion.

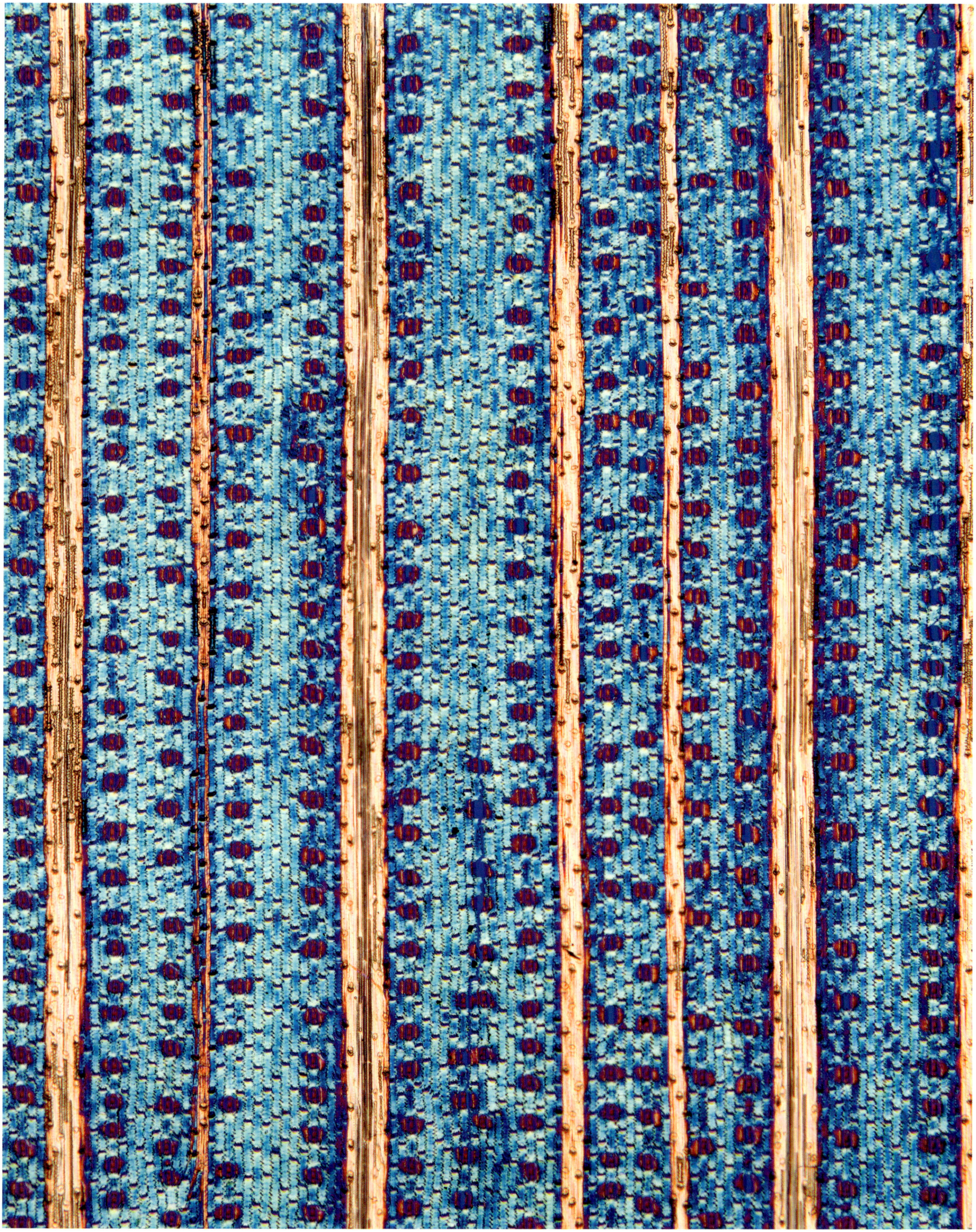

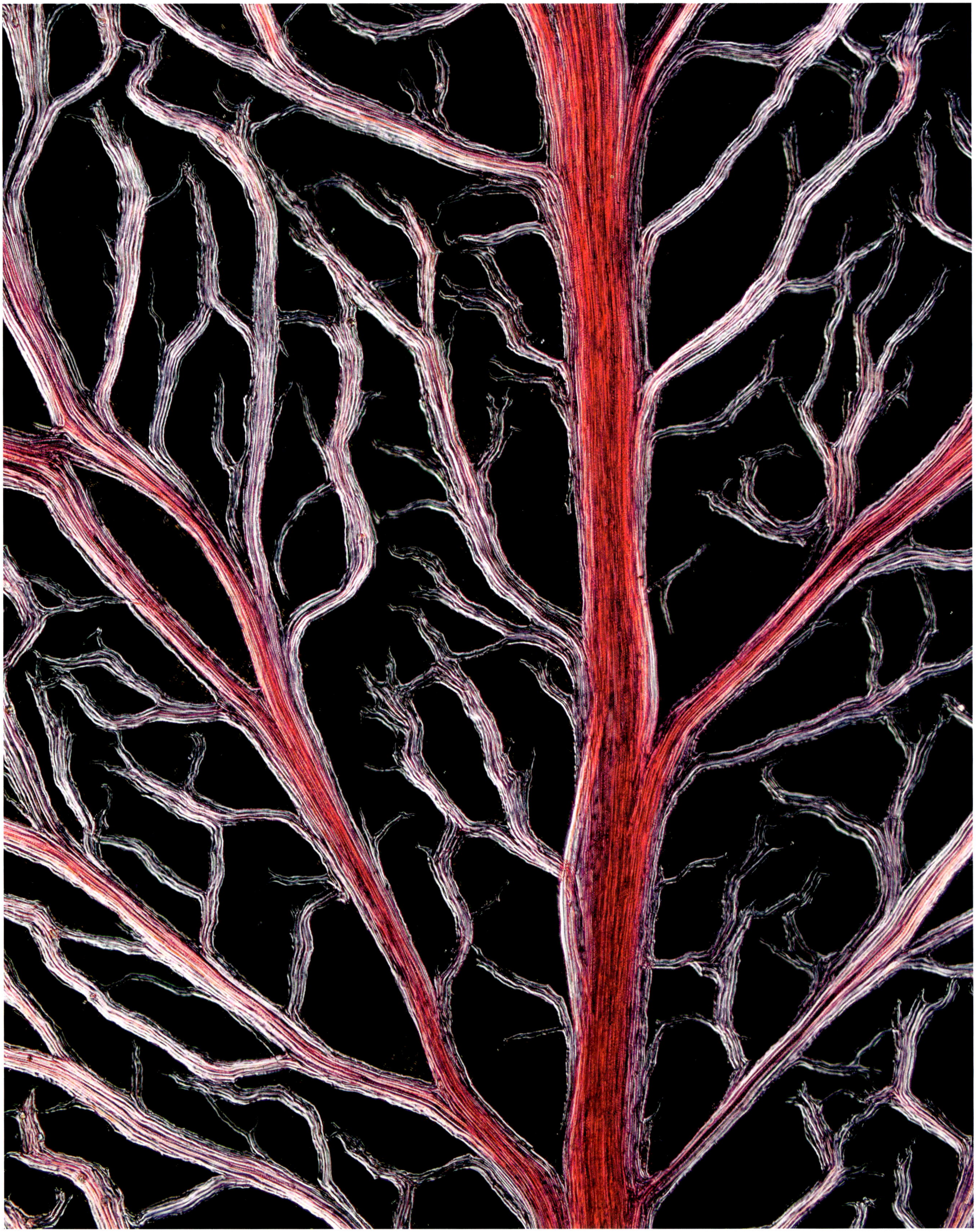

ADERN

Blattadern vom Buchsbaum (*Buxus sempervirens*)

Was man hier sieht, ist das dritte Beispiel eines baumähnlichen Leitsystems – die Blattnervatur eines Buchsbaums (*Buxus sempervirens*).

Vergleicht man sie mit den verzweigten »Adern« einer Alge (siehe Seite 24) oder dem Atmungsorgan eines Insekts (siehe Seite 188), fällt auf, wie ähnlich sie sich in der Form sind. Drei evolutionär völlig getrennte Gruppen – Protisten, Pflanzen und Tiere – scheinen unabhängig voneinander dieselbe Struktur entwickelt zu haben (Konvergenz), wahrscheinlich, weil diese auf die ökologischste und effektivste Art Flüssigkeit verteilt.

Es gibt ein paar einfache Regeln, die bei der Entwicklung eines Systems für den Transport von Flüssigkeiten beachtet werden sollten. Die als »Murrays Gesetz« bekannten Regeln wurden zuerst 1914 von Rudolf Hess niedergeschrieben und dann 1926 ein zweites Mal von Cecil D. Murray. Einfach ausgedrückt besagt dieses Gesetz, dass beim Transport von Flüssigkeit zwei Arten von »Kosten« zu berücksichtigen sind. Zum einen die Kosten für die Herstellung der Leitungen und deren Inhalt (also beispielsweise von Blut und Blutadern) und zum anderen die Kosten für die notwendige Energie, um die Flüssigkeit durch das System weiterzuleiten. Diese Kosten ergeben sich aus der Anzahl der Zweige des Systems und deren Gesamtquerschnitt an jedem beliebigen Punkt im System.

Um den ersten Kostenpunkt zu minimieren, muss laut Murrays Gesetz das Volumen der Röhren verkleinert werden (sie sollten also möglichst eng und kurz sein). Je kleiner der Durchmesser der Röhren, desto mühsamer wird jedoch der Transport. Um die Energiekosten niedrig zu halten, sollten die Röhren also eher so breit wie möglich sein – ein eindeutiger Widerspruch. Es muss ein Kompromiss gefunden werden: das optimale Verhältnis, wenn man so will, von Gesamtlänge und Gesamtdurchmesser des Leitungssystems.

Und das unter der Voraussetzung, dass ein kontinuierlicher Fluss gewährleistet ist, da wir es mit Flüssigkeiten zu tun haben: »Was hineinfließt, muss auch wieder hinaus.« Die Lösung hierfür lautet, dass die Summe der dritten Potenzen der Gefäßradien auf jeder Ebene des sich verzweigenden Systems von Anfang bis Ende gleich sein muss.

Alle für den Transport von Flüssigkeiten entwickelten Systeme in der Natur sehen also deshalb gleich aus, weil sie den Regeln von Murrays Gesetz folgen. Natürlich hat die Evolution keine Ahnung von Cecil D. Murray und dessen Gesetz, aber durch natürliche Selektion hat sie auch so die sparsamste Lösung gefunden.

NÄCHSTE DOPPELSEITE
Ästiger Stachelbart (*Hericium coralloides*)
Der Ästige Stachelbart wächst auf Totholz, meist dem der Weißbirke (*Betula pendula*), und entwickelt einen weit verzweigten, oberirdischen Fruchtkörper mit hängenden Stacheln entlang der Unterseiten der Äste. Diese sondern Sporen ab, die der Wind, der sich frei durch das Geäst bewegen kann, davonträgt. *Hericium* sind sehr beliebte Speisepilze mit einer positiven Wirkung auf die Verdauung.

KAMINFLAKONS

Schneckenflakons, Dickmundreuse (*Tritia incrassata*)

Bei Ebbe entsteht in Fife in Schottland im Schatten einer Felsnadel im Meer, dem sogenannten Maiden Rock, ein Gezeitentümpel. In diesem hat eine Dickmundreuse (*Tritia incrassata*) zwischen dem wuchernden Seetang diese wunderhübschen Flakons mit Eiern abgelegt.

Die winzigen Fläschchen, jedes nur 1,5 mm hoch, mit den engen Öffnungen oben enthalten circa 100 Eier. Zu Hause habe ich ein selbst gebautes kleines Aquarium, in dem ich die Fläschchen unter dem Mikroskop beobachten und fotografieren konnte. Ich sah zu, wie sich die Eier in den Flakons langsam drehten und ein paar Tage später Veligerlarven (siehe Seite 34) schlüpften, die den Flakon durch die enge Öffnung verließen, um sich unter das Meeresplankton zu mischen.

Die hübsche Flaschenform mit der schmalen Öffnung, die wie ein Kamin funktioniert, ist außergewöhnlich. Das Gesetz von Bernoulli besagt: Flüssigkeiten mit einer hohen Fließgeschwindigkeit haben weniger Druck als Flüssigkeiten mit einer niedrigeren Fließgeschwindigkeit. Nach diesem Prinzip funktioniert auch ein Kamin: In der sich schneller bewegenden Luft über dem Haus herrscht weniger Druck als in der Luft im Haus, weshalb der Rauch des Feuers durch den Kamin nach oben gezogen wird.

Die Öffnungen der Schneckenflakons ragen hier über die Oberfläche der Kalkrotalge, auf der sie sitzen, hinaus, und wenn das Meerwasser darüber sich bewegt, sinkt der Druck in den Flakons im Vergleich zum relativ statischen Wasserdruck nahe der Korallenoberfläche (einer stabilen Grenzschicht). Der unterschiedliche Druck ermöglicht einen Austausch des Wassers in den Flakons, was zur Sauerstoffversorgung der sich entwickelnden Embryonen beiträgt.

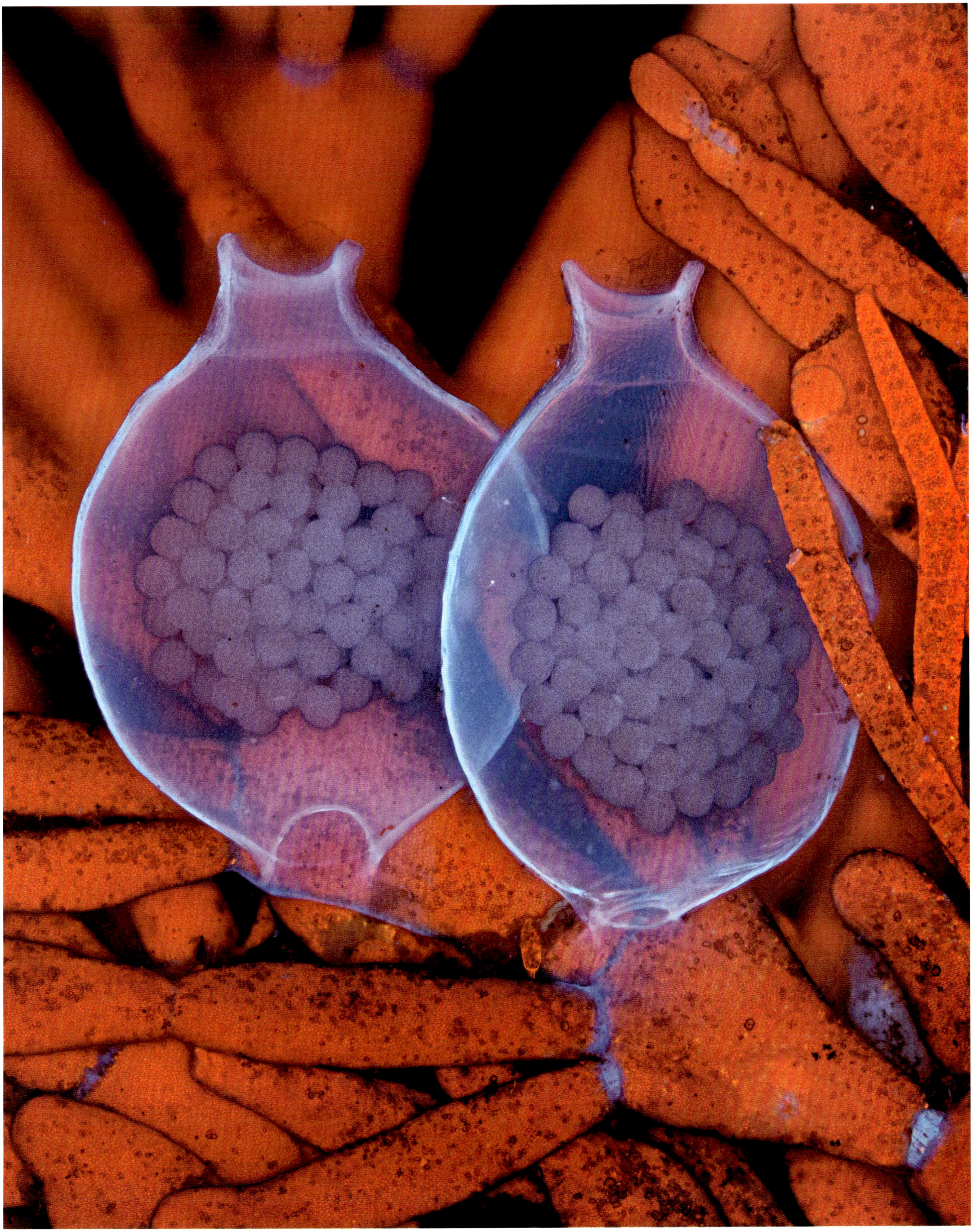

GUTE VIBES

Männliche Stechmücke (*Culex pipiens*)

Stechmücken. Wenn dieses Wort fällt, kommt meist keine große Freude auf, zumindest bei mir nicht. Sie stechen, sie saugen Blut, und als würde das nicht genügen, sorgen sie mit ihren Stichen auch noch für einen lang anhaltenden Juckreiz, der eigentlich das Schlimmste an der ganzen Sache ist.

Aber nicht alle ausgewachsenen Stechmücken sind Blutsauger. Männchen ernähren sich ausschließlich von Pflanzennektar, und wenn sie keinen bekommen, sterben sie innerhalb von vier Tagen. Weibchen hingegen stechen und ergänzen ihre blutigen Mahlzeiten nur mit Pflanzennektar, weil dieser energiereichen Zucker und wichtige Nährstoffe wie bestimmte Aminosäuren enthält. Erstaunlicherweise ist Laktose für Stechmücken Gift, weshalb sie laktosehaltigen Nektar (wie beispielsweise den der Blauen Himmelsleiter) meiden.

Die hier abgebildete *Culex pipiens* ist männlich und mit den vielleicht beeindruckendsten gefiederten Antennen des gesamten Tierreichs ausgestattet. Bei den meisten Insekten mit gefiederten Antennen dienen diese dazu, in der Luft treibende Pheromone (Duftmoleküle) von Weibchen einzufangen – wie zum Beispiel bei männlichen Seidenspinnern. Es läge also nahe, dass auch die Antennen männlicher Stechmücken dafür geschaffen sind, den Duft ihrer Frauen aufzuspüren. Immerhin weisen die Antennen mit ihrer fein verzweigten haarigen Struktur und großen Oberfläche alle notwendigen Eigenschaften auf, um winzige Partikel aus einer fließenden Substanz zu »filtern«. Eine ähnliche Antennen-Struktur findet man bei den Seepocken auf Seite 128, die damit Schwebepartikel aus dem Meerwasser fischen.

Aber weit gefehlt. Männliche Stechmücken können mit ihren Antennen die Vibrationen der Flügelschläge von Weibchen hören. Das heißt, ihre Antennen fangen Schallwellen ein, keine Duftmoleküle. Die männlichen Antennen sind so beschaffen, dass sie bei der Tonfrequenz, die von den Flügelschlägen der Weibchen erzeugt wird, mitschwingen. Für uns bedeutet das typische hochfrequente »Zzzzzzzzzzzz« in den Ohren eine schlaflose Nacht, in den »Ohren« einer männlichen Stechmücke ist es Musik! Die Vibrationen zwischen 445 und 475 Hertz sind ein fast perfekter Kammerton – ein A, um genau zu sein.

DELTA

Blutroter Meerampfer (*Delesseria sanguinea*)

Der Blutrote Meerampfer (*Delesseria sanguinea*) zählt zu den »mittelrippigen Rotalgen« oder Ceramiales. Rotalgen (Rhodophyta) besitzen neben Chlorophyll das ebenfalls an der Photosynthese beteiligte Pigment Phycoerytherin, das für die Rotfärbung verantwortlich ist. Es existieren mehr als 5200 Rotalgenarten, von denen viele in der Nahrungsmittelindustrie Verwendung finden, sei es als eigenständige Lebensmittel (Nori, Aonori, Dulse), als Nahrungsmittelkomponenten (in Speiseeis und Agar) oder auch als Klärmittel in der Bierherstellung. Besonders wichtig sind sie für eine vegetarische oder vegane Ernährung.

Wer schon einmal Tauchen oder Schnorcheln war und dabei unter Wasser fotografiert hat, musste wahrscheinlich feststellen, dass die geschossenen Bilder sehr blau waren. Das liegt daran, dass nur kürzere blaue Wellenlängen von Licht bis in einige Meter Tiefe vordringen können. Da Phycoerytherin rote Wellenlängen reflektiert und blaue absorbiert, können Rotalgen auch in größeren Tiefen leben und dank ihres zusätzlichen Pigments Photosynthese betreiben.

Warum die hier abgebildete Rotalge gelb ist? Dieses »Algenblatt« (Strang oder Thallus) wurde bei einem Sturm abgerissen und ist im Begriff abzusterben. Die roten Pigmente sind bereits verblasst und offenbaren eine normalerweise versteckte Pigmentschicht – Xantophylle –, die auch gelbe Karotinoide enthält. An Land können wir einen ähnlichen Farbwechsel beobachten, wenn die Laubbäume im Herbst ihre Blätter abwerfen.

Algen sind keine Gefäßpflanzen, weshalb Meerampfer nicht die typischen »Adern« aufweist, die man von an Land wachsendem Ampfer kennt. Dennoch weist unser Meerampfer in seinen Strängen eindeutig eine an Adern erinnernde Struktur auf. Die »Adern«, die wir hier sehen, sind in Wirklichkeit jedoch Zellketten, die durch Poren und Kanäle unsichtbar miteinander verbunden sind und so ermöglichen, dass Flüssigkeit durch den Strang fließt.

Bei diesem Fliesenmosaik handelt es sich um eine Membranschicht aus einzelnen Zellen. Der Algenstrang erhält seine Stabilität durch die Mittelrippe (die aus mehreren Schichten länglicher Zellen besteht) und die Verbindungen zwischen den seitlichen »Adern«. Das Ganze ist ein beeindruckend effizientes Netzwerk zur Verbreitung der Produkte der Photosynthese.

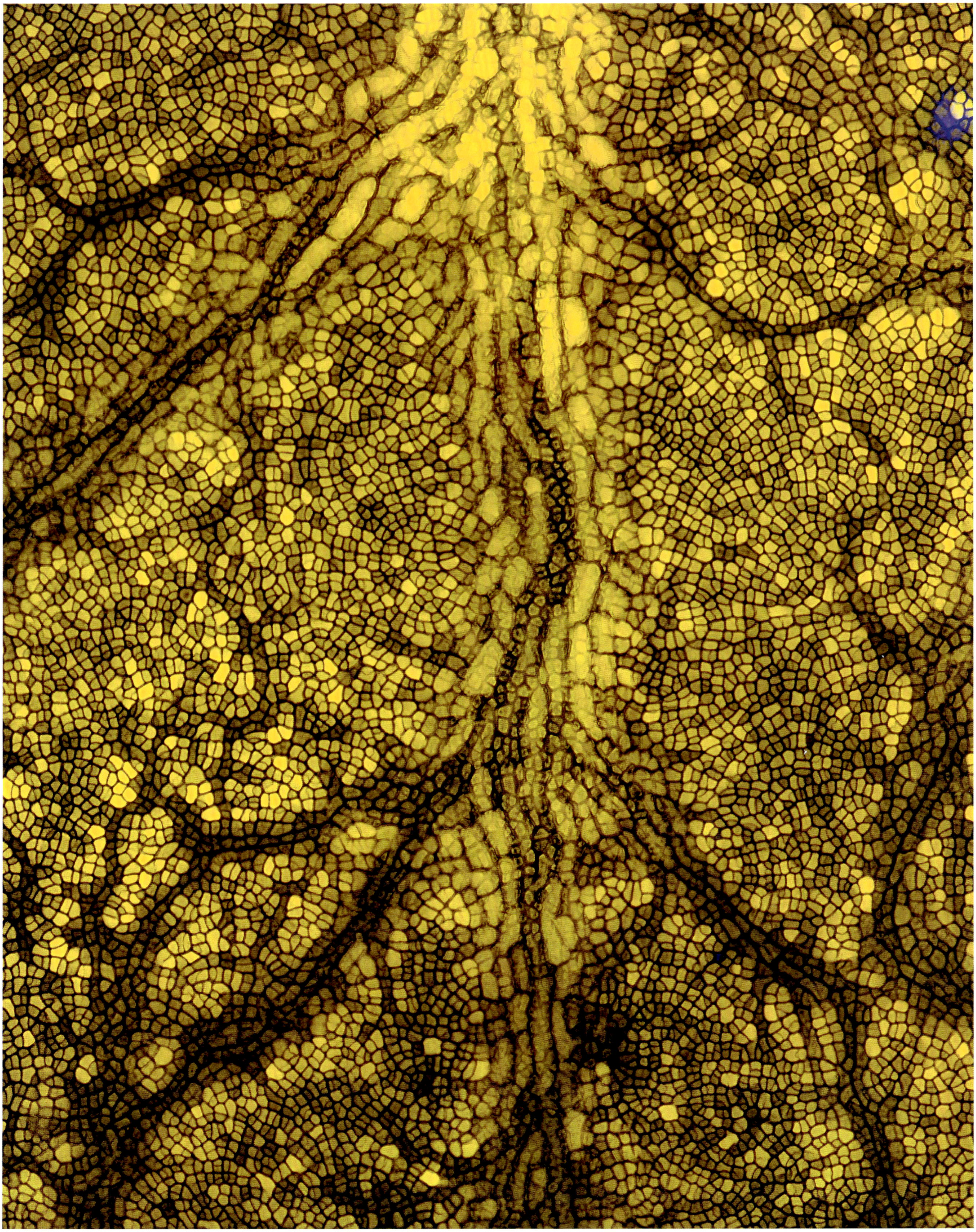

ATEMWEGE

Seidenspinnerraupe (*Bombyx mori*)

Auf den ersten Blick sehen viele auf diesem Foto wahrscheinlich einen Baum, was verständlich ist. Dennoch ist es kein Baum. Auch wenn diese Struktur so aussieht, weil ihre Geometrie eine ähnliche Lösung für ein vergleichbares Problem bietet: Wie kann man eine für den Austausch von Gas/Flüssigkeit verfügbare Oberfläche vergrößern und Gas/Flüssigkeit auf die effizienteste Art verteilen?

Der »Atmungsbaum« auf dem Foto gehört der Raupe eines domestizierten Seidenspinners (*Bombyx mori*). Wirbellose wie Insekten haben weder Lungen noch Blut, in dem sie den gebundenen Sauerstoff durch einen geschlossenen Kreislauf (Venen und Arterien) transportieren könnten. Stattdessen diffundiert der Sauerstoff direkt aus der Luft in den Körper und in ein Netzwerk aus Luftröhren, dessen Verzweigungen jede Zelle erreichen: das Trachealsystem.

Die Verzweigungsmuster von Bäumen und Tracheen sind sich grundsätzlich sehr ähnlich, weil ihr Aussehen auf der Häufigkeit und Geometrie der Gabelungen beruht. Stellen Sie sich eine Gießkanne mit einem Sprinkleraufsatz vor, die gleichzeitig befüllt und entleert wird. Fließt genauso viel Wasser hinein, wie hinausfließt, würde man annehmen, dass die Querschnittsfläche der Röhre, mit der die Kanne gefüllt wird, dem Gesamtquerschnitt aller Löcher im Sprinkleraufsatz entspricht.

Schon Leonardo da Vinci fiel auf, dass bei sich verzweigenden Bäumen der Gesamtquerschnitt auf den Ebenen in etwa konstant bleibt, sodass das, was hineinfließt, auch wieder hinausfließen kann. (Es stellte sich zwar heraus, dass es ein klein wenig komplizierter war als das, aber Sie wissen, worauf ich hinauswill.)

Sieht man sich die Durchmesser zweier Tracheenäste auf dem Foto an und vergleicht sie mit dem Mutterast, stellt man fest, dass die Tochteräste nicht einfach nur die Hälfte des Durchmessers des Mutterastes haben, sondern viel dicker sind. Das muss auch so sein, denn vereinfacht ausgedrückt, ist die Fläche eines Kreises nicht proportional zu seinem Durchmesser, sondern proportional zum Quadrat seines Durchmessers. Würde man den Durchmesser einer einfachen Gabelung also exakt halbieren, würde durch die beiden neuen Zweige nur noch die Hälfte des ursprünglichen Volumens passen, es sei denn, man verändert etwas. Aus diesem Grund sind die Zweige dicker, als man erwarten würde.

VOM WINDE VERWEHT

Antenne, Feldmaikäfer (*Melolontha melolontha*)

Feldmaikäfer (*Melolontha melolontha*) sind in den meisten Gärten keine gern gesehenen Gäste, denn die ausgewachsenen Tiere fressen nicht nur die Blätter vieler Pflanzen, sondern auch deren Blüten – und sie lieben Rosen. Hinzu kommt, dass ihre Larven, die bis zu drei Jahre im Boden leben, die Wurzeln von Gras fressen, was für hässliche braune Flecken auf einem gepflegten englischen Rasen sorgt.

Im angelsächsischen Raum nennt man Maikäfer wegen der tiefen Brummgeräusche ihrer Flügel und dem unbeholfenen Flugstil auch »doodlebugs«. Maikäfer sehen immer aus, als lernten sie das Fliegen gerade erst. Sie schaffen es mit Ach und Krach abzuheben und knallen ständig irgendwo dagegen. Ihre Größe ist dabei auch nicht gerade hilfreich. Mit einer Körperlänge von 2,5 Zentimetern sind sie für Käfer ziemlich groß und schwer.

Die Antennen (Fühler) des männlichen Maikäfers, die aussehen wie zwei über seinem Kopf schwebende Hände, sind hübsche, aber etwas merkwürdige Gebilde mit jeweils sieben flachen »Fingern« oder »Blättern«, den sogenannten Lamellen, die deren Oberfläche deutlich vergrößern. Die Lamellen sind komplett mit kleinen Sinnesorganen (Sensillen) überzogen, die auf dem Foto als Ringe mit kleinen Knöpfen in der Mitte zu erkennen sind.

Wenn männliche Maikäfer auf der Suche nach einer Partnerin sind, um sich zu paaren, dienen ihnen die Antennen als geniale chemische Sensoren. Sie können die Lamellen spreizen, was nicht per Muskelkraft geschieht, sondern hydraulisch, indem sie zusätzliche Hämolymphe (Blut) in die Antennen pumpen. So fließt mehr Luft zwischen den Lamellen und damit auch mehr von den Substanzen, die sie zu den Weibchen führen.

Die potenziellen Partnerinnen kauen Blätter, die, wenn sie beschädigt werden, flüchtige organische Verbindungen absondern, unter anderem Alkohole, Aldehyde und Azetate. Die Männchen folgen zunächst dem Alkoholgeruch, den ihnen der Wind zuträgt. Da sie aus der Ferne aber nicht wissen, ob tatsächlich fressende Maikäferweibchen für die flüchtigen Stoffe in der Luft verantwortlich sind, folgen sie, sobald sie etwas näher gekommen sind, stattdessen den Sexualpheromonen, die die Weibchen absondern.

TÜPFEL

Hoftüpfel, Waldkiefer (*Pinus sylvestris*)

Dieser Radialschnitt durch einen »Deal« Kiefernholz offenbart einen Teil des Geheimnisses, wie Wasser 30 Meter senkrecht den Stamm einer Kiefer hinaufgeleitet wird. Die horizontalen Reihen donutförmiger Punkte, die diese Struktur ein bisschen aussehen lassen wie einen Abakus, sind sogenannte »Hoftüpfel« – die Verbindungen zwischen den verholzten Wänden der angrenzenden Xylemleitbahnen (Tracheiden) und ein entscheidender Teil des Hydrauliksystems der Pflanze.

Das Wasser wird aus dem Boden gezogen und durch das Xylem in die Blätter geleitet. Dies geschieht mittels eines negativen Drucks, der durch das aus den Blättern verdunstende Wasser (Transpiration) entsteht, ähnlich wie beim Trinken durch einen Trinkhalm, bei dem man die Luft aus den Wangen saugt und dadurch Unterdruck erzeugt.

Der negative Druck im Xylem der Kiefer ist jedoch sehr viel größer als der in einem Trinkhalm – 100 atm unter dem normalen Umgebungsdruck! Daher ist es entscheidend, dass eventuelle Gasblasen in einer Leitung isoliert werden können, während das Wasser in den angrenzenden Leitungen weiterfließt. Die Hoftüpfel verbinden die Leitungen untereinander, wobei die Membran in der Mitte der Tüpfel nur Wasser durchlässt und Gase und Krankheitserreger am Durchkommen hindert. Da sie eingedrungene »Gasemboli« isolieren, sind die Hoftüpfel eine Art Sicherheitsventile für die Pflanze.

Die hier abgebildeten Hoftüpfel sind typisch für die Tracheidenzellen von Kiefern. Kiefern sind nicht-blühende Pflanzen (Angiospermen) und zählen zu den Koniferen (Nacktsamern), die anstelle von Blüten Samenzapfen für die Fortpflanzung ausbilden. Dieselbe Tracheidenstruktur weist auch der *Sassafras* auf Seite 160 auf, ebenfalls eine Angiosperme.

Und was den »Deal« anbelangt: Der bezieht sich auf das Kiefernholz, mit dem im 18. und 19. Jahrhundert gebaut wurde. Ursprünglich war das Wort »Deal« sowohl in den USA als auch im Vereinigten Königreich eine Maßeinheit für Bretter mit einer Länge zwischen 12 und 14 Fuß (3,6 und 4,3 Metern). Sie wurden mit Schiffen transportiert und waren eine wichtige Seehandelsware.

MÜCKENABWEHR

Zebrastreifen

Viele Tiere haben Streifen oder Flecken. Säugetierfelle, Vogelfedern, Insektenflügel, Fischschuppen oder die Gehäuse von Weichtieren weisen komplexe Muster auf mit einer Vielzahl an Funktionen – darunter Tarnung (Tigerstreifen), Abschreckung und Verteidigung (die gelben, schwarzen und roten Streifen von Wespen und Schlangen) oder das Anlocken von Weibchen (das Gefieder von Vögeln oder die Zeichnung von Fischen).

Die Prozesse, durch die diese Muster entstehen, faszinieren die Menschheit schon seit den Zeiten von Aristoteles. Alan Turings bahnbrechende Arbeit aus dem Jahr 1952 stellt eine einfache Reaktionsdiffusionsgleichung (RD-Gleichung) vor, die von der Wechselwirkung von mindestens zwei »Morphogenen« ausgeht, um die Differenzierung und Selbstorganisation embryologischer Moleküle hin zu den Mustern und Formen ausgewachsener Tiere zu erklären. Diffusion, die Bewegung einer Substanz aufgrund eines Konzentrationsgefälles, ist eine spezielle Form von Fluss – man spricht von Diffusionsfluss. Ein nicht lebendiges Beispiel für die Formation eines Streifenmusters durch die Belousov-Zhabotinsky-Reaktion (BZ-Reaktion) finden Sie auf Seite 200.

Turing-RD-Prozesse sind an der Entstehung von Leopardenflecken beteiligt, an der Platzierung von Blättern um einen Stiel, am spiralförmigen Muster der Samen in Blüten oder auch an Zebrastreifen. Die Streifen auf Tierfellen sind nicht zufällig. Bei einem Zebra beispielsweise verlaufen sie um den Körper vertikal und um die Beine horizontal.

Ein 2024 vorgestelltes mathematisches Modell erklärt, wie sich Streifen an die Körperform anpassen: Während der Entwicklung ändert sich die Diffusionsgeschwindigkeit – und damit die Ausrichtung der Streifen – entsprechend der Krümmung des Tierkörpers. Die Regel ist ganz einfach: Streifen bilden sich immer entlang der stärksten Krümmung. Die Haut auf dem Torso des Zebras krümmt sich vertikal vom Bauch zum Rücken am stärksten, und dieser Krümmung folgen die Streifen. Dasselbe geschieht an den Beinen, dort folgen die Streifen ebenfalls der stärksten Krümmung – die horizontal verläuft.

Aber warum hat das Zebra überhaupt Streifen? Im Laufe der Jahre gab es dafür schon viele Erklärungen, die alle mit Anpassung zu tun haben. So mutmaßten unter anderem Charles Darwin und Alfred Russel Wallace, dass die Streifen der Tarnung dienen (was nicht der Fall ist), eine soziale Funktion erfüllen (was auch nicht richtig ist) und, insbesondere in Bewegung, Raubtiere verwirren (ebenfalls falsch).

Stattdessen dienen Zebrastreifen offenbar der Mückenabwehr und verringern den durch blutsaugende Parasiten wie Bremsen verursachten Blutverlust. Kurz, ein Zebra hat Streifen, weil Blutsauger nur ungern auf einem gestreiften Rücken landen.

RILLEN

Braunes Langohr (*Plecotus auritus*)

Eine Begegnung mit einer Fledermaus ist immer etwas Besonderes. Normalerweise erhaschen wir nur einen kurzen Blick auf sie, wenn sie in der Dämmerung als dunkle Schatten durch unser Gesichtsfeld zischen. Die meisten jagen fliegende Insekten, die sie aufspüren, indem sie hochfrequente Schallwellen aussenden, die, wenn sie auf ein Insekt treffen, als Echo zurückgeworfen werden. Man spricht von Echoortung – einer Form von Sonar. Sehvermögen spielt dabei keine große Rolle, weshalb Fledermäuse in der Regel kleine und relativ schlechte Augen haben.

Das Sonar von Fledermäusen ist so gut, dass man sich nicht an sie heranschleichen kann. Die einzigen lebenden Fledermäuse, die ich je anfassen konnte, saßen alle auf irgendeine Weise in der Falle. Eine hatte sich in Belize im Netz einer Goldenen Seidenspinne (*Nephila* sp.) verfangen und eine andere, eine Wasserfledermaus (*Myotis daubentonii*), hatte sich am verlorenen Haken eines Fliegenfischers in England aufgespießt, und dann war da noch das Braune Langohr (*Plecotus auritus*), dessen Ohrmuschel hier auf dem Foto zu sehen ist. Dieses unglückliche Exemplar hatte einen Zusammenstoß mit einem Auto; meine Söhne brachten es mit nach Hause, als sie es morgens auf dem Schulweg fanden. Sie wussten sofort, dass es ein ganz besonderes Tier ist. Es sah aus wie ein Vogel, hatte aber riesige Ohren (36 mm), die fast so lang waren wie sein Körper (46 mm).

Warum und wie war diese Fledermaus gegen ein Auto geprallt? Nun, nicht alle Fledermäuse jagen ihre Beute ausschließlich mit Echoortung. Es gibt zwar Arten, die nur im Flug und über Sonar jagen (»hawking«), aber auch Arten mit besseren Augen, die sich zusätzlich auf ihre Ohren verlassen, mit denen sie Insekten über Oberflächen krabbeln hören (»gleaning«). Fledermäuse, die auch ihr Gehör einsetzen, wie diese Langohrfledermaus, haben tendenziell längere Ohren, größere Augen und fliegen langsamer. Wahrscheinlich hatte unsere Fledermaus versucht, zu dicht an der Straße ein Insekt aufzusammeln.

An diesem Fledermausohr fallen einige anatomische Besonderheiten auf. Allein durch seine Größe kann das Tier damit auch die schwächsten Schallwellen einfangen. Wie eine Satellitenschüssel lenkt die konkave Ohrmuschel die Schallwellen in Richtung des relativ großen, dreieckigen Lappens (Tragus), der die Schallwellen weiter in den Gehörgang lenkt.

Was jedoch besonders auffällig ist, sind die 19 parallelen Rillen, die horizontal zwischen den Rändern der Ohrmuschel verlaufen. Ihre Anordnung nimmt Einfluss darauf, wie genau die Schallwellen ins Ohr gelenkt werden, denn die Rillen beugen die Schallwellen in konstruktive und destruktive Interferenzmuster, wodurch manche Schallwellenlängen verstärkt werden, was wiederum ermöglicht, auch kleinere Objekte aufzulösen, also zu erkennen. Es hat sich gezeigt, dass Fledermäuse, die ihre Beute von Blättern oder vom Boden aufsammeln, die meisten Rillen in den Ohren und damit die beste Auflösung haben.

DÜNEN

Strandhaferhalm (*Ammophilia arenaria*)

In meiner Kindheit habe ich oft in den imposanten Hügeln der Dünen gespielt, die den Küstenstreifen zwischen der Nordsee und dem Land hinter den West Sands in St. Andrews, Schottland, bewachen. Die berühmten Links-Golfplätze, die dort angelegt wurden, darunter der Old Course, der New Course und der Eden, verdanken ihre Existenz alle dem hier abgebildeten Strandhafer.

Strandhafer hat sich darauf spezialisiert, den unbeständigen und feindlichen Bedingungen in den Grenzbereichen zwischen Land und Meer zu trotzen. Strände sind ausgesetzte Lebensräume, die wenig Schutz vor Wind und Wellen bieten. Da der Sand ständig in Bewegung ist, brauchen Pflanzen dort einen festen Halt, den der Strandhafer dank eines »Wurzelgeflechts« (eigentlich speziellen Stielen, sogenannten Rhizoiden) findet, das den lockeren Untergrund zusammenhält. Mit ihren langen Halmen fängt die Pflanze den Sand, der über den Strand geblasen wird, ein und häuft ihn langsam um sich herum auf. Je größer die Pflanze, desto mehr Sand sammelt sich an, und es entsteht eine Düne.

Man sollte meinen, dass Pflanzen so nahe am Meer ausreichend Wasser zur Verfügung haben. Haben sie auch, nur leider das falsche – Salzwasser. Es ist wie in der berühmten Zeile aus *Die Ballade vom alten Seemann* (Samuel Taylor Coleridge, 1834): »Wasser, Wasser überall, und nirgends ein Tropfen zu trinken.«

Aus diesem Grund ist Strandhafer sehr dürrebeständig – eine sogenannte »Xerophyte«. Die haarige Struktur, die wir hier sehen, ist eine der strukturellen Anpassungen, die es der Pflanze ermöglicht, in den Dünen zu überleben. Die Ränder der Grashalme sind eingerollt und bilden eine Art steife, hohle Röhre, wobei die Außenseite der Halme glatt und wächsern ist und dem Strandhafer seine blaugraue Farbe verleiht. Sie schützt die Halme nicht nur vor dem Austrocknen, sondern auch vor Schäden durch Salzwasser und zu intensiver UV-Strahlung.

Die Innenseiten der Halme weisen Reihen parallel verlaufender vertikaler Falten auf, die jeweils mit einer dichten Schicht aus Härchen (Trichomen) überzogen sind (auf dem Foto in Blau und Grün zu erkennen). Die Stomata befinden sich in den Vertiefungen zwischen den Falten, den roten Bereichen. Die haarigen Innenseiten schließen eine Luftschicht ein und verringern so den Wasserverlust durch Transpiration. Ist die Luft feucht, rollen sich die Blätter auseinander, ist sie trocken, rollen sie sich enger zusammen.

Mit der Anpassung an seine raue Umgebung konnte sich der Strandhafer eine Nische schaffen, in der er alle anderen Arten aussticht – ein perfektes Zusammenspiel von Form und Funktion.

LEBENDE UHREN

Belousov-Zhabotinsky-Reaktion

Die nach ihren Entdeckern Boris Belousov und Anatoly Zhabotinsky benannte BZ-Reaktion erzielt man durch das Umrühren einer Lösung aus Schwefelsäure, Kaliumbromat, Kaliumbromid, Malonsäure und Ferroin, deren Farbe dadurch wiederholt von Blau zu Rot und wieder zu Blau wechselt. Die Periodizität dieser Oxidationen kann über die Temperatur und die Häufigkeit des Umrührens so exakt gesteuert werden, dass sie als chemische Uhr funktioniert. Diese und andere Eigenschaften der Reaktion kamen schon bei der Entwicklung von Computern, Speichergeräten, Rechensystemen und Robotern zum Einsatz.

Das Verhalten einer ungestörten BZ-Lösung in einer flachen Petrischale zu beobachten, ist faszinierend. Wellen aus konzentrischen, roten Oxidationsringen breiten sich von den Ausgangspunkten langsam aus und fabrizieren wunderhübsche Zielscheibenmuster. Stört man das System mit der Spitze eines Bleistifts, wird die Symmetrie unterbrochen und es entstehen Spiralen.

Da dieser Mechanismus selbstständig wunderschöne gemusterte Strukturen produziert, die sich unvorhersehbar formen und bewegen, fällt es auf den ersten Blick schwer zu glauben, dass er nicht »lebendig« ist. Tatsächlich wurde er zum ersten Mal 1950 von Anatoly Belousov angewandt, als Ersatz für den Citratzyklus, einen wichtigen autokatalytischen Prozess in der Zellatmung. Ähnliche Kreis- und Spiralmuster findet man auch in der Natur, angefangen bei den Wachstumsmustern von Schleimpilzen im Boden bis hin zu den geometrischen Kreisen aus Kupferkristall in Malachit.

1952 lieferte Alan Turing mit der Reaktionsdiffusionsgleichung eine mathematische Erklärung, inwiefern Mechanismen wie die BZ-Reaktion, die die Anordnung und Entwicklung von tierischem Gewebe zeigen, als Beschreibung für die Entstehung biologischer Muster dienen. Turing-Muster findet man auf dem Fell und den Schalen vieler Tiere, unter anderem in den Streifen von Zebras (siehe Seite 194).

Die BZ-Reaktion ist ein komplexes chemisches System, welches Eigenschaften aufweist, die auch in biologischen Systemen vorkommen, und daher als wichtiges biologisches Modell dient. Der Biologe John Tyson schlug 1994 vor, »der BZ-Reaktion ehrenhalber den Status eines Organismus irgendwo zwischen Viren und Bakterien zu verleihen!«.

7
FARBE

Über Farbe

Unser Planet ist gesegnet mit einem Überfluss an Farben, aber welche Funktion haben Farben in einem Organismus?

Beginnen wir mit dem Grün der Pflanzen. Chlorophyll reflektiert grünes Licht und sieht daher grün aus. Das hat jedoch keine ästhetischen Gründe, sondern einen rein funktionalen: Chlorophyll absorbiert die roten, gelben und blauen Wellenlängen des Sonnenlichts ganz gezielt für das erste Stadium der Photosynthese. Über die Frage, weshalb ausgerechnet die grünen Wellenlängen »ausgesondert« werden, wird noch immer heftig diskutiert.

Viele Tiere passen die Farbe ihres Körpers an ihre Umgebung an, um sich unsichtbar zu machen. Grüne Leguane (*Iguana iguana*) in Trinidad und Tobago haben, solange sie jung sind, denselben Grünton wie die Blätter, auf denen sie sich ausruhen. Die Farben sind so gut abgestimmt, dass sie mit ihrer Umgebung verschmelzen. Eine Tarnung, die durch Unebenheiten der Haut, die die verräterischen Linien des Umrisses aufbrechen, noch perfektioniert wird. Jedes Raubtier, das nach einem Tier mit der Form eines Grünen Leguans Ausschau hält, zieht an ihnen vorbei. Ich weiß, wovon ich rede, denn ich habe selbst einmal einen Grünen Leguan, der nur 90 Zentimeter von mir entfernt war, nicht bemerkt.

In Sarawak, im malaysischen Borneo, gibt es eine Laubheuschrecke mit einer sehr grandiosen Tarnung. Sie hat nicht nur exakt dasselbe Grün wie die Blätter, auf denen sie sitzt, sondern zudem noch kleine orangefarbene Flecken, die die Unebenheiten echter Blätter imitieren. Und um sich dem Blatt vollständig anzupassen, macht die Heuschrecke Körper und Flügel auch noch ganz flach, wenn sie sich ausruht. Ich konnte diese Heuschreckenart nur ausmachen, indem ich nach oben sah und nach Umrissen suchte, die sich an der Unterseite der Blätter abzeichneten. Im Norden Sulawesis konnte ich eine Gruppe Schopfaffen (*Macaca nigra*) dabei beobachten, die genau wie ich auf der Jagd nach Insekten nach oben ins Blätterdach starrten und dort nach verräterischen Silhouetten suchten. Für ein »massives« Tier ist es nicht leicht, seinen Umriss zu verbergen.

VORHERIGE DOPPELSEITE
Flügelstaub eines Jakobskrautbären (*Tyria jacobaeae*)
Der Jakobskrautbär ist ein Tagfalter mit auffällig rot und schwarz gemusterten Flügeln. Die grellen, kontrastreichen Farben können als »Warnfarben« auch für potenzielle Fressfeinde überlebenswichtig sein, denn die von dem Falter im Körper eingelagerten Toxine machen den Räuber krank, wenn er den Falter frisst.

Ein Umriss lässt sich nur dann vermeiden, wenn man komplett durchsichtig ist, aber solange der Organismus funktionale Pigmente wie Hämoglobin benötigt, wird das schwer. Dennoch gelingt es Glasfröschen (siehe Seite 56), zumindest fast durchsichtig zu werden, indem sie den Blutfluss in ihrem Gewebe reduzieren. Es gibt Schmetterlinge mit Flügeln so transparent wie Glas, und auch viele Meerestiere, wie beispielsweise Quallen, sind beeindruckend durchscheinend. Ich habe schon Quallen gesehen, die so transparent waren, dass ich sie nur beobachten konnte, indem ich einen sehr hellen Lichtstrahl auf sie richtete.

Das größte Problem für Tiere, die die Unsichtbarkeit anstreben, ist der Brechungsindex. Körpergewebe hat einen höheren Brechungsindex als Luft oder Wasser. Sobald sich das Licht beim Eindringen ins Gewebe bricht, entsteht daher ein Umriss, der das Tier für die scharfen Augen seiner Fressfeinde sichtbar macht.

Ironischerweise ist es gerade der unterschiedliche Brechungsindex von Luft und transparentem Körpergewebe, der es der Hornhaut im Auge terrestrischer Wirbeltiere erlaubt, das Licht ausreichend stark zu brechen, um es auf die Netzhaut zu richten. Die ebenfalls transparente Linse muss für ihren Job einen noch größeren Brechungsindex haben als die Hornhaut. Sie besteht aus einem völlig anderen Protein, dem sogenannten Kristallin, das den Vorteil hat, dass es mithilfe von Ziliarmuskeln seine Form ändern und so das Fokussieren übernehmen kann.

Das Gegenteil von Tarnung ist, wenn sich ein Organismus mit seinen Farben gezielt hervorheben will. So locken die bunten Farben von Blumen bestäubende Insekten an, die im Tausch gegen Nektar (Energie) und Pollen (Proteinen) die Fortpflanzung der Blume gewährleisten, indem sie der Blüte einen Teil ihrer Aufgabe als Sexualorgan abnehmen und die Pollen mitnehmen und wieder abstreifen. Eine andere Variante herauszustechen, sind Warnfarben. Die breiten gelben und schwarzen Streifen einer Wespe sprechen eine deutliche Sprache: »Versuch's nur, aber es wird wehtun!«

Farben sind entweder Pigmente oder sie werden von Licht hervorgerufen, das mit einer Nanostruktur interagiert (Strukturfarben), oder sie sind eine Mischung aus beidem. In Umgebungen, in denen es kein Licht gibt (nachts oder tief unten im Meer), können Licht und Farben durch Biolumineszenz erzeugt werden. Glühwürmchen locken mit Biolumineszenz Partner an, Tiefseefische ihre Beute.

Bei Strukturfarben handelt es sich um Interferenzfarben, die von Nanostrukturen im Abstand der Wellenlängen von Licht generiert werden. Pfauenfedern bestehen eigentlich aus braunem Keratin, ihre schillernden Blau- und Grüntöne sind lediglich Interferenzeffekte, die von den Nanostrukturen der Feder reflektiert werden. Wenn das Licht von hinten durch die Feder dringt, funktionieren die Nanostrukturen nicht und die braunen Pigmente dominieren. Dasselbe gilt für Morphofalter – betrachtet man ihre leuchtend blauen Flügel von unten, haben sie nur langweilige Brauntöne.

UNSICHTBARES AUGE

Schlafender Rotaugenlaubfrosch (*Agalychnis callidryas*)

Laubfrösche sind Meister der Tarnung. Wenn sie tagsüber schlafen, passt sich das Grün ihrer Haut dem Blatt an, auf dem sie sitzen. Man spricht auch von einer kryptischen oder hintergrundangepassten Färbung. Aber Rotaugenlaubfrösche haben ein Problem: Wie sollen sie die leuchtend rote Iris ihrer Augen verbergen?

Zuerst einmal zieht der Frosch die Augen zum Schlafen in den Schädel, was gar nicht so seltsam ist, wie es im ersten Moment vielleicht klingt. Frösche, Kröten und Salamander benutzen ihre Augäpfel auch, um ihre Beute schlucken zu können. Durch das Zurückziehen der Augen verkleinert sich der Raum in der Mundhöhle und die Beute wird in den Hals gepresst. Zudem glättet das Zurückziehen der Augen das Profil des Frosches und vereinfacht seine Form – die verräterischen Konturen der Augäpfel, die einen Fressfeind automatisch anziehen, verschwinden.

Perfekt wird die Tarnung der Froschaugen durch die auffälligen unteren Augenlider, deren oberes Viertel durchsichtig bleibt – dank eines Netzes aus goldenen Fäden, das sich über die rote Iris zieht und diese irgendwie versteckt (hier auf dem Foto ist das Rot nur wegen des künstlichen Lichts noch zu sehen). Das heißt, ein Rotaugenlaubfrosch beobachtet einen, auch wenn er schläft. Aber wie kann er durch sein vernetztes Fenster sehen? Und wenn das Augenlid durchsichtig ist, wie verbirgt es dann die leuchtend rote Iris?

Antworten geben die geometrische Optik und die Eigenschaften von Licht. Stellen Sie sich vor, Sie sind tagsüber in einem Haus, vor dessen Fenster ein Netzvorhang hängt: Sie (der Frosch) können nach draußen sehen, aber wer vorbeigeht (der Fressfeind), kann nicht hineinsehen. Die Helligkeit des vom Froschauge zurückgeworfenen Lichts, die durch die Reflexion der Goldfäden noch verstärkt wird, überstrahlt die geringe Lichtmenge, die von der roten Iris des Auges reflektiert wird, die zudem zu drei Vierteln ohnehin hinter dem undurchsichtigen Teil des Augenlids verborgen ist. Dank seines integrierten »Netzvorhangs« kann der Rotaugenlaubfrosch seine Feinde also sehen, während diese ihn nicht sehen.

FRANSEN

Kuckucksrochen (*Leucoraja naevus*)

Diesen gestrandeten Kuckucksrochen (*Leucoraja naevus*) habe ich bei einem Strandspaziergang gefunden. Er war von der Ebbe überrascht worden und hatte versucht, sich im nassen Sand einzugraben. Jungtiere findet man normalerweise nur in tiefen Gewässern, aber ausgewachsene Rochen wie dieser hier bevorzugen küstennahes Flachwasser.

Bevor ich ihn ins sichere Wasser zurückgebracht habe, habe ich die Gelegenheit genutzt, um sein wundervolles Auge zu fotografieren. Die ausgeklügelte Form der Pupille ist auffällig anders als die unserer einfachen runden Pupille, aber trotz dieses markanten Unterschieds haben beide im Wesentlichen dieselbe Funktion. Sie regulieren die Lichtmenge, die durch das Auge auf die Netzhaut trifft. Bei hellem Licht wird der Durchmesser der Pupille kleiner, ist es dunkel, wird er größer.

Damit Wirbeltiere sehen können, hat die Netzhaut ihrer Augen spezielle Pigmente (Opsine), die auf Licht reagieren. Werden Opsine und Rhodopsine jedoch zu viel Licht ausgesetzt, bleichen sie von rot zu gelb, wodurch die Moleküle desensibilisiert werden.

Das Rochenauge auf dem Foto hat sich mit seinem Fransenvorhang, der einen Großteil der Pupillenöffnung verdeckt, dem grellen Licht angepasst. Die Fransen haben zwei entscheidende Effekte: Zum einen verringern sie die Lichtmenge, die ins Auge dringt, und zum anderen verschleiern sie die scharf hervorstechenden Konturen der normalerweise runden Pupillen. Perfekte Kreise sind für visuelle Prädatoren, die auf die verräterischen »Augen« ihrer Beute fixiert sind, leicht zu erkennen.

Fische, die wie der Kuckucksrochen am Meeresgrund leben und sich mit einer dünnen Sandschicht tarnen, verstecken ihre Pupillen daher hinter diesem raffinierten Vorhang. Der verhangene Blick des Kuckucksrochens hat also dieselbe Funktion wie die verschleierten Augenlider des Rotaugenlaubfroschs (siehe Seite 206), die dessen leuchtend rote Augäpfel vor potenziellen Fressfeinden verbergen.

NANO

Kupferbürzelamazilie (*Amazilia tobaci*)

Kolibris fallen besonders durch ihr faszinierend buntes Gefieder auf. Aber wie kommt es, dass ihre Farben derart leuchten und schillern?

Die Färbung von Lebewesen entsteht durch einen oder mehrere der nachfolgenden Prozesse. Sie kann von den Farben der Materialien kommen, aus denen ein Lebewesen aufgebaut ist, oder von Pigmenten wie Karotinoiden oder Melaninen. Manche Organismen erzeugen auch Farbe durch Biolumineszenz (»kaltes Licht«), die durch chemische Reaktionen in besonderen Zellen, den sogenannten Lichtorganen, hervorgerufen wird. Die Färbung kann aber auch von einem Mechanismus herrühren, der sogenannte »Strukturfarben« hervorruft: Präzise angeordnete Nanostrukturen reflektieren spezielle Wellenlängen von Licht und erzeugen dadurch schillernde Farbschattierungen. Strukturfarben sind auch die Erklärung für das metallisch glänzende Gefieder von Kolibris (siehe auch Seite 119).

Pigmentfarben wirken meist matt, da ein Teil der Lichtenergie absorbiert wird, wenn dieses auf das Pigment trifft. Strukturfarben hingegen glänzen wie ein Spiegel, weil das Licht nicht absorbiert, sondern reflektiert wird. Das heißt, wenn das Licht auf die physikalischen Strukturen des Oberflächenmaterials trifft, geht keine Energie verloren.

Manche Farben werden sogar noch verstärkt, da sich die Lichtwellen unterschiedlich brechen, abgelenkt werden und überlagern, wenn sie von den dünnen Luftschichten in der Oberflächenstruktur reflektiert werden (man spricht von alternierenden Brechungsindizes). Entscheidend ist, dass die Abstände zwischen den Schichten nur Nanometer (10^{-9} m) betragen und den Wellenlängen von sichtbarem Licht entsprechen (300–700 nm).

Obwohl die Begriffe »Strukturfarben« und »Irideszenz« häufig austauschbar verwendet werden, beschränkt sich »irisierend« eigentlich auf Situationen, in denen sich die sichtbaren Farben entsprechend dem Betrachtungswinkel verändern. Irideszenz stammt von dem griechischen Wort *iris* ab und bedeutet »Regenbogen« (der durch die griechische Göttin Iris verkörpert wird). Eine dünne Schicht Öl auf dem Wasser ist ein typisches Beispiel für dieses schillernde Phänomen – die Farben verändern sich mit dem Blickwinkel des Betrachters. Auch die Farben von Meerschaumblasen sind irisierend (siehe Seite 142).

Dieses Foto von der Feder einer Kupferbürzelamazilie enthüllt aber noch etwas anderes. Die Feder wurde unter polarisierendem Licht fotografiert, das die Orientierung der gestapelten Platten aus Melanosomen (Melanin bildenden Organellen) in den vielschichtigen Federästen sichtbar macht. Die Farbe ist von Grün, wie auf Seite 119 zu sehen ist, zu Rot gewechselt, wenngleich an den unteren Rändern der Federäste immer noch Grün zu erkennen ist. Da sich die hier abgebildeten reflektierten Wellenlängen entsprechend dem Polarisationswinkel des einfallenden Lichts – der gleich dem Betrachtungswinkel ist – ändern, können wir davon ausgehen, dass die Federn unseres Kolibris schillern. Aber wozu all die Mühe? Die Antwort ist einfach: Jedes Kolibrimännchen will heller glänzen als seine Konkurrenten und die beste Partnerin anlocken.

BLAU

Laternenträger (*Pyros whiteheadi*)

Mit einer Körperlänge von 4 Zentimetern ist dieser Laternenträger (*Pyros whiteheadi*) ein Riese. Laternenträger sind mit Spitzkopfzikaden, Zwergzikaden und Rundkopfzikaden verwandt, die aber für gewöhnlich nur ein paar Millimeter lang sind. Zur beachtlichen Größe kommt noch eine auffällig leuchtende blaue, grüne und gelbe Färbung hinzu.

Ich habe diesen Laternenträger im Danum-Tal auf der Insel Borneo entdeckt, als er in einem Wald circa 90 Zentimeter über dem Boden Pflanzensaft an einem Baum saugte. Mein Auftauchen hat ihn wahrscheinlich erschreckt, aber ich selbst bin mindestens genauso heftig erschrocken, als er mit einem schnellen Schlag seiner grünen, mit gelben Sprenkeln übersäten Deckflügel das leuchtende Blau der Unterflügel aufblitzen ließ.

Dieses Blau ist deshalb so überraschend, weil es bei Lebewesen eher selten vorkommt. Weniger als 10 Prozent aller Blumen sind blau (siehe *Tradescantia* auf Seite 222), und blaue Tiere sind sogar noch seltener. Das liegt hauptsächlich daran, dass es für lebende Organismen schwierig ist, ein wirklich blaues Pigment zu produzieren. Tiere, die für ihre blaue Farbe bekannt sind, wie Morphofalter, setzen Nanostrukturen ein, um blau auszusehen.

Wenn ein Flügelschlag den Angreifer trotz der grellblauen Unterflügel noch nicht abschreckt, macht sich der Laternenträger mit einem beeindruckenden Satz aus dem Staub. Dazu hebt er in fünf Tausendstelsekunden (5 ms) ab, was einer Beschleunigung mit der sechzigfachen Gewichtskraft der Erdanziehung entspricht.

Der starke Kontrast zwischen den tarnenden gelb-grünen Deckflügeln, die er normalerweise flach am Körper hält, und dem plötzlich aufblitzenden Blau der Unterflügel löst eine Schreck- oder auch »deimatische« Reaktion aus (von griechisch »erschrecken«), die zur Abwehr von Fressfeinden dient.

Da sich Laternenträger von Pflanzensaft ernähren, müssen sie sehr viel Flüssigkeit aufnehmen, um die nötige Menge der darin enthaltenen Proteine zu extrahieren, und gleichzeitig große Mengen einer wässrig süßen Pflanzensaftlösung auch wieder ausscheiden. Dieser Prozess benötigt Zeit, während der das große saftige Insekt seinen Fressfeinden schutzlos ausgeliefert ist.

Seine Färbung ist für den Laternenträger daher überlebenswichtig. Wenn er frisst, ist Abschreckung der erste Schritt seiner Verteidigungstaktik. Zieht sich der Angreifer nicht zurück, geht er zum zweiten Schritt über, dem schnellen Satz. Ein Sprung ist unberechenbar, der Angreifer kann weder vorhersehen, wann genau das Insekt springt, noch, in welche Richtung. Aber das leuchtende Blau könnte auch noch eine dritte Verteidigungsstrategie sein, indem es vor vermeintlichem Gift warnt (Aposematismus).

WEISSSEHEN

Rotaugenlaubfrosch (*Agalychnis callidryas*) und Friedenslilie (*Spathiphyllum friedrichsthalii*)

Ich hatte das große Glück, dass mein Besuch der La Selva Regenwaldforschungsstation im Braulio Carrillo Nationalpark in Costa Rica in die Laichzeit der Rotaugenlaubfrösche fiel. Es regnete heftig, und einige Frösche hatten sich um eine Brutmulde mit Friedenslilien (*Spathiphyllum friedrichsthalii*) versammelt. Das hier fotografierte Exemplar sitzt in der »Blüte« einer Lilie, bei der es sich streng genommen um ein modifiziertes Blatt (Spatha) handelt, das eine Art Schutzhaube um den knotigen Stängel in der Mitte bildet. Dieser Knoten, der dem Frosch hier als Hochsitz dient, wird Spadix genannt und trägt den weiblichen und männlichen Blütenstand.

Menschen sehen alle möglichen Farben, aber wie ist es mit »Weiß«? Wir wissen, dass es kein Pigment ist, da Pigmente nicht weiß sein können. Die von einem Pigment produzierte Farbe resultiert aus der selektiven Absorption bestimmter Wellenlängen von Licht, sodass wir nur das sehen, was reflektiert wird – der Frosch ist deshalb grün, weil seine Hautpigmente alle Wellenlängen außer Grün absorbieren. Objekte sind dann weiß, wenn alle (für uns) sichtbaren Wellenlängen des Tageslichts von seiner Oberfläche reflektiert und gleichmäßig verteilt (»gestreut«) werden, ohne selektive Absorption. (Auch ein Spiegel reflektiert das Licht, ohne es zu absorbieren, die Lichtstrahlen bleiben jedoch kohärent und werden nicht gestreut.)

Die Farbe eines Objekts hängt auch davon ab, wie der Betrachter die von einer Oberfläche reflektierten oder gesendeten Wellenlängen wahrnimmt. Während das menschliche Auge gegenüber kurzen (ultravioletten) und langen (infraroten) Wellenlängen relativ unsensibel ist, sind Insektenaugen sehr empfindlich gegenüber UV-Licht. Ein Blütenblatt, das wir als einheitlich weiß sehen, kann beispielsweise durch ein Bienenauge betrachtet dunkle Linien oder Flecken haben. Tatsächlich leiten die kontrastierenden Farbmuster von Blütenblättern die Insekten zur Nektarquelle – und im Gegenzug wird die Blume bestäubt (befruchtet).

Weiße Blüten sind bei schwachem Licht wie beispielsweise unter dem Blätterdach eines Regenwalds besser zu sehen. Dennoch ist dort Licht rar, weshalb Friedenslilien zusätzlich einen starken Blütenduft, sogenannte flüchtige organische Verbindungen (VOCs, Volatile Organic Compounds) aussenden. Die Insekten nehmen diese Duftstoffe wahr und folgen ihnen, lange bevor sie das Objekt ihres Interesses sehen. *Spathiphyllum*-Arten werden von Orchideenbienen (Euglossini) und Honigbienen (*Apis*) befruchtet, die vor allem von terpenoiden und aromatischen benzenoiden VOCs angezogen werden.

KONSERVIERT

Rote Samtmilbe (*Trombidium holosericeum*)

Rote Samtmilben zählen zu den farbenprächtigsten kleinen Krabbeltierchen, denen wir in unseren Gärten begegnen können. Trügen sie nicht ihre leuchtend roten Mäntelchen, würden wir sie wahrscheinlich gar nicht bemerken, da sie nur wenige Millimeter lang sind.

Auf Seite 136 finden Sie das Portrait einer lebenden Roten Samtmilbe (*Trombidium holosericeum*). Dieses Foto hier zeigt eine konservierte Milbe, die vor ungefähr 150 Jahren von einem unbekannten viktorianischen Wissenschaftler auf den Objektträger eines Mikroskops präpariert wurde.

Die roten Borsten (Setae) haben noch dieselbe leuchtende Farbe wie zu dem Zeitpunkt, als das Tier präpariert wurde, was darauf hindeutet, dass wir es wahrscheinlich mit einer Strukturfarbe zu tun haben. Auf Pigmenten basierende Farben neigen dazu, mit der Zeit zu verblassen, und nehmen häufig ein hässliches Einheitsbraun an oder verschwinden ganz. Strukturfarben hingegen verblassen nicht. Einen Eindruck davon, wie langlebig die Strukturfarben von Lebewesen sein können, geben alte ägyptische Schmuckstücke. Die in wertvollen Schmuck eingearbeiteten grünen Flügeldecken von Prachtkäfern – deren Farbe auf ihrer Struktur basiert – glänzen heute noch genauso bunt wie vor über 4000 Jahren!

Wissenschaftliche Untersuchungen haben jedoch ergeben, dass es sich bei der Rotfärbung lebender Samtmilben um Pigmente handelt, die auf Karotinoiden basieren. Das heißt, mittlerweile müssten sie eigentlich verblasst sein. Der Kopf und die Beine der Milbe auf dem Foto sind tatsächlich nahezu farblos, folglich basiert das Rot, das man bei lebenden Milben auch dort sieht, wahrscheinlich ausschließlich auf Pigmenten. Da der Körper des präparierten Tieres unter dem polarisierten Licht des Mikroskops aber immer noch rot leuchtet, muss er seine Farbe irgendwie auch seiner Struktur verdanken.

Die unter polarisiertem Licht hell leuchtenden Setae sind doppelbrechend, wie die doppelbrechenden Kristalle in der Knoblauchschale auf Seite 167 und im Skelett der Schlangensternlarve auf Seite 78. In den Borstenhaaren der Samtmilbe kommt es zur Doppelbrechung, weil die Chitinmoleküle in der Kutikula auf eine bestimmte Weise ausgerichtet sind.

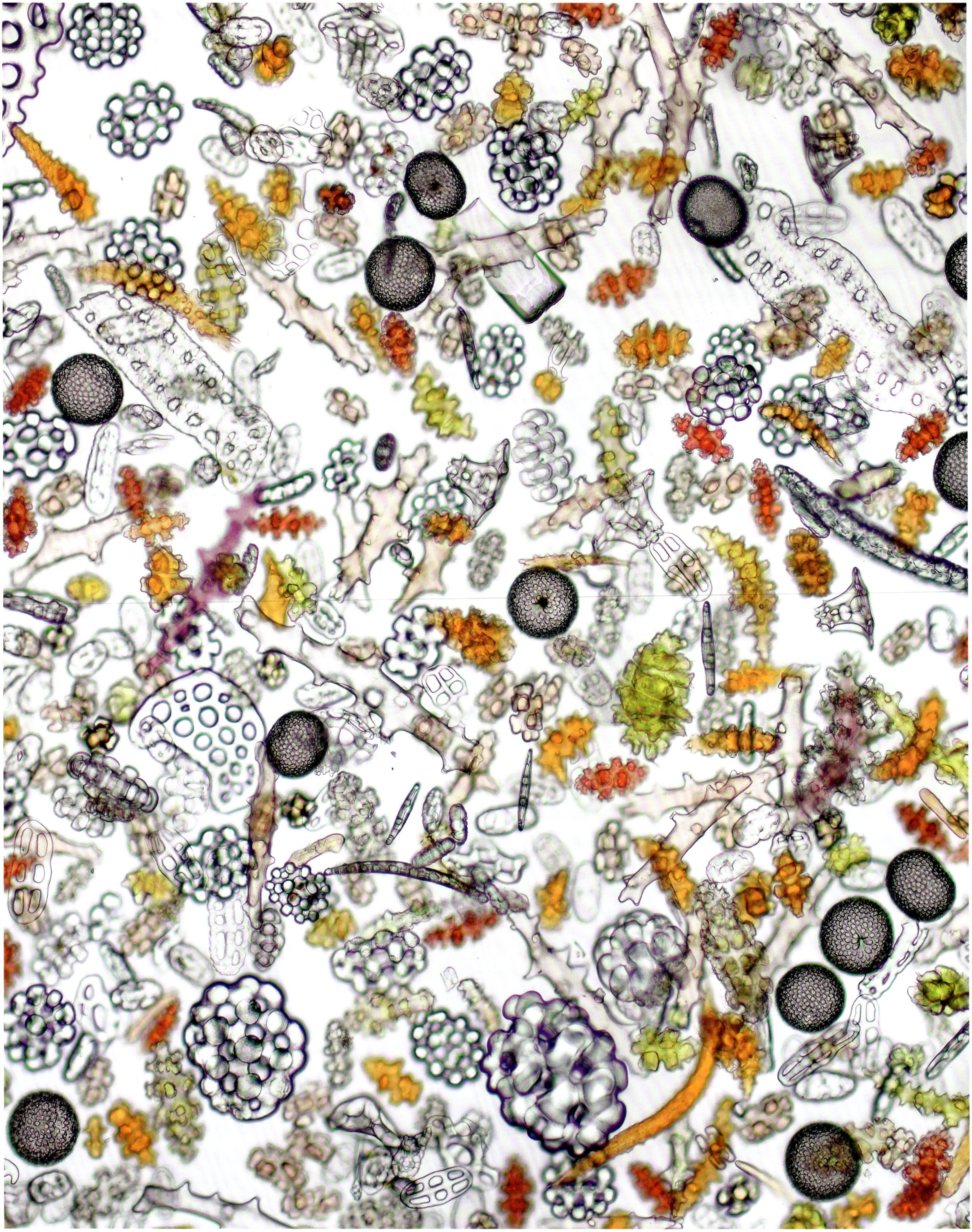

Was hier anmutet wie fremde Welten, die durch eine ferne Galaxie driften, sind harte Skelettteile (Sklerite), die in den Körpern von Hornkorallen, Schwämmen oder Seegurken entstanden sind. Wenn die Tiere sterben, sammeln sich diese Skelettteilchen auf dem Meeresgrund als »Korallensand«, der den Hauptbestandteil vieler weißer Tropenstrände ausmacht. Man sieht hier Sklerite aus Siliziumdioxidkristallen – einer biologischen Form von Glas (wie auch Opal) – und kristallinem Kalziumkarbonat.

Eigentlich würde man von Skelettteilchen aus kristallinem Kalziumkarbonat erwarten, dass sie kalkweiß sind. Viele dieser Strukturen sind jedoch pigmentiert. Rote Korallen (*Corallium* sp.) waren als Schmuck lange Zeit sogar sehr begehrt.

Die Farben, die wir auf diesem Bild sehen, sind Karotinoide – gelbe, rote, violette und orangefarbene Pigmente, die den Schwammskleriten aus Kalziumkarbonat ihre Färbung geben. Einer Laune der Natur zufolge können die meisten Tiere Karotinoide nicht selbst herstellen (eine seltene Ausnahme stellt hier die Rote Samtmilbe dar, siehe Seite 136 und 217). Im Wasser lebende Wirbellose wie Korallen oder Schwämme verdanken ihre Karotinoide den symbiotischen Organismen, die in oder auf ihnen leben und Photosynthese betreiben, wie beispielsweise Bakterien und Mikroalgen (Cyanobakterien und Zooxanthelle). Sterben die symbiotischen Zooxanthellen einer Koralle, verliert diese ihre Farbe – man spricht von einer »Korallenbleiche«, wozu es mit dem fortschreitenden Klimawandel immer häufiger kommt.

Aber welche dieser Sklerite gehören zu welcher Tierart?

Die rauen, gräulichen Kugeln mit den kleinen Dellen werden »Sterraster« genannt. Es handelt sich dabei um die winzigen, transparenten Glaskugeln aus Siliziumdioxid eines Hornkieselschwamms.

Die länglichen Sklerite in Rot, Orange, Gelb, Violett und Rosa sind »Sanidaster« und stammen ebenfalls von Schwämmen. Sie sind aus kristallinem Kalziumkarbonat – entweder in Form von Aragonit oder Kalzit – und schließen Karotinoide in ihrer Struktur mit ein.

Die flachen, siebähnlichen Scheiben steuern Seegurken bei (*Holothuria*, verwandt mit Stachelhäutern wie Seesternen und Seeigeln). Man spricht von »Knöchelchen«, die in unterschiedlichen Formen auftreten können, darunter auch die faszinierenden »Anker« auf Seite 238. Die großen, knubbeligen Kugeln mit Löchern (»Knöpfe«) sind aus Kalziumkarbonat und stammen ebenfalls aus der Außenwand einer Seegurke.

GLASFASER

Seemaus (*Aphrodita aculeata*)

Ende Oktober 2023 wütete der Sturm Babet an der Ostküste Schottlands. Wind und Regen richteten an Land einen beträchtlichen Schaden an, aber in den maritimen Lebensräumen waren die verheerenden Zerstörungen durch die gigantischen Wellen, die unerbittlich an die Felsküste brandeten, fast schon apokalyptisch. Die über 30 Jahre gewachsene Dünenlandschaft am West Sands Beach hatte es über Nacht einfach weggespült. Bei Ebbe war der fast drei Kilometer lange Sandstrand überzogen von einem Gewirr aus Seetang, Muscheln, toten Seevögeln, Fischen, Plastikmüll und Glasscherben.

Wie durch ein Wunder konnten wir zwei Brillenenten aus den Algenknäueln retten, die zwar völlig erschöpft, aber noch am Leben waren. Nach einer entspannten Nacht in unserer Badewanne und mit dem Bauch voller Miesmuscheln konnten sie am nächsten Tag wieder aufs Meer hinausschwimmen.

Die hier fotografierte Seemaus (*Aphrodita aculeata*) hatte nicht so viel Glück. Seemäuse leben normalerweise im Sand vergraben, weit entfernt von der Küste. Es braucht schon einen gewaltigen Sturm, um den Meeresgrund so aufzuwühlen, dass sie an den Strand gespült werden. Trotz ihres Namens sind Seemäuse keine Mäuse und noch nicht einmal Wirbeltiere. Es handelt sich um große, fette Würmer – sogenannte Vielborster – mit einem ovalen, 15 Zentimeter langen und 5 Zentimeter breiten Körper.

Eine lebende Seemaus sieht mit ihrem dichten Fell aus hellbraunen »Borsten« (Setae) tatsächlich ein bisschen aus wie eine Maus. Richtet man jedoch einen Lichtstrahl auf die Setae, insbesondere auf die an der Seite des Tieres, leuchtet einem ein ganzer Regenbogen an Farben entgegen. Die wunderschönen grünen, blauen und roten Streifen, die man hier sieht, sind Strukturfarben. Sie entstehen durch perfekt angeordnete Schichten aus sechseckigen Zylindern, die aus parallel zur Längsachse der Borsten verlaufenden, hohlen, mit Gas gefüllten Chitinfibrillen bestehen. Da der Durchmesser der einzelnen Zylinder jeweils nur einen Teil der Wellenlänge des Lichts ausmacht, überlagern sich die unterschiedlichen Wellenlängen, wenn das Licht von jeder Schicht reflektiert wird, und es entstehen diese schillernden Farben.

Die Borsten der Seemaus waren eine der ersten beschriebenen natürlichen photonischen Kristallfasern. Es handelt sich dabei um eine nanooptische Struktur mit einem periodisch variierenden Brechungsindex, die das Licht in ähnlicher Weise steuern kann wie winzige Siliziumkristalle Elektronen. Ihre Entdeckung im Jahr 2001 hat aufgrund ihrer einfachen Struktur, Fasergeometrie und der Ähnlichkeit mit künstlichen photonischen Kristallfasern, die für die Glasfaserkommunikation verwendet werden, großes Interesse hervorgerufen.

BLAU ODER LILA?

Dreimasterblume (*Tradescantia virginiana*)

Himmelblau, manchmal rosa, oder vielleicht auch lila … welche Farbe genau haben eigentlich Dreimasterblumen?

Die Blüten der Dreimasterblume (*Tradescantia virginiana*) sind schon allein wegen der Schlichtheit ihrer Farben wunderhübsch. Das »Blau« der Blütenblätter bildet dabei einen starken Kontrast zu den sechs leuchtend gelben Staubbeuteln (dem Pollen produzierenden Teilen der Staubblätter). Ich war von diesen Farben wie verzaubert, insbesondere, da Blau in der Natur eher selten ist – nur 10 Prozent der 280 000 blühenden Pflanzen haben blaue Blüten. Was ein bisschen schade ist, da Studien zufolge die meisten Menschen Blau als ihre Lieblingsfarbe angeben. Merkwürdig ist auch, dass bestäubende Insekten wie Bienen blaue Wellenlängen zwar perfekt sehen können, aber nur wenige Blumen die Farbe einsetzen, um sie anzulocken.

Einer der Gründe, warum es nur so wenige blaue Blumen gibt, ist der, dass Pflanzen keine blauen Pigmente bilden. Das Blau entsteht durch mehrere, die Farbe verändernde Anthozyane (von griechisch *anthos* »Blüte« und *kyanos* »dunkelblau«). Anthozyane sind wasserlösliche, pH-sensitive Pflanzenfarbstoffe, die unter sauren Bedingungen von Blau zu Rosa wechseln.

Und warum ist Blau in der Natur generell so selten? Um Blau zu erhalten, müssen verschiedene Pigmente und Elemente gemischt werden. Prunkwinden (*Ipomoea*) kombinieren Anthozyane mit Kaffeesäure. Blaue Hortensien (*Hydrangeas*) kombinieren Aluminium-Ionen mit Delphinidin und Chlorogensäure. Lässt man das Aluminium weg, erhält man eine rote Hortensie. Die Herstellung blauer Pigmente ist ein komplexer Vorgang, und die meisten Pflanzen – und auch Tiere – verfügen nicht über die dafür notwendigen biochemischen Stoffe. Trotz der Anstrengungen zahlloser Gärtner ist es bisher noch nicht gelungen, eine blaue Rose zu züchten. Die Gentechnik hat zwar eine Rose mit Delphinidin hervorgebracht, was dabei herauskam, ist aber eher Lila als echtes Blau.

Welche Farbe hat also *Tradescantia*? Je nach Wachstumsbedingungen kann sie tatsächlich dunkelblau sein. Schaut man sich das Foto jedoch genauer an, erkennt man Spuren von Rosa im Hintergrund. Genau wie bei anderen »blauen« Blumen, beispielsweise Glockenblumen, Enzian, Rittersporn und Veilchen, ist das Blau – mit seinen Pink-, Lila- und Violetttönen – schwer zu beschreiben. Und ebenso schwierig ist es, diesen raffinierten chemischen Zaubertrick fotografisch festzuhalten.

SILBER

Fischschuppe, Lachshering (*Maurolicus muelleri*)

Wir sind in der Lage, uns einen Vogel, einen Fisch, einen Stuhl oder ein Auto vorzustellen, weil jedes dieser Dinge bestimmte Merkmale aufweist, die wir uns vor Augen führen können. Wenn ein Biologe eine neue Entdeckung macht, geschieht etwas Ähnliches. Im Bruchteil einer Sekunde überprüft er seinen Fund auf Form, Farbe, Größe, Symmetrie, Gliedmaßen (falls es welche gibt), Haut (Haare oder Schuppen), Gesicht und so weiter.

Als ich am Strand von St. Andrews in Schottland einen toten, auffällig glänzenden kleinen Fisch (5 cm lang) entdeckte, ging ich im Kopf sofort meine Checkliste durch. Wir wissen alle, dass Fische, oder besser die Schuppen von Fischen, glänzen, aber dieser Fisch war irgendwie *zu* glänzend. Auf den ersten Blick sah er aus wie eine Sprotte, Sardine, ein junger Hering oder eine Makrele – aber er war nichts von alledem. Was ich gefunden hatte, war ein Lachshering (*Maurolicus muelleri*). Silberschuppenfische wie dieser leben in einer Tiefe zwischen 200 und 1000 Metern, in der sogenannten mesopelagischen Zone. Da in diese Tiefe nahezu kein Licht vordringt, spricht man auch von der Dämmerzone. Mesopelagische Fische machen dem Gewicht nach schätzungsweise ungefähr 90 Prozent aller im Meer lebenden Fische aus. Das Exemplar, das ich in Händen hielt, wurde höchstwahrscheinlich aus den tiefen Gewässern der Norwegischen Rinne angeschwemmt.

Als ich den Fisch genauer untersuchte, bemerkte ich an der Bauchunterseite links und rechts zwei Reihen augenähnlicher Strukturen. Es handelte sich um Photophore – Leuchtorgane, mit denen der Lachshering seine Unterseite beleuchten kann. Diese »Gegenbeleuchtung« verringert den Kontrast und verbirgt seine Silhouette vor in der Tiefe lauernden Fressfeinden. Gegenbeleuchtung ist eine der vier Methoden, die Dämmerzonenfische neben Konterschattierung (mithilfe von Pigmenten), Transparenz (Durchsichtigkeit) und Versilberung anwenden, um sich zu tarnen.

Die Silberschuppen des Lachsherings glitzern metallisch, wodurch sie wirken wie Spiegel. Bei den dünnen horizontalen Linien auf dem Bild handelt es sich um Jahresringe, die in diesem Fall vier Jahre Wachstum anzeigen. Die farbigen Flecken entstehen durch dünne, sich überlagernde Platten aus Guaninkristallen – demselben Guanin, das auch ein wesentlicher Bestandteil von DNS und RNA ist. Die unterschiedliche optische Dicke der Guaninplatten bestimmt, welche Farbe reflektiert wird. Hier sind alle Farben gemischt – beziehungsweise gestreut. Die unregelmäßige Überlagerung der Kristallschichten erzeugt einen Breitbandreflektor, der sicherstellt, dass alle Wellenlängen des Lichts gleichzeitig reflektiert werden, wodurch die Schuppen silbern erscheinen.

Gleichzeitig sorgt die unregelmäßige Anordnung der Schichten dafür, dass die silberne Reflexion aus einer Vielzahl unterschiedlicher Winkel erzeugt wird. Damit ist der Fisch gegen das diffuse Licht unter Wasser, egal aus welchem Betrachtungswinkel, quasi unsichtbar, was auch erklärt, weshalb man sich in den Schuppen eines Fisches nicht spiegeln kann.

KOI

Schuppen, Jakobskrautbär (*Tyria jacobaeae*)

Thetford Forest in Norfolk, England, ist ein nicht nur bei Hundebesitzern, Reitern, Mountainbikern und Wanderern sehr beliebtes Waldgebiet, sondern auch die Heimat vieler Schmetterlinge und Motten. Im Mai kann man dort Jakobskrautbären, tagaktive Motten, beobachten, die häufig mit Schmetterlingen verwechselt werden. Das liegt daran, dass ihre Flügel anstelle der farblosen Brauntöne, die man von nachtaktiven Motten kennt, ein kontrastreiches Muster mit roten und schwarzen Streifen und Punkten aufweisen.

Rot kombiniert mit Schwarz ist bei Tieren eine klassische Warnfärbung (Aposematismus), die potenziellen Fressfeinden signalisiert, dass ein Angriff ihrer Gesundheit schaden könnte. Im Fall der Jakobskrautbären sollte man die Warnung ernst nehmen, denn ihr Gewebe enthält eine toxische Menge an Histaminen, sie sind also tatsächlich giftig. Ihre Raupen, die wie Wespen (oder die giftigen Raupen des Königskerzen-Mönchs, siehe Seite 70) schwarz-gelb-gestreift sind, nehmen über ihre Nahrung – das Jakobskraut (*Jacobaea vulgaris*) – giftige Pflanzenstoffe (Pyrrolizidinalkaloide) auf, die sie einlagern und die sich auf die erwachsenen Motten übertragen.

Die Farben des ausgewachsenen Jakobskrautbären entstehen durch Pigmente, vor allem Melanine, Ommochrome, Pteridine und Karotinoide, wobei Pigmente strenggenommen keine Farben erzeugen, sondern lediglich als Filter fungieren. Bestimmte Wellenlängen von Licht werden absorbiert, während die nicht absorbierten zurückgeworfen werden und die Farben hervorrufen, die wir sehen. Die rot-pigmentierten Schuppen des Jakobskrautbären erscheinen rot, weil sie blaue Wellenlängen absorbieren und rote reflektieren.

Unter ultraviolettem Licht werden die Schuppen von den unsichtbaren UV-Strahlen gereizt und werfen diese als sichtbares Licht sofort wieder zurück. Man spricht von Fluoreszenz. Bezeichnenderweise fluoreszieren die roten Schuppen des Jakobskrautbären leuchtend rot, während die schwarzen schwarz bleiben (die mitternachtsblaue Fluoreszenz im Hintergrund stammt von Molekülen in der Kutikula des Mottenflügels). Das bedeutet, die Warnfarben der Motte sind auch unter UV-Licht sichtbar. Da Sonnenlicht einen hohen UV-Anteil hat und Sperlingsvögel (wie Spatzen, Meisen und Finken) UV-Licht sehen können, erscheinen Jakobskrautbären potenziellen Fressfeinden in jedem Licht unappetitlich.

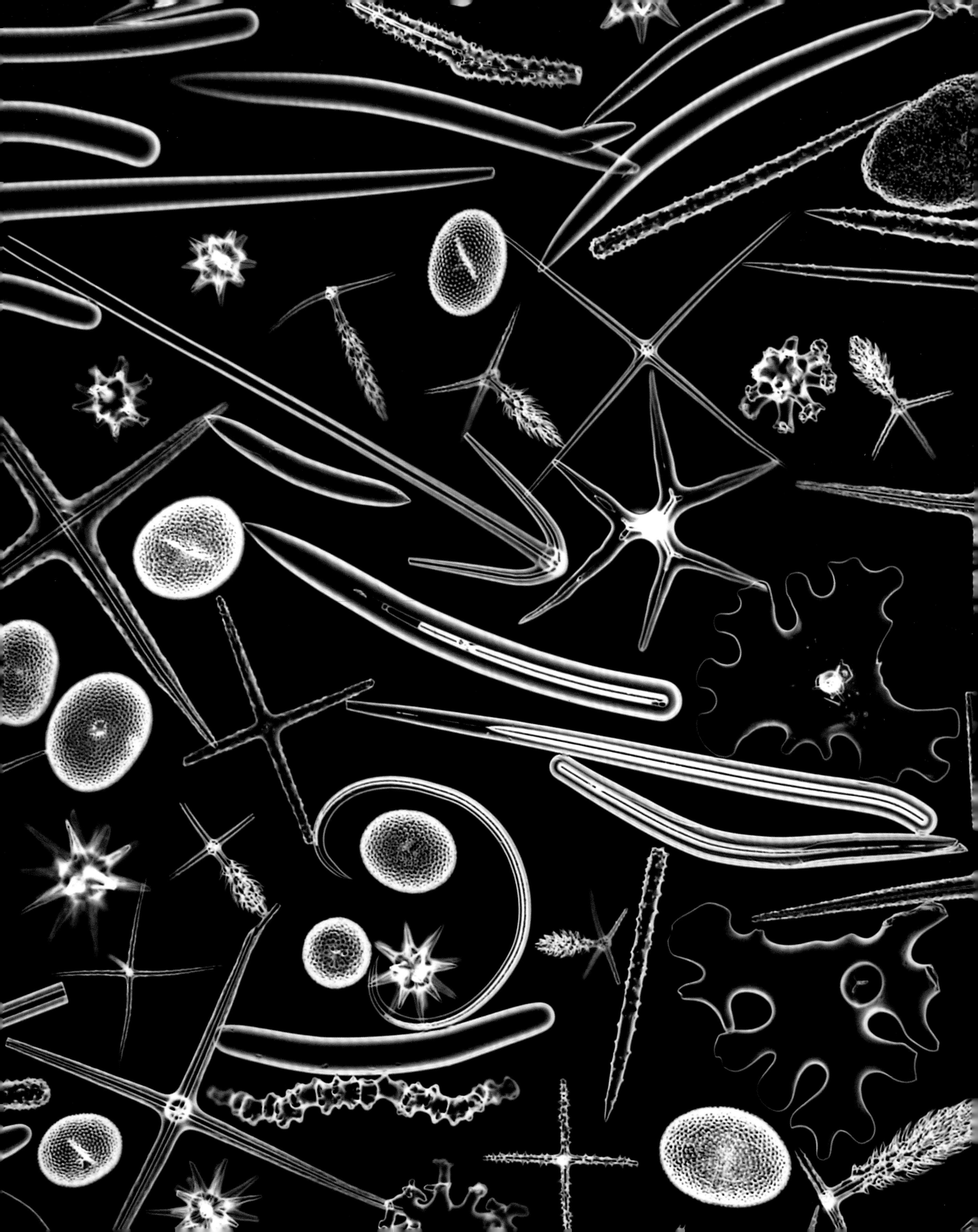

8 SKELETTE

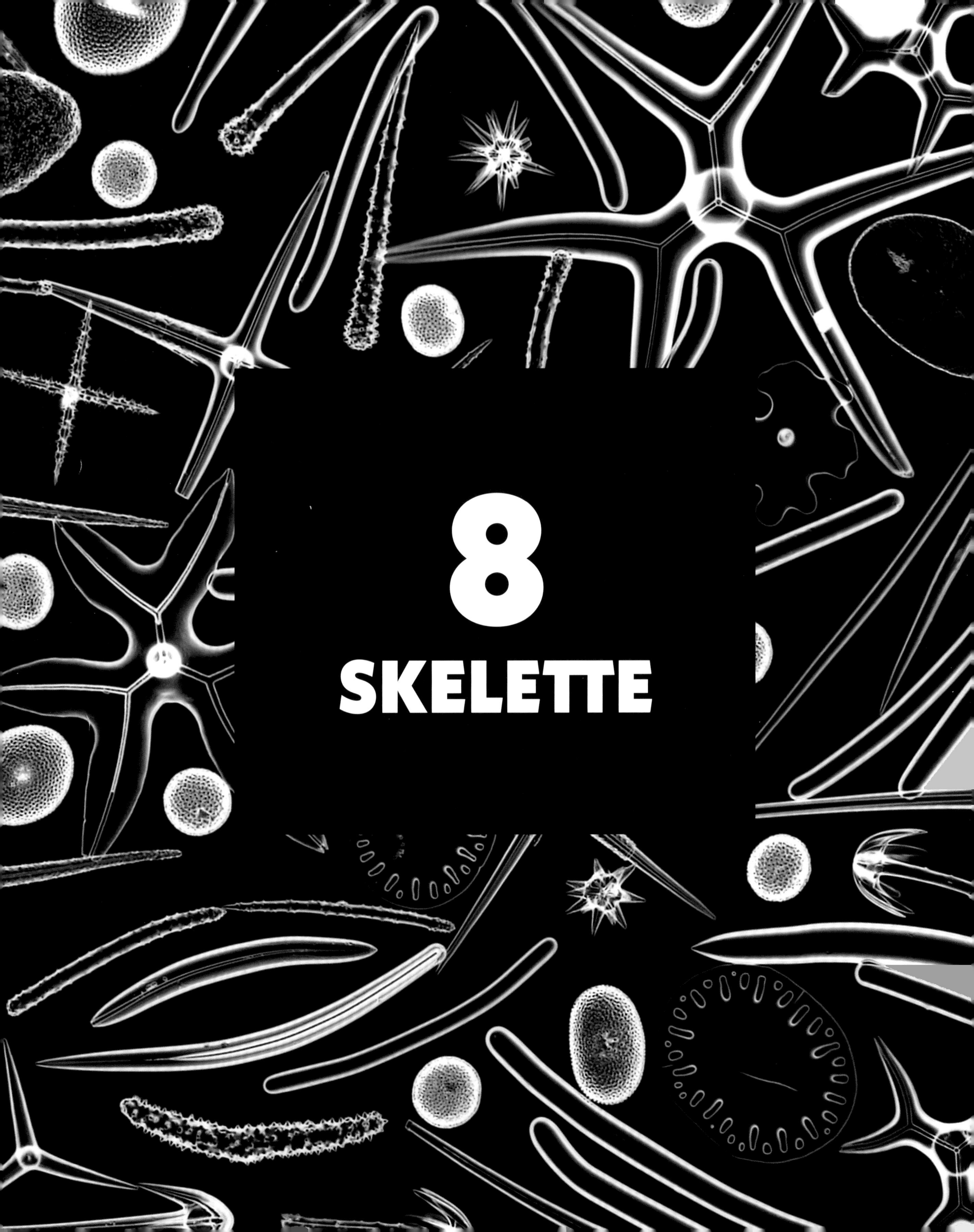

Über Skelette

Skelette faszinieren mich, seit ich denken kann. Meine Eltern waren da zum Glück sehr tolerant. Wenn ich einen verrottenden Kadaver fand, konservierte ich den Schädel, indem ich ihn in unserer Familienküche in einem Topf mit Bleichmittel auskochte. Der Geruch war zugegebenermaßen gewöhnungsbedürftig, aber dafür besitze ich heute eine große Sammlung an Vogel-, Säugetier- und Fischschädeln.

Es ist die Architektur der Skelette, die mich besonders fasziniert – die Art und Weise, wie die einzelnen Knochen geformt sind, um erstaunliche Funktionen zu erfüllen. Nehmen wir zum Beispiel den Schädel und Schnabel eines Basstölpels (*Morus bassanus*), eines Seevogels aus der Familie der Sulidae. Schnabel und Schädel bilden einen langen, schmalen Kegel, der die perfekte Stromlinienform hat, um den Aufprall bei einer Geschwindigkeit von knapp 90 km/h zu verringern, wenn der Vogel ins Meer taucht, um einen Fisch zu fangen. Die Wissenschaft bezeichnet die Kräfte, die beim Eintritt ins Wasser wirken, passenderweise als »Aufschlagkraft«. Deren Wirkung kann sehr heftig oder gar lebensbedrohlich sein. Wer im Kopfsprung mit einer Geschwindigkeit von über 90 km/h auf das Wasser trifft, riskiert, sich den Nacken oder die Wirbelsäule zu brechen – ein Aufprall mit einer Geschwindigkeit von mehr als 108 km/h kann tödlich sein.

Jedes Skelett erfüllt einen bestimmten Zweck. Bei höheren Organismen unterscheidet man mehrere Arten von Skeletten, es gibt unter anderem Exoskelette, die sich an der Außenseite des Körpers befinden, Endoskelette, die sich im Körper befinden, und mit Wasser gefüllte Hydroskelette. Alle drei Varianten geben dem Körper seine Form, die wiederum auf dessen Funktion einwirken kann – wie beispielsweise beim Basstölpel. Zudem ermöglichen Skelette Bewegung, indem sie der Muskulatur Halt geben oder den nötigen Widerstand bieten, gegen den die Muskeln arbeiten können.

Exoskelette entstehen an der Außenseite des Tierkörpers, wie bei Krebsen und Hummern, Insekten oder Spinnen, den sogenannten Gliederfüßern (Arthropoden). Bei der Schale von Weichtieren handelt es sich ebenfalls um Exoskelette. Dennoch muss man in der Biologie mit ultimativen Aussagen wie »*Alle* Weichtiere haben …« in der Regel vorsichtig sein. Der Einsiedlerkrebs beispielsweise ist ein Zehnfußkrebs mit einem typischen Endoskelett aus mit Kalziumkarbonat biomineralisiertem Chitin. Dieses umschließt jedoch nur seine Beine und Scheren. Sein Unterleib ist »nackt« und nur von einer dünnen, empfindlichen Chitinhaut überzogen. Daher schützt der Einsiedlerkrebs seinen weichen Körper, indem er sich in das Skelett eines toten Tieres zurückzieht – zum Beispiel in das Kalkgehäuse einer Meeresschnecke.

Was das Wachstum anbelangt, sind Exoskelette jedoch ein Problem. Da sie sich an der Außenseite des Körpers bilden und starr sind wie eine Rüstung, muss das Tier seine alte Hülle immer wieder abstreifen und sich eine größere zulegen, in die es hineinwachsen kann. Anfangs sind die neuen Skelette noch weich und nicht mineralisiert, weshalb Gliederfüßer während der Häutung stark gefährdet sind; teils, weil sie dann Gefahr laufen, gefressen zu werden, teils aber auch, weil sie selbst nicht fressen können, solange sie darauf warten, dass ihre neue Schale aushärtet.

VORHERIGE DOPPELSEITE
Sklerite, Glasschwamm (Hexactinellida)
Skelette verleihen Organismen ihre Form und schützen sie. Es gibt sie in den unterschiedlichsten Materialien und Formen. Egal, ob aus Chitin, Kalzium, Glas, Knochen oder nicht-komprimierbaren Flüssigkeiten, geben sie weichem Gewebe Halt und bieten der Muskulatur einen Widerstand, gegen den sie arbeiten kann. Die Skelette von Glasschwämmen (Hexactinellida) sind tatsächlich aus Glas (Siliziumdioxid) und treten in einer faszinierenden Formenvielfalt auf.

Endoskelette bilden sich im Körper eines Tieres. Bei Wirbeltieren setzen sie sich in der Regel aus Knochen (einer anderen Form von Kalziumkarbonat) zusammen, die über Knorpel (Gelenke) miteinander verbunden sind, was verschiedene Bewegungsachsen ermöglicht. Bei Knorpelfischen (Chondrichthyes, zu denen Haie, Rochen und Sägefische zählen) besteht das Skelett nicht aus Knochen, sondern weitgehend aus Knorpel, wobei Zähne und Schuppen mit Kalzium und Phosphor biomineralisiert sind und durch Hydroxylapatit, ein kalziumbasiertes Mineral, aus dem auch der Zahnschmelz von Menschen besteht, verstärkt werden. Die Haut von Haien, die aufgrund ihrer harten Hautzähnchen lange Zeit als Schmirgelpapier verwendet wurde, dient den lebenden Haien dazu, den Strömungswiderstand zu reduzieren. Vielleicht erinnern Sie sich noch an die Aufregung, als Athleten bei den Olympischen Spielen ihre Leistungen durch das Tragen eng anliegender »Haihaut-Schwimmanzüge« verbesserten.

Knöcherne Verlängerungen des Endoskeletts können auch aus dem Körper herausragen, wie beispielsweise das Geweih von Elchen und Hirschen oder die Hörner von Schafen und Rindern. Meist werden sie zur Verteidigung eingesetzt oder spielen eine Rolle in der sozialen Interaktion. Das »Schwert« eines Narwals (*Monodon monoceros*) ist eigentlich ein riesiger Zahn, wobei abgesehen von der sozialen Interaktion nicht ganz klar ist, welchem Zweck er dient.

Einige Wirbellose bilden ihr Endoskelett aus einer spektakulären Vielfalt unterschiedlicher Strukturen, wie beispielsweise Schwämme mit ihren glasähnlichen und kalkhaltigen Skleriten oder Stachelhäuter (Seesterne, Seeigel und Seegurken) mit ihren Stacheln und Platten aus Kalk. Diese können vorrangig der Verteidigung dienen oder auch das innere Gerüst bilden, auf das sich der Organismus stützt – oder sie sind eine Mischung aus beidem. Seegurken (*Holothuria*), bei denen Sklerite nur einen kleinen Teil des Skeletts ausmachen, während sie ihre Form hauptsächlich einem Hydroskelett verdanken, sind hier besonders interessant.

Auf Flüssigkeiten basierende Hydroskelette findet man bei Arten wie Nacktkiemern (Nudibranchia), Seeanemonen (Actinaria), Ringelwürmern (Polychaeta) oder Quallen (Cnidaria). Alle diese Tiere haben einen flexiblen, sackähnlichen Körper, der von Bindegewebe und Muskeln eingeschlossen wird. Die Muskeln spannen sich und drücken auf die Körperflüssigkeit, die, da sie nicht kompressibel ist, Widerstand bietet, wodurch sich ein anderes Körperteil, in dem die Muskeln entspannt sind, verformt. Aufgrund der Segmentierung des Körpers können Muskeln und Segmente unabhängig voneinander bewegt und durch Zusammenziehen und Entspannen Wellen erzeugt werden, die es dem Tier ermöglichen, zu kriechen oder zu schwimmen – denken Sie an einen sich windenden Regenwurm.

Füllt man einen Hohlraum anstelle von Flüssigkeit mit Muskeln, erhält man das wohl beweglichste Skelett überhaupt – ein Muskelhydrostat wie die Tentakel eines Kraken oder der Rüssel eines Elefanten. Auch wir Menschen verdanken unsere Sprache und damit einen Großteil unserer Zivilisation einem Muskelhydrostat – der Zunge.

GLASNADELN

Schwamm (*Agelas* sp.)

Der Querschnitt durch einen typischen Schwamm bringt zwei Dinge ans Licht – ein Netz aus Fasern, die Wasserleitungen bilden, und viele kleine Nadeln (Sklerite), die hier aussehen wie verstreute »Mikadostäbchen«.

Schwämme sind eine der weniger komplizierten vielzelligen Tierarten (Metazoen). Ihnen fehlen Nerven, Gehirn, Muskeln, Verdauungsapparat und andere Organe, und das bereits, seit sie vor mindestens 540 Millionen Jahren auf der Erde aufgetaucht sind – manche Schätzungen gehen auch davon aus, dass Schwämme schon vor 890 Millionen Jahren entstanden sind. Den porösen Körper und die Knochenmatrix eines Schwamms bildet ein »anastomosierendes« gerüstähnliches Netz aus Spongin. Spongin ist ein faseriges Strukturprotein und eine der 28 Formen von Kollagen, die bei Tieren auftreten.

Dieses Foto zeigt einen Hornkieselschwamm, *Agelas* sp. Zu erkennen ist das an der Form seiner Sklerite, insbesondere an der bandförmigen Anordnung der Knötchen (Tuberkel), die den Skleritschaft kreisförmig (quirlständig) umgeben. Ob die Knötchen einem bestimmten Zweck dienen, ist nicht bekannt – sie könnten auch das zufällige, »dekorative« Ergebnis spezifischer Entwicklungsprozesse sein.

Lebende Schwämme pumpen Wasser durch ihre porösen Körper, aus dem sie die Partikel herausfiltern, von denen sie sich ernähren. Ein durchschnittlicher, faustgroßer Schwamm pumpt in der Stunde mehr als 16 Liter Wasser durch seinen Körper. Auf dem Foto ist zu sehen, dass die Wasserleitungen von farbigem Spongin zusammengehalten werden, in das Sklerite eingebettet sind.

Schwämme sind extrem flexibel und passen sich an die Strömungen, denen sie ausgesetzt sind, an. Sie können becher-, fächer-, vasen-, baum-, finger- oder einfach nur unförmig sein. Da sich ihre Körperform mit der Strömung verändert, sehen keine zwei Schwämme gleich aus.

Die Sklerite der Hornkieselschwämme versteifen die Sponginmatrix und halten die Leitungen offen, könnten aber auch Fressfeinde abhalten. Dennoch sind Sklerite nicht das einzige Mittel der Verteidigung, mit dem Schwämme aufwarten. Sie stellen auch Bromopyrrol-Alkaloide her und sind damit giftig. Aufgrund ihrer antibakteriellen Wirkung unterstützen Bromopyrrol-Alkaloide aber auch die Wundheilung und machen *Agelas* zu einer ergiebigen Quelle für potenzielle neue Arzneimittel im Kampf gegen antibiotika-resistente Bakterien. Es ist kein Zufall, dass schon die alten Römer Badeschwämme zur Behandlung von Kampfwunden verwendet haben.

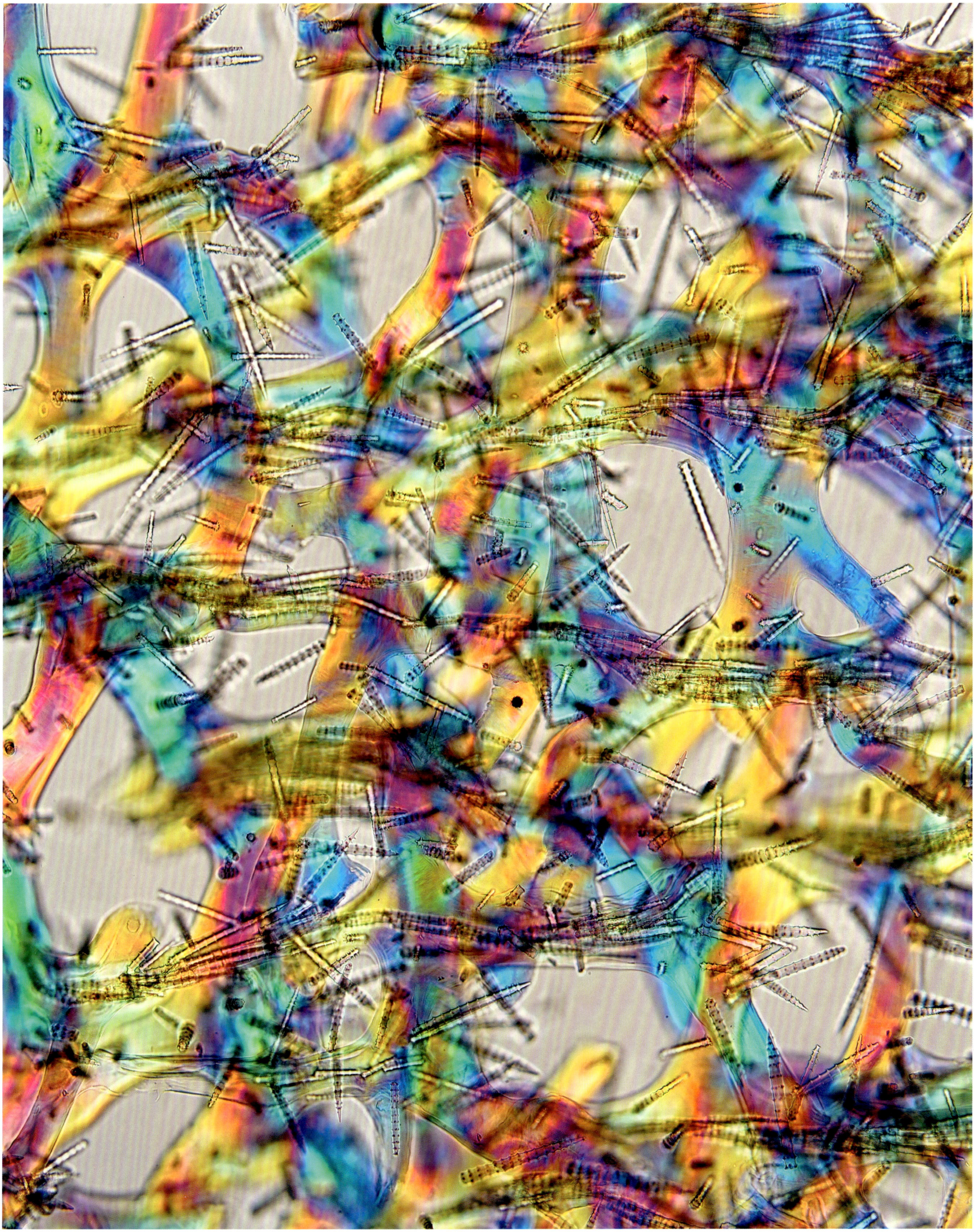

STACHEL

Seeigel (*Sphaerechinus* sp.)

Als Kind habe ich mich immer auf die besonders starke Ebbe bei Voll- oder Neumond gefreut, weil ich dann zu den ausgesetzten Felsen unterhalb der Schlossruinen von St. Andrews in Schottland hinauslaufen konnte, um dort in den Felsspalten nach »partans« zu fischen – wie wir die Taschenkrebse (*Cancer pagurus*) nannten, die um die Britischen Inseln herum sehr häufig sind. Ich habe dabei schon früh gelernt, welche Gefahren es birgt, mit bloßen Händen in Felsspalten zu fassen, und sehr schnell nur noch einen langen Bambusstock mit Metallhaken benutzt, um die ahnungslosen Tiere aus ihren Löchern zu ziehen. Es waren allerdings nicht die Scheren der Krebse, die mich von dieser Methode überzeugten, sondern die lang anhaltenden Schmerzen, wenn meine Hand mit den Stacheln eines Seeigels in Berührung kam.

Seeigel bevölkern Felsküsten auf der ganzen Welt. Ihre runden, stacheligen Körper, die gleichzeitig auch ihr Skelett bilden, sind aus Platten (Skleriten) aus mit Magnesium angereichertem kristallinem Kalziumkarbonat (Kalzit) aufgebaut.

Das Charakteristische an einem Seeigel sind seine Stacheln. Diese können dick und stumpf wie Bleistifte oder lang und spitz wie Nadeln sein, je nach ihrer Funktion. Obwohl die knöchernen Elemente von Seeigeln – Platten und Stacheln – aussehen, als wären sie außen am Körper angebracht, handelt es sich in Wahrheit um ein Endoskelett.

Dieses Foto zeigt einen Querschnitt durch den Stachel eines Essbaren Seeigels (*Sphaerechinus* sp.). Optisch ist der Kalzit ein einzelnes Kristall, das sich aus 22 spaltenförmigen Septa zusammensetzt. Den zentralen Kern bildet ein komplexes, dreidimensionales, poröses Netz – das sogenannte Stereom. Das Stereom und die strahlenförmigen Einkerbungen zwischen den Spalten sind mit Flüssigkeit und lebenden Zellen gefüllt. Zudem sind die Stacheln mit einer dünnen Schicht aus Epithelzellen überzogen, die auch der Grund sind, weshalb Seeigelstacheln so schmerzhaft sind. Sobald diese Fremdzellen in unseren Körper eindringen, beginnt dieser, sich zu wehren.

2022 gab es über 1400 gemeldete Verletzungen von Menschen, die versehentlich auf einen Seeigel getreten sind. Der Großteil der Seeigel ist im Grunde jedoch harmlos, und solange man sie nicht anfasst, sind sie sogar fast niedlich, wenn sie mit ihren Stacheln wie Zirkusartisten auf Stelzen über eine Oberfläche laufen. Vor Rosen-Seeigeln (*Toxopneistes pileolus*), die im Pazifischen und Indischen Ozean vorkommen, sollte man sich jedoch in Acht nehmen. Ihre Stacheln geben ein Gift ab, das die Kommunikation zwischen Nerven und Muskeln blockiert.

ZAHN

Adlerrochen (*Myliobatis* sp.)

Ich war für eine Studie über luftatmende Krebse am australischen Institut für Meeresforschung in Townsville und hatte meine Arbeit für einen Spaziergang entlang des weißen Korallenstrands unterbrochen, als sich dort plötzlich etwas veränderte. Irgendwie konnte ich ihre Anwesenheit spüren, noch bevor ich sie sah. Dann tauchten lautlos, einer nach dem anderen, gigantische drachenförmige Schatten aus der Tiefe auf und glitten elegant im Wasser an mir vorbei, so nah, dass ich sie fast berühren konnte. Adlerrochen.

Der Adlerrochen (*Myliobatis* sp.) ist ein Plattenkiemer – ein Knorpelfisch genau wie der Hai. Die riesigen Tiere können einem mit ihrem selbstsicheren Auftreten zwar gehörigen Respekt einflößen, sind in der Regel aber nicht aggressiv. Die Exemplare am Strand in Townsville glitten nur in meiner Nähe vorbei, weil sie hofften, ein paar Muscheln aufzusammeln, die der hohe Wellengang freigelegt hatte.

Obwohl Rochen Weichtierfresser sind, ernähren sie sich auch von Hartschalentieren wie Krebsen oder Hummern. Das Fressverhalten von Tieren, die sich darauf spezialisiert haben, hartschalige Beute aufzubrechen, nennt man Durophagie. Säugetiere wie Hyänen, die von Löwen zurückgelassene Knochen aufbeißen, um an deren Mark zu gelangen, sind ebenfalls Durophagen.

Wie kann ein Lebewesen mit einem Skelett aus weichem Knorpel (einer Form von Kollagen) Material aufbrechen, das sehr viel härter ist, wie beispielsweise das dicke Endoskelett aus Kalzit von Weichtieren? Das ist ein bisschen so, als würden wir versuchen, mit den Fingernägeln etwas in Metall zu ritzen.

Tatsächlich sind nicht nur die Knorpelskelette von Rochen und Haien einzigartig, sondern auch deren dünne Schicht aus biomineralisierten Plättchen, sogenannten Tesserae, die diese stabilisieren. Die mit Kalziumphosphat verstärkten Knochenplättchen sind mit Kollagen verbunden, das wie Kitt in den Fugen zwischen Badezimmerkacheln funktioniert. Selbst hochkomplexe Skelettteile sind vollständig mit diesen Plättchen in verschiedenen polygonalen geometrischen Formen überzogen (Parkettierung), wobei es sich meist um Sechs- und Fünfecke handelt. (Hexagone mit ein paar Pentagonen dazwischen sind die effektivsten geometrischen Formen, um komplexe dreidimensionale Körper abzudecken.)

Das Foto zeigt einen vertikalen Schnitt durch den Beißzahn eines Adlerrochens, der die auffällige polygonale Form der spinnenähnlichen Osteone – Bausteine der kompakten Knochen von Wirbeltieren – offenbart. Jedes Osteon ist um einen zentralen Knochenkanal (Havers-Kanal) angeordnet, der Blut in den zentralen Nerv (Pulpa) des Zahns leitet.

Seltsamerweise ist bei einem Rochen oder Hai das Maul nicht der einzige Ort, an dem man Zähne findet. Ihre Körper sind in Form von Schuppen ebenfalls mit Zähnen überzogen. Diese »Hautzähnchen« weisen dieselbe Struktur auf wie Zähne (Homologie), und man geht davon aus, dass sich die Zähne von Wirbeltieren – auch unsere – aus solchen Hautzähnchen oder Fischschuppen entwickelt haben.

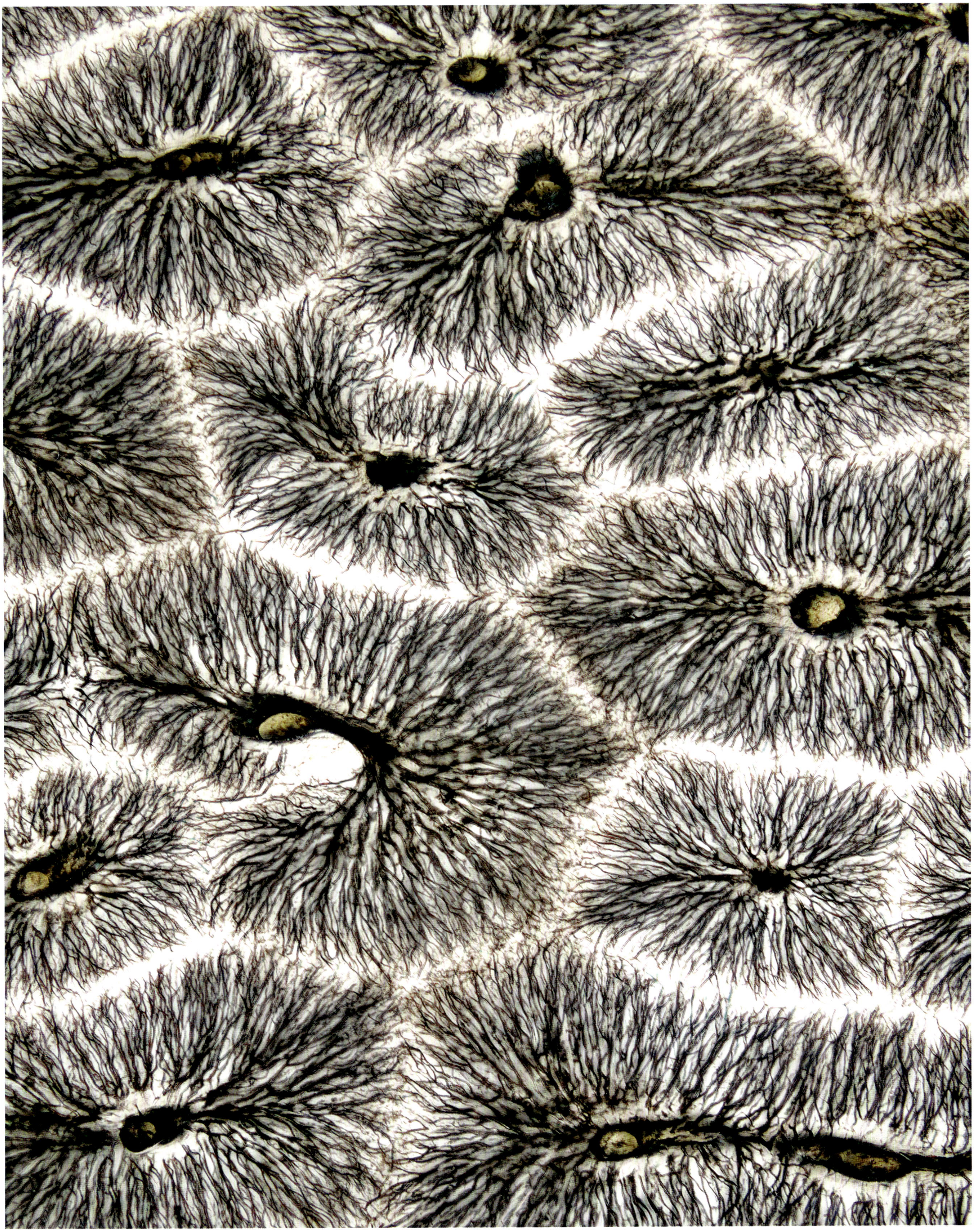

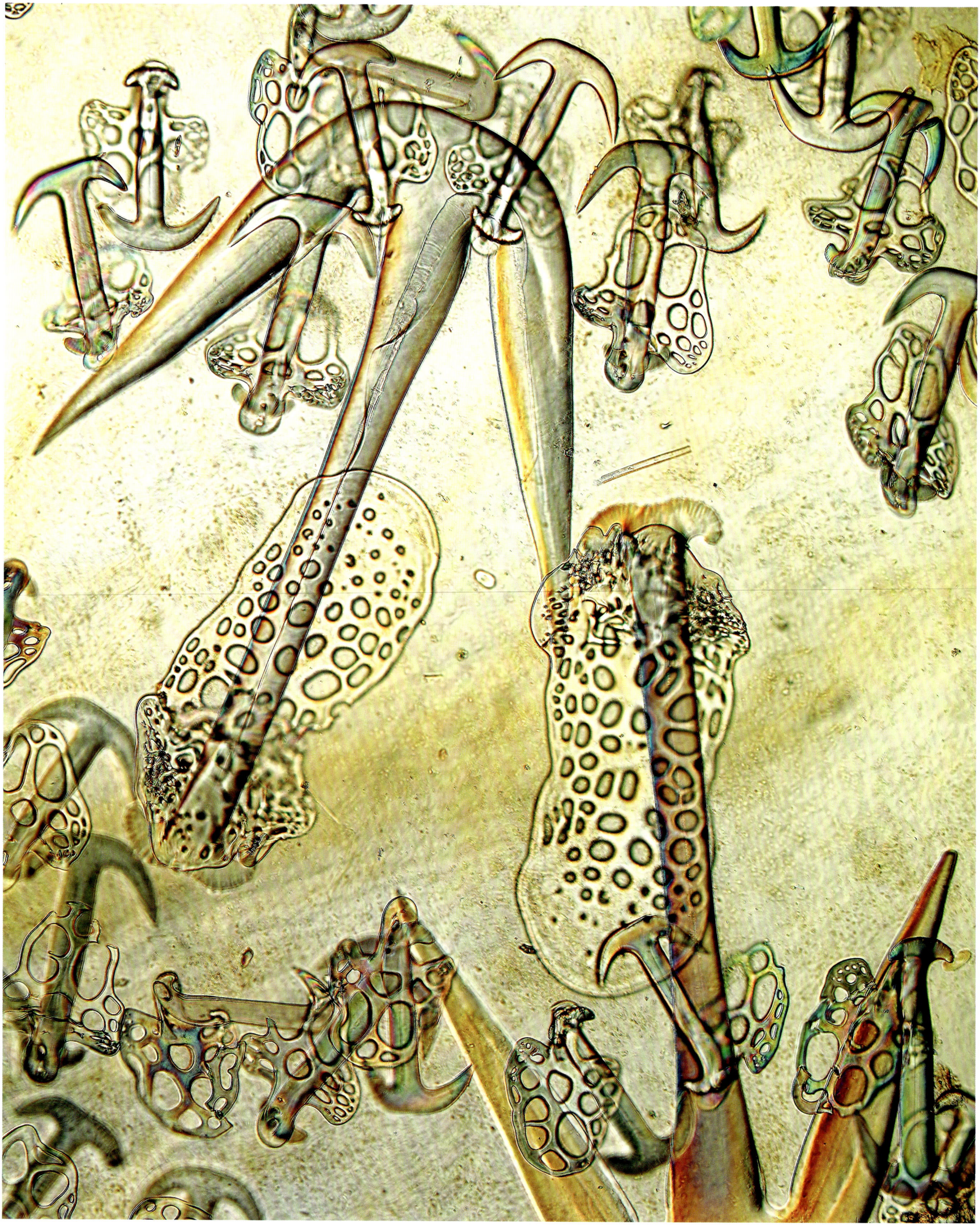

ANKER

Seegurke (*Oestergrenia digitata*)

Die Form eines Ankers ist so typisch, seine Geometrie so unverwechselbar, dass sie jeder sofort erkennt. Aber was haben diese »Anker« hier in der Haut einer Seegurke zu suchen?

Seegurken (Holothuria) sind glitschige, gesichts- und wirbellose Meerestiere, die – obwohl sie eher wie eine Wurst aussehen – mit den Stachelhäutern (Seesternen, Seeigeln und Sanddollars) verwandt sind. Aber während bei Seesternen die fünfstrahlige Symmetrie (Rotationssymmetrie) offensichtlich ist, versteckt sich der ebenfalls fünfstrahlige Bauplan von Seegurken in deren Innerem. Da ihnen ein hartes, kalkhaltiges Endoskelett wie das der Seeigel (Test) fehlt, werden ihre weichen kollagenhaltigen Körperwände von einem Endoskelett aus mikroskopisch kleinen, ankerförmigen Kalzitknöchelchen verstärkt. Die beiden großen Anker im Bild sind nur 0,6 mm lang, während die kleinen 125 µm (0,125 mm) messen.

Ist es nur eine Laune der Natur, dass sich ausgerechnet Anker in einem Meerestier finden? Nicht ganz. Die Hautanker sind über ein Gelenk mit siebartigen Plättchen verbunden, die in Reihen parallel zur Haut in der Körperwand liegen. Dadurch stehen die Ankerschäfte ab und die symmetrischen Haken zeigen nach außen, wobei die großen Anker aus der Haut hervorstechen und dem Tier an den sandigen Wänden der Höhlen, in denen es lebt, Halt geben. Taucher berichten gelegentlich, dass Seegurken sich wie »Kletten« an ihre Neoprenanzüge heften.

Schiffsanker graben sich mit den Haken in den Grund und halten das Schiff an Ort und Stelle. Dazu sind für unterschiedliche Böden unterschiedliche Ankerformen erforderlich. In schlammigen Böden sollte der Winkel zwischen Schaft und Haken idealerweise 50 Grad betragen, in sandigem Grund 30 Grad und bei einer Mischung aus Sand und Schlamm ungefähr 43 Grad. Erstaunlicherweise beträgt der Winkel zwischen Schaft und Haken bei den hier abgebildeten großen Ankern ziemlich genau 35 Grad, wodurch sie wie geschaffen sind für den sandigen Meeresboden, auf dem *Oestergrenia digitata* in der Regel anzutreffen sind.

DIE LETZTEN NASHÖRNER

Horn, Breitmaulnashorn (*Ceratoterium simum*)

Dieses Foto ist ein perfektes Beispiel dafür, weshalb ich es so liebe, die Details der Natur zu fotografieren. Diese wunderschönen Farben und abstrakten Formen sind in einem harmonischen Muster angeordnet, das mich an Orgelpfeifen oder auch an wertvolle Kristalle erinnert. Natürlich weiß ich, um was es sich hier handelt, aber ich habe das Foto vor allem deshalb aufgenommen, weil ich möchte, dass es die Blicke auf sich zieht und sich die Leute fragen: »Was ist das?«

Die Antwort lautet: ein vertikaler Schnitt durch die Hornspitze eines Breitmaulnashorns (*Ceratoterium simum*). Viele Tiere besitzen Hörner, bei denen es sich in der Regel um Auswüchse oder auch Verlängerungen des Skeletts handelt. Bei Säugetieren wie Antilopen und Rindern beispielsweise sind die Hörner mit Keratin überzogene Auswüchse des Schädelknochens, aber das Horn eines Nashorns ist etwas völlig anderes. Es ist nicht aus Knochen, sondern stattdessen besteht das gesamte Gebilde aus dicht verklebtem »Haar« – unzähligen feinen Röhren, die sich zu einem Horn aus α-Keratin zusammenfügen, das mit Kalziumphosphat (Hydroxylapatit) und Melanin verstärkt ist. Das Melanin sorgt für Härte und schützt vor Schäden durch UV-Strahlung, während das Kalzium Stabilität verleiht.

Jeder der senkrechten ovalen Zylinder, die auf dem Foto zu sehen sind, ist ein Querschnitt durch eine leicht gewellte, durchgängige Haarsäule (Tubulus) aus mit Kalzium verstärktem Keratin. Das Material zwischen den Tubuli (abgestorbene Hautzellen und Exsudate) ist stark melanisiert. Obwohl Nashörner die einzigen Tiere mit Hörnern aus Haar sind, gibt es andere überraschende Beispiele für ähnliche Strukturen aus verhornter Epidermis, wie beispielsweise Pferdehufe, die Bartenplatten von Walen oder die Hülle von Vogelschnäbeln, die eine konvergente Morphologie aufweisen (ähnliche Strukturen mit unterschiedlichen Funktionen).

Nashörner benutzen ihr Horn zur Verteidigung, zum Graben und um Äste abzubrechen, wodurch es seine klassische gebogene Kegelform entwickelt hat. Da ihre Hörner für dubiose medizinische und andere Zwecke sehr begehrt sind, drohen Nashörner tragischerweise auszusterben. Ein Kilo Nashornhorn ist heute mehr wert als ein Kilo Gold. Um dem Abschlachten der Nashörner ein Ende zu bereiten, entwickeln Wissenschaftler in Oxford derzeit eine Methode, billiges, falsches Nashornhorn aus komprimiertem Pferdehaar herzustellen. Ich hoffe, sie haben Erfolg.

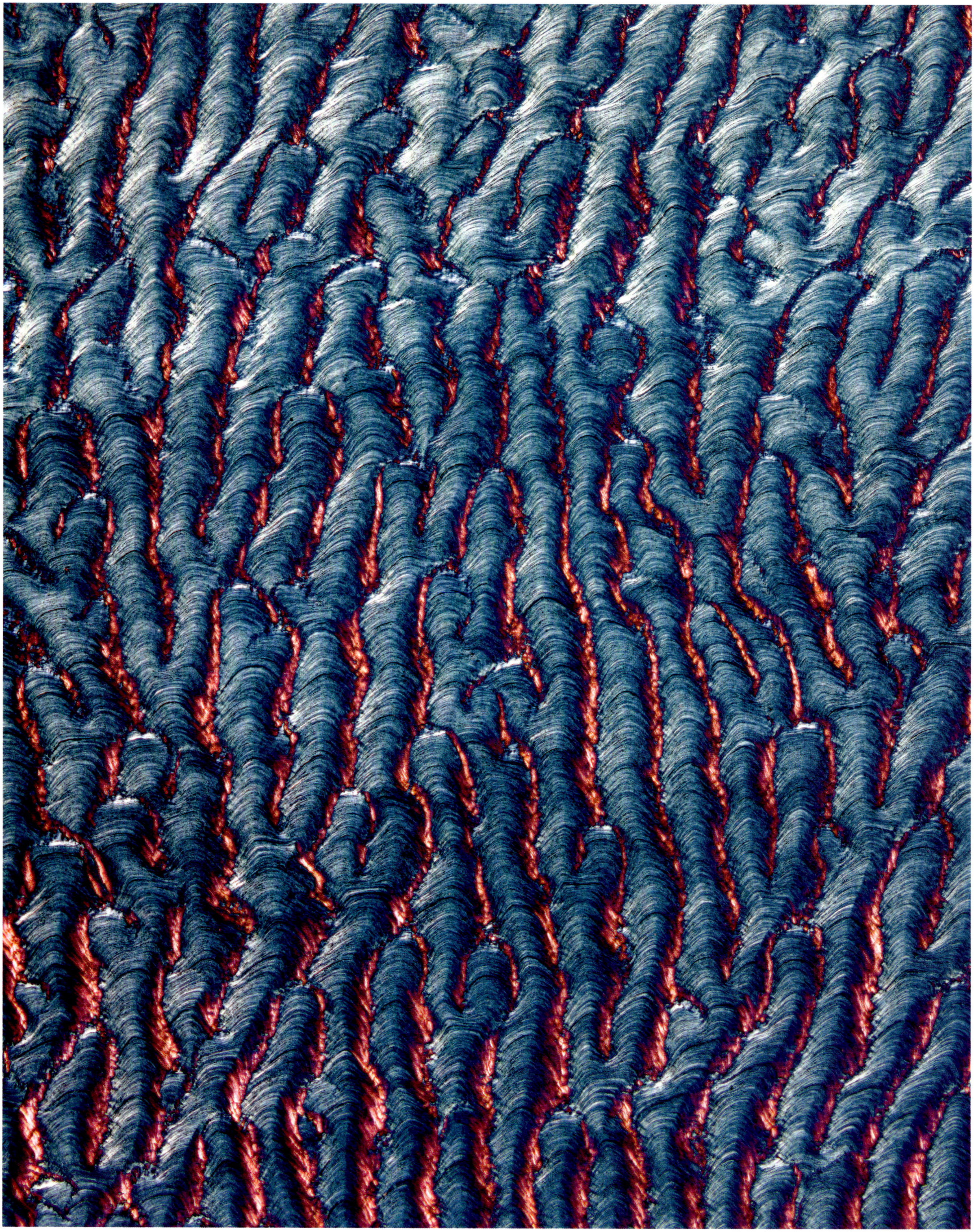

LAVA

Horn, Amerikanischer Bison (*Bison bison*)

Was hier aussieht wie Lavaströme nach einem Vulkanausbruch, ist ein Querschnitt durch das Horn eines Amerikanischen Bisons (*Bison bison*). Das gewellte α-Keratin ist dafür verantwortlich, dass die Hörner wie eine Art »Sturzhelm« die Gehirne männlicher Bisons vor Verletzungen schützen, wenn deren Köpfe mit Geschwindigkeiten von bis zu 56 km/h aufeinanderprallen.

Die meisten Hornträger – Wiederkäuer wie Rinder, Bisons, Büffel, Schafe, Ziegen und Antilopen – besitzen paarige, knöcherne Schädelauswüchse, die mit α-Keratin überzogen sind, einer faserigen Proteinverbindung, die man auch in Wolle, Fell, Hufen und Hörnern von Säugetieren findet. Eine andere Form von Keratin, aus der Vogelschnäbel, Federn, Schuppen und Reptilienklauen bestehen, ist das β-Keratin. Im Gegensatz zu anderen Skelettstrukturen wie Knochen, Zähnen oder Gehäusen, ist Hornkeratin nicht mineralisiert und erhält seine Stabilität durch Schwefelquerverbindungen.

Keratin ist mit das zäheste biologische Material, das wir kennen. Was auch gut so ist, denn Hörner sind im Gegensatz zu Geweihen, die sich jedes Jahr neu bilden, bleibende Strukturen, die weder heilen noch nachwachsen. Ein Hornträger sollte also eigentlich nicht riskieren, seine Hörner zu beschädigen, dennoch scheinen die meisten von ihnen fest entschlossen, diese immer wieder extremen Stresstests auszusetzen. Bei Tierarten, die sich ihre Stellung und das Vorrecht bei der Paarung in erster Linie mit Kopfstößen erkämpfen, sind die Hörner für eine erfolgreiche Verteidigung und Fortpflanzung überlebensnotwendig. Die Keratinhülle muss stabil, stark und zäh sein, gleichzeitig aber auch flexibel genug, um heftige Zusammenstöße abzudämpfen. Ein Bisonbulle wiegt circa 900 Kilo, was dem Gewicht eines Kleinwagens entspricht. Stellen Sie sich einfach vor, was mit Ihrem Auto passieren würde, wenn Sie mit 56 km/h gegen eine Mauer fahren.

Das Foto verdeutlicht, was die Hörner von Wiederkäuern so stabil macht. Mehrere, übereinanderliegende Schichten aus Lamellen bilden eine Struktur, die an die gewellte Oberfläche eines Sandstrands erinnert. Die Wellen verhindern, dass Risse entstehen oder sich ausbreiten, während die Lamellen für die perfekte Flüssigkeitszufuhr sorgen, was die Stabilität noch zusätzlich verbessert. Da trockene Hörner schnell rissig und dadurch instabil werden, verbringen Hornträger viel Zeit damit, sich im Schlamm zu wälzen oder legen andere Verhaltensweisen an den Tag, die ihre Hörner feucht halten.

Die Weltmeister der Kopfstöße sind wahrscheinlich Dickhornschafe (*Ovis canadensis*). Die 160 Kilo schweren Böcke stoßen ihre Köpfe mit einer Geschwindigkeit von 48 km/h gegeneinander, wobei diese einer Aufprallkraft von bis zu 3400 Newton ausgesetzt werden, einer Kraft, die bis zu 340-mal stärker ist als die Erdanziehungskraft (g). Menschen überleben bei einem Autounfall maximal 220 g, und ein handelsüblicher Motorradhelm ist für 250 g ausgelegt. Kein Wunder, dass die Forschung so viel investiert, um die einzigartigen dämpfenden Eigenschaften der Hörner und Schädel von Hornträgern zu imitieren.

SAUGNAPF

Fußsaugnapf, Gelbrandkäfer (*Dytiscus marginalis*)

Dieses witzige »Bartgesicht« ist kein echtes Gesicht, sondern eine Struktur, die ausschließlich an den Vorderbeinen des männlichen Gelbrandkäfers (*Dytiscus marginalis*) zu finden ist: ein komplexes Saugnapfsystem aus raffiniert geformten Härchen (Setae), mit denen sich das Käfermännchen an die Deckflügel (Elytren) des Weibchens heftet, sodass nur es selbst sich mit diesem Weibchen paaren kann.

Wie alle Gliederfüßer ist der Gelbrandkäfer in ein Exoskelett aus Chitin gehüllt. Chitin ist ein Strukturmolekül mit stabilisierender Funktion, ähnlich dem Keratin in den Hörnern von Säugetieren (siehe Seiten 240 bis 243). Es handelt sich bei Chitin jedoch um ein zuckerbasiertes Molekül (Glukose), das nur bei Gliederfüßern, Weichtieren und Pilzen vorkommt, während Keratin als proteinbasiertes Molekül auch bei anderen Tierarten zu finden ist. Zellulose ist zwar ebenfalls ein zuckerbasiertes Strukturmolekül, kommt aber nur in Pflanzen vor.

Die Vorderbeine des männlichen Gelbrandkäfers enden in flachen, breiten Polstern (Paletten) mit zwei großen Saugnäpfen – auf dem Foto die »Augen« –, deren Ringe aus sehr langen, dünnen, flexiblen Borsten bestehen. Darunter ist ein Feld aus noch mehr winzigen trichterförmigen Saugnäpfen zu erkennen, die auf flexiblen Stielen sitzen, weshalb sie aussehen wie »Barthaare«. Es handelt sich dabei um einzigartige Strukturen, die man nur von *Dytiscus* kennt.

Bei anderen Tieren, deren Saugnäpfe unter Wasser funktionieren müssen, sitzt in der Regel ein Muskel in der Mitte des Saugnapfs, der diesen nach oben zieht und so über den Druckunterschied innerhalb und außerhalb die nötige Saugkraft erzeugt. Da die Saugnäpfe des Gelbrandkäfers aus hauchdünnen Borsten bestehen, muss die Saugkraft passiv erzeugt werden, ohne den Einsatz von Muskeln. Damit das funktioniert (und der Käfer am Rücken des Weibchens kleben bleibt), bewegt er die Saugnäpfe leicht. Ein raffinierter Trick, der dank der flexiblen Schäfte gelingt, auf denen die Saugnäpfe sitzen. Bewegt sich der Käfer, neigen sich diese und speichern Spannenergie wie eine Springfeder. Dadurch funktionieren sie wie ein Muskel, der einen leichten Unterdruck zwischen Saugnapf und Kutikula des Käfers erzeugt und so die Haftung aufrechterhält. Eine ziemlich starke Haftung sogar, denn ein männlicher Käfer schafft es, das Gewicht von sechs Weibchen zu halten.

Helm, Helmhornvogel (*Aceros cassidix*)
Beim »Helm« des Helmhornvogels handelt es sich um einen besonderen Knochenvorsprung auf der Stirn des Vogels, von dem man vermutet, dass er ihn bei Kämpfen und bei der Partnersuche sowie zur Temperaturregulierung einsetzt. Damit das Gewicht des Helms ohne Stabilitätsverlust so gering wie möglich ist, besteht der Helm aus einem feinen Gerüst aus trabekulärem Knochen mit einer charakteristischen schaumähnlichen Struktur.

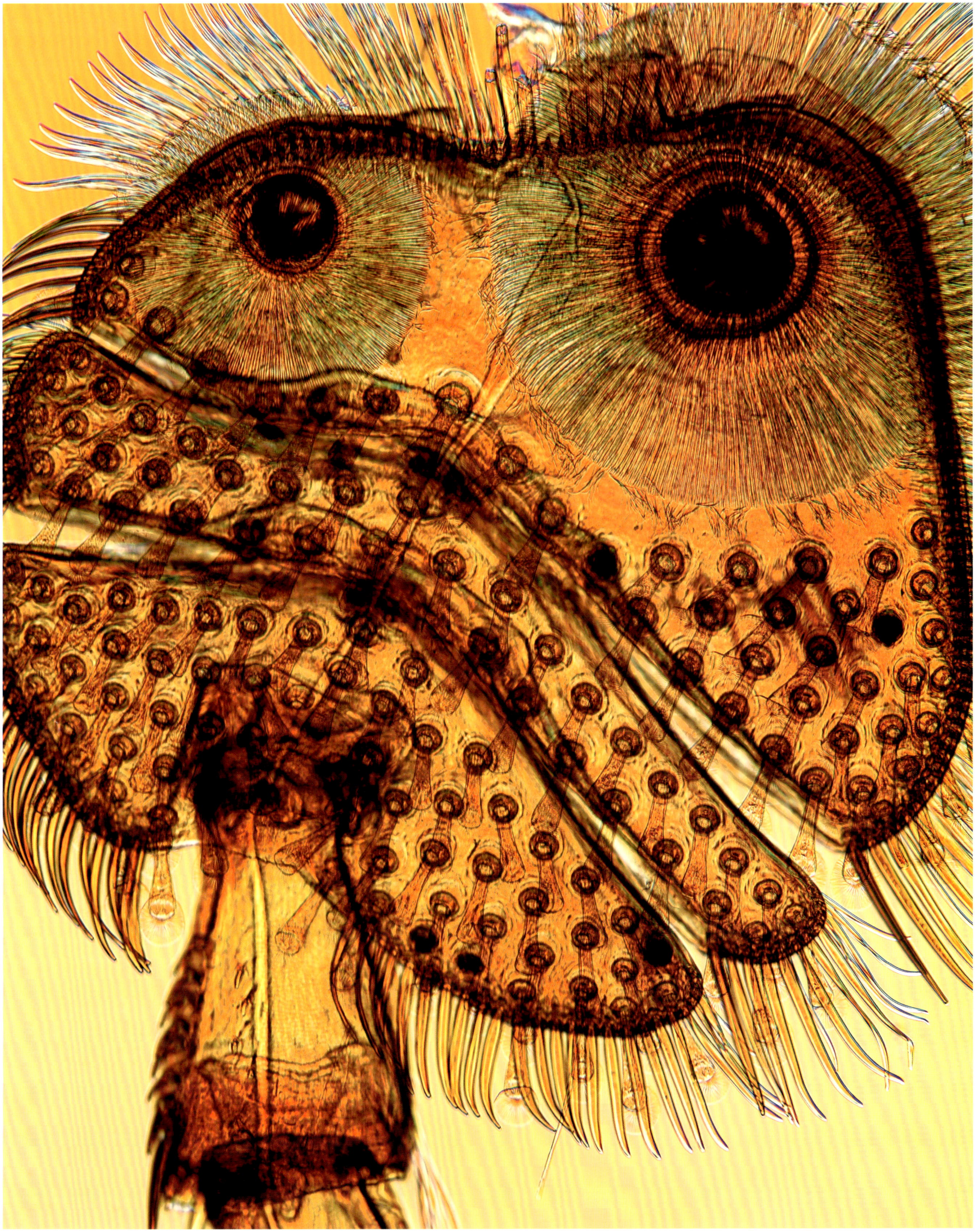

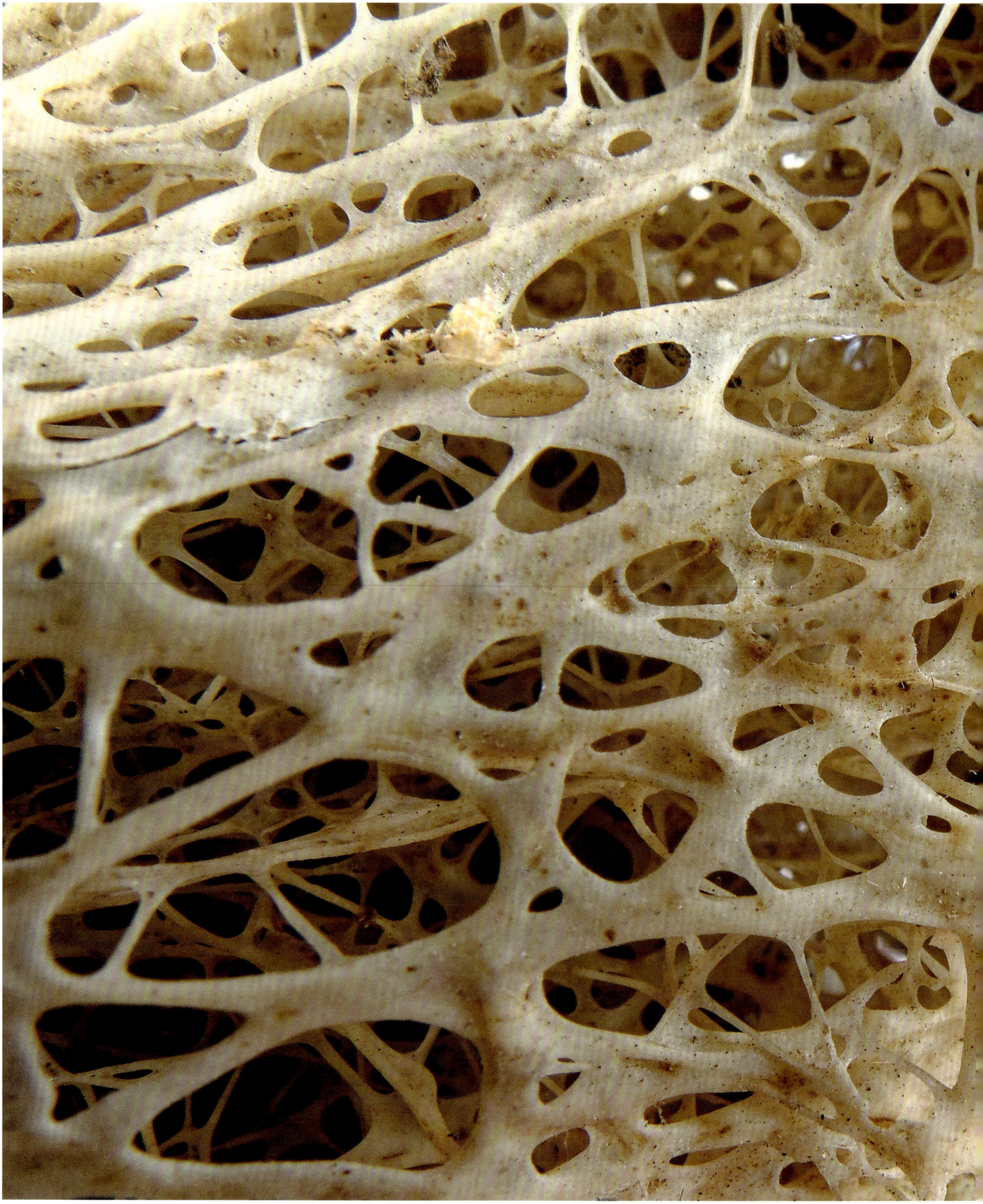

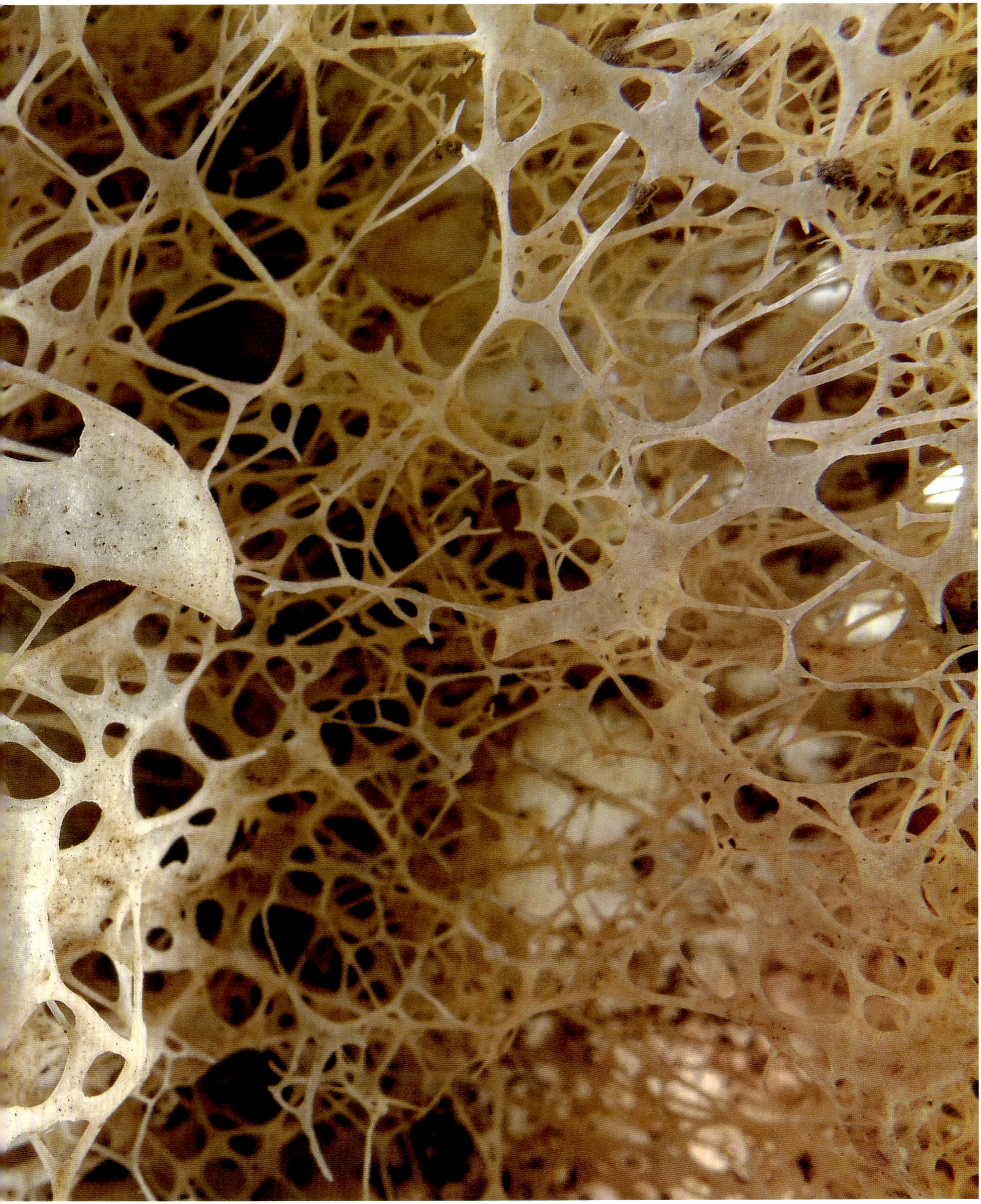

HYDRAULIK

Bandwurm (*Dipylidium caninum*)

Bandwurm. Allein das Wort jagt mir einen Schauder über den Rücken, denn was ich über den Lebenszyklus dieser Parasiten, die in den Gedärmen von Tieren und auch Menschen leben, weiß, ist ziemlich verstörend. Die Larven leben auch in anderen Tieren, und wenn man als Mensch eine Larve schluckt, und sie mit ihrem menschlichen Wirt unzufrieden ist, kann es passieren, dass sich der Wurm in Gehirn, Augen oder an einem anderen möglicherweise lebensbedrohlichen Ort einnistet.

Aber in einigen Regionen Papua-Neuguineas gelten Bandwürmer auch als Delikatesse. Es gibt dort eine Art mit einem Beuteltier namens Tüpfelkuskus (*Spilocuscus* sp.) als Wirt. Haben die Einheimischen ein Kuskus erlegt, nehmen sie den Bandwurm heraus und verspeisen ihn als besonderen Leckerbissen. Dieses Detail erfuhr ich bei einem Vortrag von Tim Flannery, einem Mitdoktoranden an der Universität von New South Wales. Tim, der für Feldforschungen in Papua-Neuguinea war, zeigte uns das Foto eines Jägers, der einen ein Meter langen Bandwurm über seinen Kopf hielt, um ihn zu verschlingen – ein Anblick, den ich nicht so leicht wieder vergessen werde.

Die Spezies auf diesem Foto, den Gurkenbandwurm (*Dipylidium caninum*), werden Sie allerdings eher bei Ihrer Katze oder Ihrem Hund finden. Während der Corona-Pandemie konnten Haustierbesitzer in Großbritannien ihre Tiere oft nicht wie gewohnt entwurmen, weshalb es zu einem alarmierenden Anstieg von Bandwurmbefällen kam. Ich erhielt den Auftrag, Bandwürmer zu fotografieren, um die Leute davon zu überzeugen, ihre Haustiere mit einem bestimmten Wurmmittel zu behandeln. Dank der Unterstützung von Dr. John McGarry an der Universität von Liverpool, der mich mit verschiedenen Bandwurm-Arten versorgte, konnte ich mit einem Rasterelektronenmikroskop an der Universität von St. Andrews dieses Foto aufnehmen.

Da sich mein Auftraggeber »furchteinflößende« Bilder wünschte, legte ich den Fokus auf die Kopfsaugnäpfe des Bandwurms, mit denen er sich an die Darmwände des Wirts haftet. Bandwürmer gehören zum Stamm der Platyhelminthes, zu denen auch Plattwürmer und Egel zählen. Bei ihren Skeletten handelt es sich weder um Exo- noch um Endoskelette, sondern um eine Art wurstförmigen, mit Wasser gefüllten Ballon – ein sogenanntes Hydroskelett. Die Haut des Wurms ist straff, und die Muskeln liegen in Bändern sowohl um als auch entlang des mit Flüssigkeit gefüllten Körpers. Ziehen sich die Muskeln zusammen, drücken sie gegen die Flüssigkeit und verformen den Körper, der sich entsprechend bewegt. Diese Art von Skelett verleiht den Tieren eine maximale Flexibilität und ermöglicht ihnen, sich durch sehr enge Öffnungen zu pressen, was für das Leben in einem Darm optimal ist.

SCHMERZ

Schöterich (*Erysimum* sp.)

Landpflanzen sind (sobald sie Wurzeln geschlagen haben) an einen festen Ort gebunden und damit extremen Umwelteinflüssen ausgeliefert. Ihre Blätter sind dabei für Schäden durch Wind, starke Sonneneinstrahlung sowie durch Krankheiten und Fressfeinde besonders anfällig, weshalb viele Pflanzen ihre photosynthetisch aktiven Oberflächen mit haarähnlichen Strukturen, sogenannten Trichomen, schützen.

Die hier abgebildeten Trichome überziehen die Blätter eines Schöterichs (*Erysimum* sp.). Die flammenähnlichen, zweistrahligen (mittig fixierten) Härchen sind Auswüchse der Pflanzenepidermis und »schweben« auf einem schlanken Stiel über der Blattoberfläche. Auf diese Weise entsteht eine dünne, isolierende Schicht aus unbewegter Luft (Grenzschicht), die dazu beiträgt, den Wasserverlust durch Transpiration möglichst gering zu halten.

Form, Morphologie und Funktion der Trichome variieren. Besonders häufig sind Sternformen, aber auch Haken und Schuppen. Trichome können einzellig oder vielzellig sein, verzweigt oder unverzweigt, drüsig oder nicht drüsig. Drüsigen Trichomen begegnen wir in Europa am häufigsten im Kontakt mit einer Brennnessel (*Urtica dioica*). Jedes Trichom ist wie eine winzige Spritze mit einer hohlen Nadel aus Siliziumdioxid ausgestattet, die uns ein bisschen Gift (Histamin) injiziert.

Während meiner Reisen wurde ich schon von zahlreichen Pflanzen und Tieren gebissen oder gestochen, und kann Ihnen versichern, dass die Bisse nicht-giftiger Schlangen, einmal abgesehen vom Schreck, harmlos sind. Bei Wespenstichen reicht die Bandbreite von »nicht der Rede wert« bis zu »wahnsinnig schmerzhaft« (tropische Papierwespen sind die schlimmsten). Riesenameisen (*Paraponera clavata*) können mit den Papierwespen gut mithalten, aber die Schmerzen, die mir ein Feuerwurm (*Hermodice carunculata*), ein Vielborster, den ich beim Schnorcheln in Tobago idiotischerweise angefasst habe, beigebracht hat, waren eine Liga für sich. Ich hatte wirklich das Gefühl, mein Herz hört auf zu schlagen. Dieser Wurm hat mich in Todespanik versetzt.

Aber meine mit Abstand schlimmste, intensivste und lang anhaltendste Schmerzerfahrung verdanke ich dem Kontakt mit einer Pflanze. Als ich bei der Arbeit auf Borneo einmal das Blatt einer Australischen Brennnessel (*Dendrocnide moroides*) streifte, verpassten mir die Trichome auf deren Blättern einen unglaublich fiesen Cocktail aus Giften, die bis heute noch nicht bestimmt sind. Die Schmerzen hielten tagelang an; und weil die durchtriebene Pflanze die abgebrochenen Spitzen der Trichome in meiner Haut hat stecken lassen, flammten sie bei jedem Druck auf die betroffene Stelle wieder auf – es war, als ob mir bei jeder Berührung vergiftete Glassplitter unter die Haut gejagt würden!

NÄCHSTE DOPPELSEITE
Trichome
Viele Pflanzen schützen ihre photosynthetisch aktiven Blattoberflächen mit haarähnlichen Strukturen, den sogenannten Trichomen. Die wie Speerspitzen aussehenden Trichome des Schöterichs (*Erysimum* sp.) schützen ihn vor zu starker Verdunstung. Pflanzen wie der Brennnessel (*Urtica dioica*) dienen die Trichome hingegen zur Verteidigung. Über eine komplexe Drüsenstruktur können sie Gift injizieren, das für ein teils lang anhaltendes, schmerzhaftes Brennen sorgt.

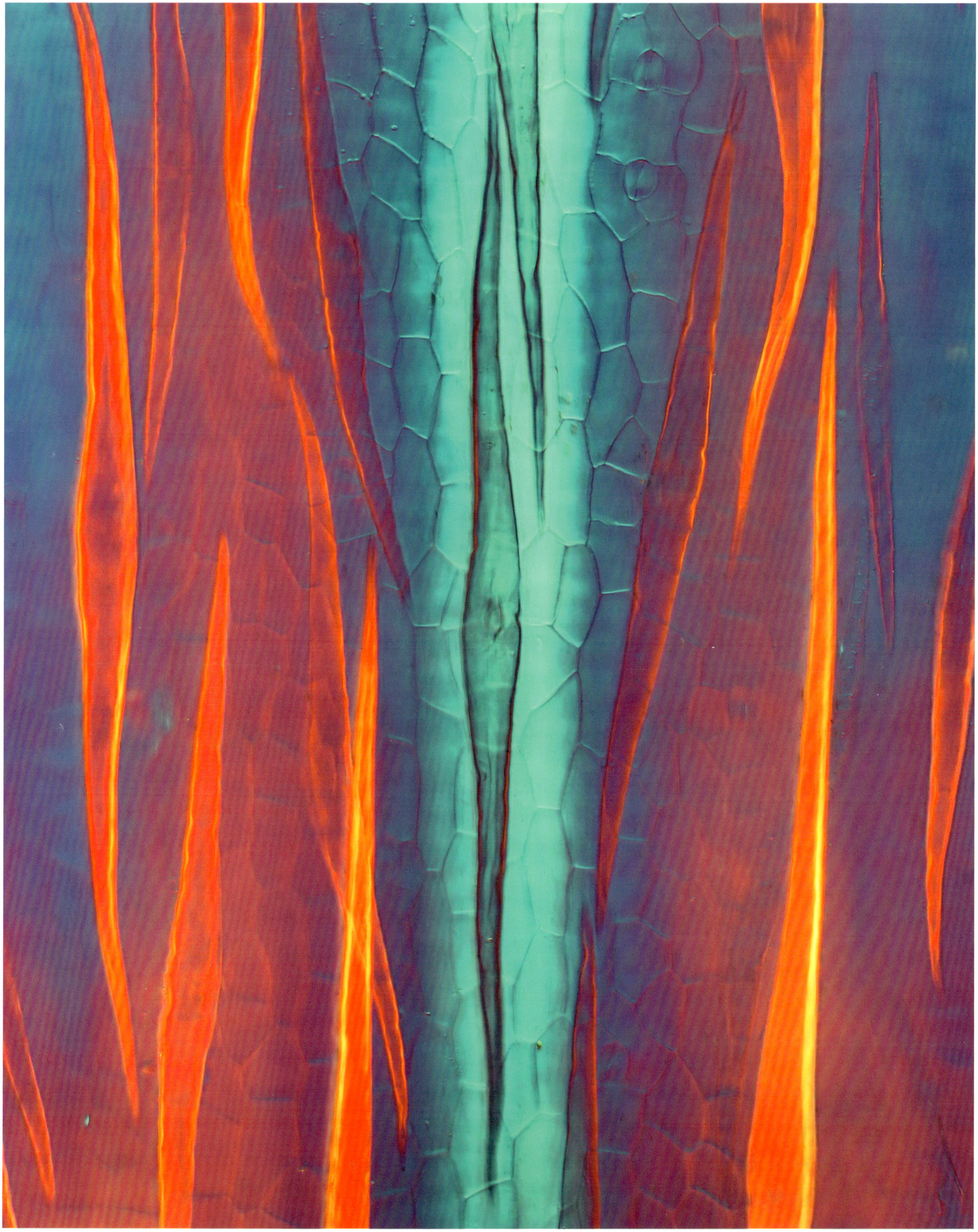

ALLES IM GRIFF

Weibliche Fledermausfliege (*Cyclopodia horsfieldii*)

Nicht alle Fliegen (Diptera) haben Flügel, und aus irgendeinem unerfindlichen Grund sehen Fliegen ohne Flügel – wie diese Fledermausfliege – immer ein bisschen gruselig aus. Mit ihren langen dünnen Beinen und kleinen Körpern gleichen sie eher Spinnen als Fliegen. Bei meiner ersten Begegnung mit einer Fledermausfliege dachte ich tatsächlich zuerst, es sei eine Spinne – bis ich statt acht nur sechs Beine zählte.

Fledermausfliegen wie die hier abgebildete (*Cyclopodia horsfieldii* aus der Familie der Nycteribiidae) sind externe Parasiten (Ektoparasiten), die wie Flöhe im Fell von Fledermäusen leben und ihnen das Blut aussaugen. Mit einer Beinspannweite von 10 mm sind sie relativ groß und auf große Fledermausarten wie Flughunde (*Pteropus* sp.) spezialisiert.

Das Leben im Fell eines Säugetiers birgt ganz eigene Tücken und Gefahren, an die sich die Fliege anpassen muss, wenn sie nicht sterben will. Fledermausfliegen haben stark veränderte Skelette, wobei eine der herausstechendsten Anpassungen ihre überlangen, dünnen Beine mit den kräftigen Krallen sind, die es der Fledermaus schwerer machen, die Fliegen abzustreifen. Eine weitere Adaption ist das vollständige Fehlen von Flügeln, die für die Fledermaus ein Ziel sein könnten, um nach ihr zu schnappen. Um sich fortzubewegen, braucht die Fliege keine Flügel. Sie krabbelt einfach von einer Fledermaus auf die nächste oder wartet an der Brutstätte der Kolonie, so wie wir auf den nächsten Bus warten. Das Beste ist also, ihnen davonzufliegen.

Die wahrscheinlich größte Herausforderung für eine Fledermausfliege ist, sich im feinen, rutschigen Fell einer Fledermaus zu halten, insbesondere während der Paarung der Fledermäuse und im Flug. Das gelingt ihr teilweise mit drei speziellen Kämmen mit kräftigen, melaninverstärkten Chitinzähnen (Ctenidien). Auf dem Foto sind sie rechts und links vom Kopf und über dem Unterleib gut zu erkennen. Dank eines biomechanischen Tricks sind diese Kämme fest mit dem Schaft der Haare verankert. Die Lücken zwischen den steifen Kammzähnen verjüngen sich, das heißt, sie sind vorne weit und werden nach hinten schmäler, als das Haar dick ist. Je weiter das Haar also zwischen die Zähne des Kamms rutscht, desto fester sitzt er.

9 SCHÖNHEIT

Über Schönheit

Es heißt, die Schönheit liege im Auge des Betrachters. Ich selbst finde in der Natur fast alles schön, aber es gibt Dinge, da stelle ich mir schon die Frage: »Was ist eigentlich Schönheit?« Sind Lebewesen, die uns Angst machen, auch schön?

Meine erste akademische Anstellung hatte ich in Johannesburg, Südafrika, an der medizinischen Fakultät der Universität von Witwatersrand. Da wir uns unser Haus in Orange Grove anfangs mit Ratten teilen mussten (Sind Ratten schön?), legten wir uns eine Katze zu. Leider lief es nicht ganz so, wie geplant. Der Fressnapf der Katze und das Essen, das unsere beiden kleinen Jungs ständig auf den Boden fallen ließen, sorgten dafür, dass nicht nur die Ratten quietschfidel und wohlgenährt wurden, sondern auch noch genug für andere Allesfresser übrig blieb: »Parktown-Garnelen« (*Libanasidus vittatus*).

Benannt nach einem Vorort von Johannesburg, handelt es sich bei Parktown-Garnelen nicht um Schalentiere, sondern um eine Spezies der Königsheuschrecken, welche wiederum keine echten Heuschrecken (Orthoptera) sind, sondern zur Familie der Weta (Anostostomatidae) zählen. Wer zum ersten Mal eine Parktown-Garnele sieht, will sie nicht unbedingt in die Hand nehmen. Parktown-Garnelen sind groß und dick, fast 7,5 Zentimeter lang, leuchtend orange-braun, und die Männchen haben bedrohlich aussehende Stoßzähne. Die Weibchen, die anstelle der Stoßzähne einen Speer am hinteren Ende des Unterleibs tragen, sehen auch nicht harmloser aus. Hinzu kommt, dass beide Geschlechter mit ihren langen, stacheligen Hinterbeinen bis zu 90 Zentimeter hoch springen können – zur großen Freude unserer Jungs, die sie »Boing-Boings« nannten.

Es stellte sich heraus, dass Parktown-Garnelen trotz ihres Aussehens keine Bedrohung sind. Im Gegenteil, als Allesfresser sind sie nützliche Ungezieferjäger im Garten, und so gewöhnten wir uns schnell an, sie mit Schaufel und Kehrbesen einfach aufzusammeln und nach draußen zu tragen. Ohne Schaufel und Kehrbesen sollte man das allerdings nicht tun, denn sonst riskiert man, mit einer übel riechenden Flüssigkeit bespritzt zu werden: Kot.

Wissen kann das Bild, das wir von etwas haben, stark verändern. Wenn wir also ein wenig besser verstehen, weshalb die Parktown-Garnele aussieht, wie sie aussieht, rückt sie das vielleicht in ein besseres Licht. Wie andere Mitglieder der Familie der Orthoptera (Heuschrecken, Grashüpfer und Wanderheuschrecken) bohrt das Weibchen mit seinem speerähnlichen Ovipositor ein Loch in den Boden, in das es seine Eier legt. Das Männchen hingegen benutzt seine Stoßzähne nicht zum Jagen oder um sich zu verteidigen, sondern zum Prahlen. Je größer die Stoßzähne, desto erfolgreicher ist das Männchen

VORHERIGE DOPPELSEITE
Trichome (*Deutzia* sp.)
Man muss nicht immer wissen, was man sieht, aber nicht selten verbessert es das Verständnis für die Schönheit der Natur. Hier sind die sternförmigen Borstenhärchen (Trichome) auf dem Blatt einer Deutzie zu sehen. Unter UV-Licht fotografiert, leuchtet das Chlorophyll der Pflanze rot und die Trichome erscheinen blau.

bei der Paarung. Wie andere Königsheuschrecken können Parktown-Garnelen weder fliegen noch zirpen. Stattdessen verlassen sie sich auf visuelle und chemische Reize, um Partner anzulocken – daher auch der übel riechende Kot. Sobald der Geruch der Männchen ein Weibchen angelockt hat, entscheidet es sich anhand der Größe der Stoßzähne für einen Partner. Parktown-Garnelen-Weibchen finden die für uns abstoßenden Stoßzähne schön. Das Aussehen der Männchen ist an ihre Lebensumstände also hervorragend angepasst.

Schönheit spielt in der Natur eine entscheidende Rolle. Nicht um ihrer selbst willen, sondern für das, was sie repräsentiert. Schönheit ist kein Selbstzweck, sondern die Zurschaustellung dessen, was gut funktioniert. Für Organismen, bei deren sexueller Fortpflanzung das Sehvermögen eine Rolle spielt, ist Schönheit das Resultat allgemeiner Fitness und damit entscheidend für die Partnerwahl: Ein Organismus, der bis zur sexuellen Reife überlebt hat, ist »schön«, weil er resistent gegen Krankheiten ist, körperlichen oder chemischen Angriffen standhalten oder ausweichen kann, er die Physiologie hat, Wetter, Hunger und Durst zu trotzen, und noch genügend Reserven besitzt, um gesunden Nachwuchs zu zeugen und diesen zu beschützen. Diese Schönheit stellt er im Konkurrenzkampf mit anderen Bewerbern zur Schau.

Aber warum erscheinen uns andere Kreaturen, die nicht sehen können und wahrscheinlich auch keinen Sinn für Ästhetik haben, dann schön? Ich habe in diesem Buch versucht, einige der allgemeinen Merkmale darzustellen, die bei einem Lebewesen »korrekt« oder »annähernd korrekt« sein müssen: Form, Größe, Skelett, Haltung, Bewegung, Färbung und Symmetrie. Sie alle zielen auf eine optimale Funktionalität ab, erklären aber nicht unser Konzept von »Schönheit«. Doch denken Sie einmal an all die menschengemachten Objekte, die eine optimale Funktionalität haben, und dennoch nicht schön sind. Ein Kugelschreiber aus Plastik oder zweckmäßige Wanderschuhe sind nicht schön (wobei manche das vielleicht auch anders sehen), ein gravierter, silberner Füllfederhalter und handgenähte Lederstiefel hingegen schon. Das liegt daran, dass sie unter anderen Prämissen entworfen wurden und Verschönerungen oder Verzierungen der Person aufweisen, die sie gemacht haben.

Schönheit liegt also tatsächlich im Auge des Betrachters. Und ja, die Natur ist zwar ein Rätsel, aber sie ist definitiv schön. Je genauer man hinsieht und je mehr man über sie lernt, desto schöner wird sie. Das Wichtigste ist hinzuschauen – genau hinzuschauen. Denn wenn wir nicht hinschauen, können wir auch nichts sehen und bleiben im Dunkeln. Ich hoffe, dieses Buch offenbart Ihnen einen Teil der Schönheit, die uns alle umgibt.

BIOKRISTALLE

Raphiden, Fuchsie (*Fuchsia* sp.)

Schöne Dinge können einem an den unerwartetsten Orten begegnen. Viele Pflanzen regulieren beispielsweise ihren Kalziumstoffwechsel über das Ausscheiden und Bilden unlöslicher Kalziumoxalatkristalle. Die bunten Stäbchen, die man hier im Blatt einer Fuchsie sieht, sind Bündel dieser nadelförmigen Kalziumoxalatkristalle, sogenannte Raphiden, die Antonie van Leeuwenhoek das erste Mal im Jahr 1705 erwähnte.

Als Künstler schwelge ich in der subtilen Schönheit, die der scheinbar zufälligen Anordnung und den Farben der verschiedenen Raphiden innewohnt, aber als Wissenschaftler will ich sofort wissen, ob die axiale Orientierung der Kristalle auf dem Blatt einem bestimmten Prinzip folgt. Für mich sieht es aus, als wäre die Ausrichtung der Raphiden, von denen manche entlang der feinen blauen Linien der Blattadern aufgereiht sind, kein Zufall.

Eine andere Form von Kalziumoxalatkristallen findet man in der Schale von Knoblauch (siehe Seite 167). Knoblauchkristalle formen jedoch einzelne Prismen, sogenannte Styloiden. Die Form von Kristallen scheint in einem Zusammenhang mit deren Funktion zu stehen, da Raphiden eher selten an einer reversiblen Kalziumsequestrierung beteiligt und häufiger in Pflanzenblättern zu finden sind. Raphiden können das empfindliche Gewebe im Maul und Darm von Tieren beschädigen und halten dadurch Pflanzenfresser ab, für die es besonders unangenehm wird, wenn die Pflanzenfasern auch noch Gift enthalten. Über die Verletzungen, die die Raphiden-Nadeln dem Darm zufügen, gelangen die Pflanzengifte ins Blut, was im schlimmsten Fall tödlich enden kann.

Manche Pflanzen sind offenbar nicht ganz so harmlos, wie sie aussehen.

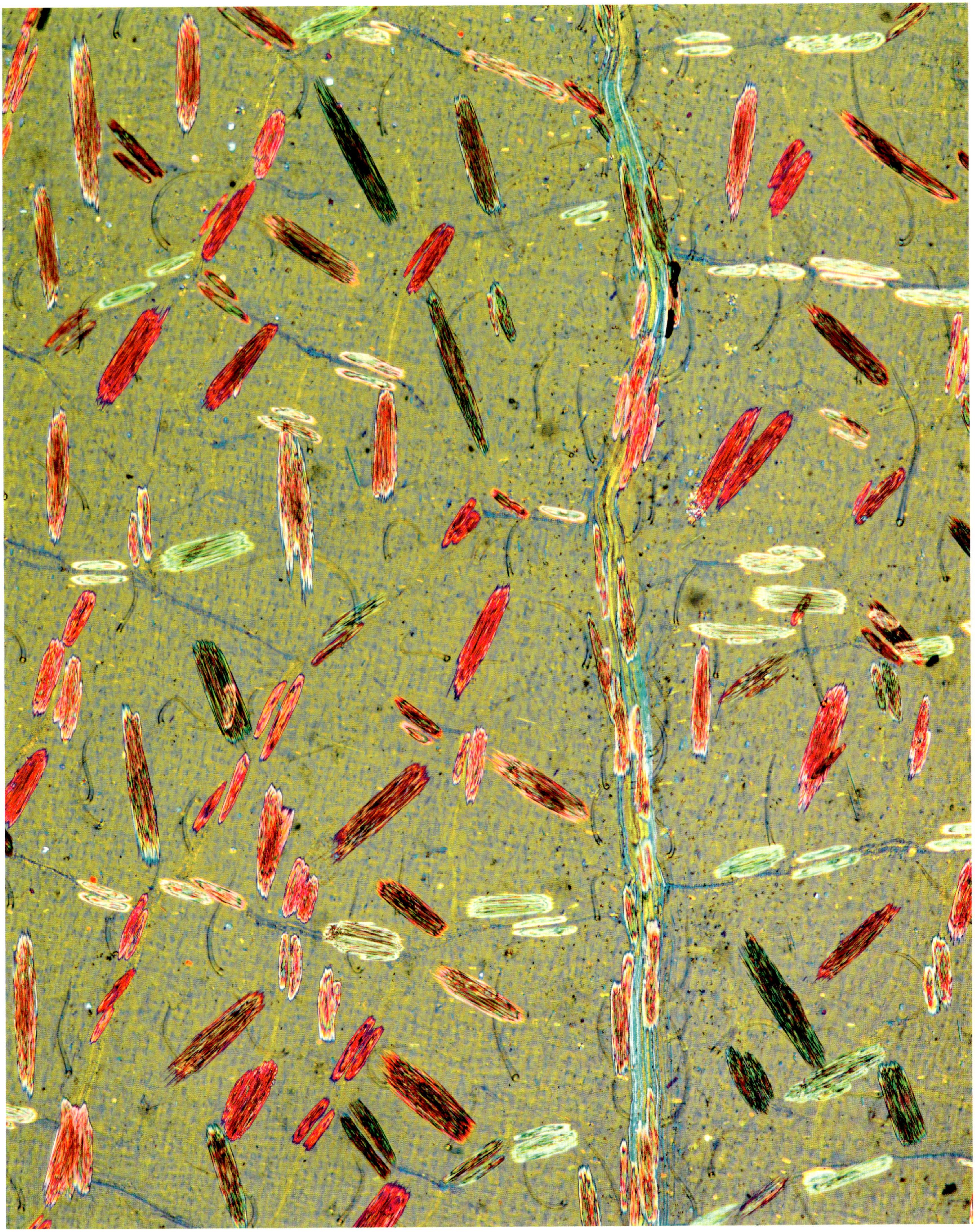

TÖDLICH

Strychnin vom Brechnussbaum (*Strychnos nux-vomica*)

Auf den ersten Blick sieht der tropische Brechnussbaum, *Strychnos nux-vomica*, aus wie alle anderen immergrünen Bäume in den trockenen Küstenwäldern Südindiens. Aber das harmlose Aussehen täuscht, denn dieser besondere Baum schützt sich mit dem tödlichsten Pflanzengift, das wir kennen: Strychnin. Was hier aussieht wie eine Patchworkarbeit aus psychedelischen Blütenblättern, sind unter polarisierendem Licht fotografierte Strychninkristalle, deren abweichende Ausrichtungen die unterschiedlichen Farben erzeugen. Schönheit und Tod können nahe beieinanderliegen.

Strychnin ist ein komplexes Alkaloid, das in sämtlichen Strukturen der Pflanze nachweisbar ist. Es dient ihr zur Abschreckung und schützt sie davor, gefressen zu werden. In besonders hoher Konzentration sammelt sich das Gift in den orangefarbenen, golfballgroßen Früchten des Baums, die jeweils zwischen einem und fünf große, scheibenförmige Samen enthalten, aus denen heute pharmazeutisches Strychnin gewonnen wird. Die chemische Zusammensetzung von Strychnin wurde von Sir Robert Robinson und Robert Burns Woodward entschlüsselt, wofür sie jeweils den Nobelpreis erhielten: Robinson 1947 und Woodward 1965.

Wie giftig das Strychnin ist? Sehr giftig! Schon 30 mg können einen Menschen töten – und es gibt kein Gegenmittel. Als Nervengift sorgt Strychnin für einen äußerst unangenehmen, dramatischen Tod innerhalb von 15 Minuten nach Verabreichung, weshalb es lange eine der beliebtesten Mordwaffen in den Ermittlungen von Sherlock Holmes oder Hercule Poirot war. Aber Strychnin tötet nicht nur Menschen. Es ist auch für viele Tiere tödlich. Ab dem 19. Jahrhundert wurde es als Gift gegen Ratten (insbesondere auf alten Segelschiffen), Mäuse, aber auch Katzen und Hunde eingesetzt – was heute verboten ist.

In der Regel gehen wir davon aus, dass die Früchte von Pflanzen für Tiere attraktiv sein müssen, damit diese sie fressen und die Samen der Pflanzen in neue Lebensräume tragen. Aber wie funktioniert das beim Brechnussbaum, wenn der Verzehr seiner circa 4 Zentimeter großen Früchte tödlich ist? Tatsächlich gibt es Tiere, die gegen Strychnin immun sind – in Südindien sind das Riesenflughunde (*Pteropus giganteus*) und Hutaffen (*Macaca radiata*), die somit die alleinigen Verantwortlichen für die Verbreitung der Samen und Früchte von *Strychnos nux-vomica* sind.

STICKEREIEN

Löwenzahn (*Taraxacum officinale*)

Dieser Schnitt durch das sich entwickelnde Köpfchen (Capitulum) eines Löwenzahns (*Taraxacum officinale*) offenbart die zugrunde liegende fünfteilige Radiärsymmetrie (Pentamerie).

Löwenzahn gehört zu einer Gruppe blühender Pflanzen innerhalb der Familie der Korbblütler (Asteraceae). Pflanzen dieser Gruppe wurden früher auch Kompositen (Compositae) genannt, da es sich bei ihren vermeintlich einzelnen Blüten (Infloreszenz), so wie bei der, die wir hier sehen, in Wahrheit um Hunderte, in einen Kopf gepackte kleine Blüten handelt. Auf dem Foto sind sieben dieser sogenannten Blütchen zu sehen.

Tatsächlich ist der Blütenstand des Löwenzahns also gar keine einzelne Blüte, sondern er imitiert nur eine. Man nennt das ein Pseudanthium. Diese Art der Blütenbildung ist sehr ökonomisch, da die Blütchen in der Mitte (Scheibenblüten) keine »ausladenden« Blütenblätter entwickeln müssen. Lediglich die sogenannten Strahlenblüten am Rand entwickeln Strukturen, die für uns dann aussehen wie »Blütenblätter«. Da auf diese Weise Hunderte kleine Blüten auf engstem Raum zusammengepfercht sind, bestäubt eine Biene bei einem einzigen Besuch unzählige Blüten.

Die winzigen Blüten und Samen des Löwenzahns sind ähnlich akkurat geometrisch angeordnet wie die Spiralen einer Sonnenblume, wodurch die maximale Anzahl an Blüten (und Samen) auf engsten Raum gepackt werden kann. Einen kleinen Einblick in diese effiziente Packtechnik gibt auch dieses Foto, auf dem sechs Blüten ein Hexagon um die Blüte in der Mitte bilden, eine wirksame Art von Raumnutzung, die man auch in der sechseckigen Anordnung der Waben von Bienen und Wespen findet.

Ein typisches Löwenzahnköpfchen enthält zwischen 150 und 200 Samen, was sich leicht nachzählen lässt, sobald sich eine fluffige »Pusteblume« entwickelt hat und bevor die Samen an den hauchdünnen Schirmchen (Pappus) vom Wind davongetragen werden – man spricht von Anemochorie. Auf dem Foto sieht man die Pappusfäden als kleine weiße Kreise.

In der Mitte der Blüten ist der Fruchtknoten zu sehen, umgeben von fünf doppellappigen Staubbeuteln, die wiederum von einer »Perlenkette« aus Blütenblättern eingerahmt werden. Der Künstler in mir liebt dieses Bild nicht nur wegen seiner geometrischen Schlichtheit und den zarten Farben, sondern weil es mich an die Stickereien meiner verstorbenen Mutter erinnert.

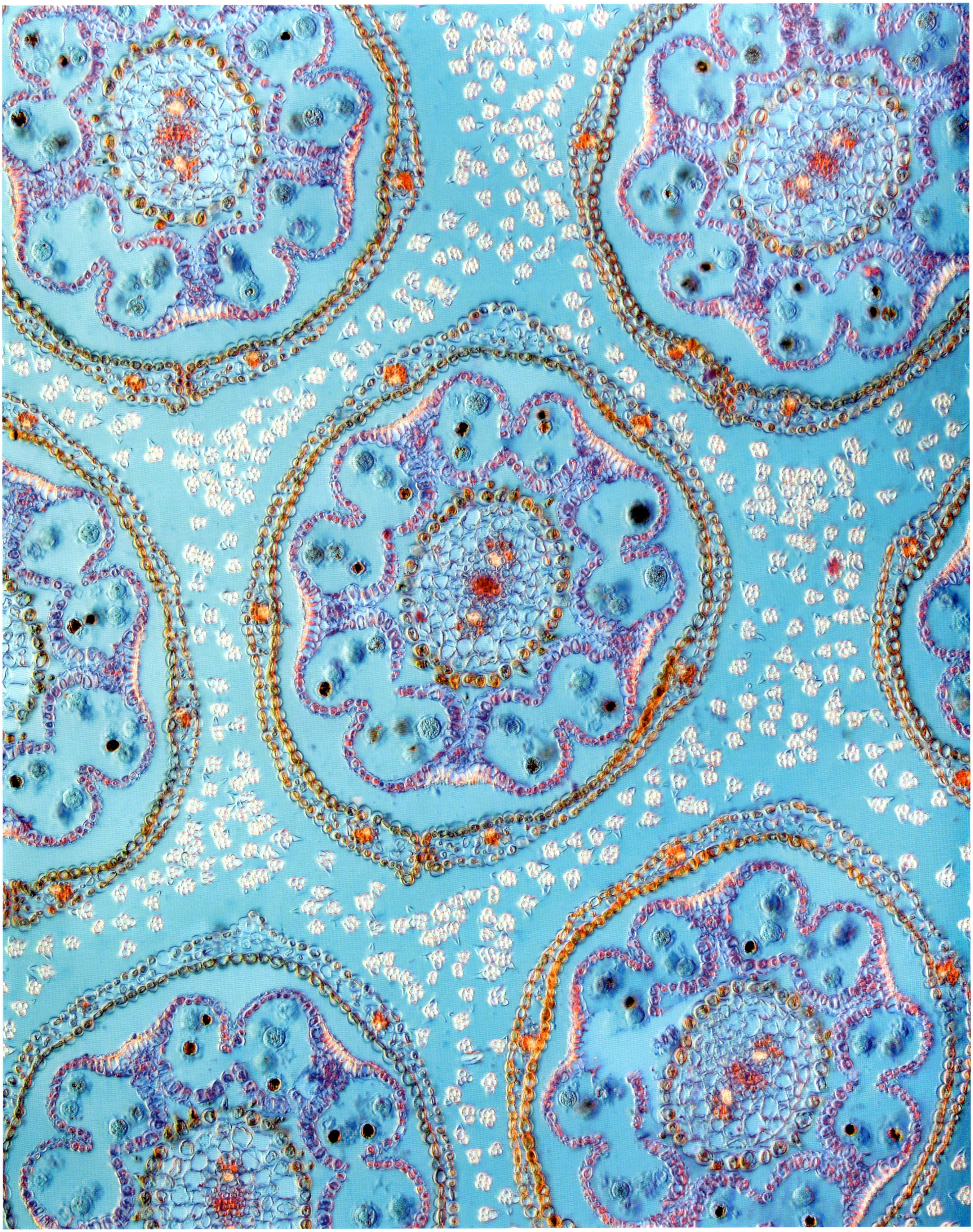

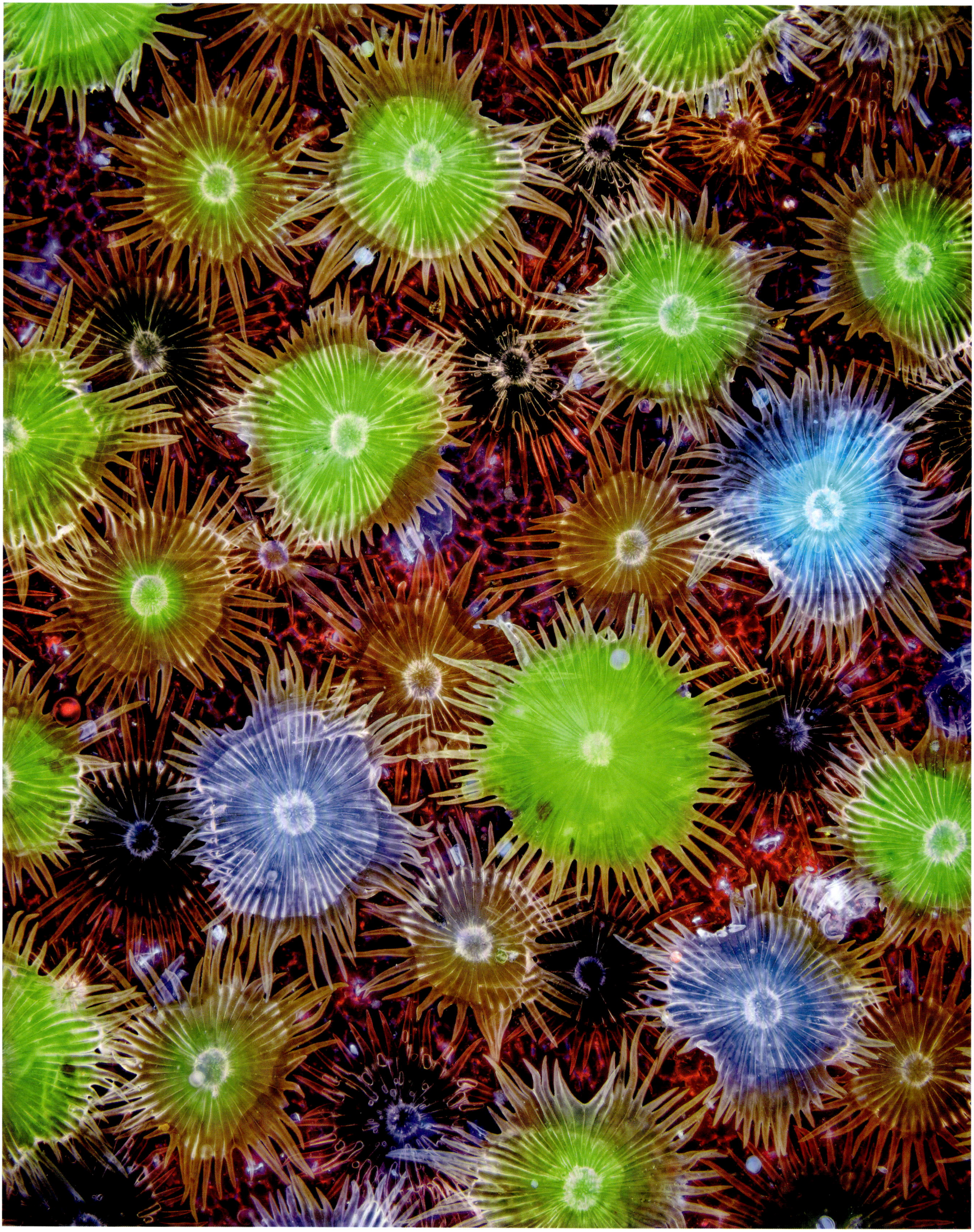

SONNENSCHIRMCHEN

Schmalblättrige Ölweide (*Elaeagnus angustifolia*)

Streichen Sie bei Ihrem nächsten Besuch in einer Gärtnerei einmal über die Blätter der Pflanzen. Sie werden feststellen, dass sich viele tatsächlich haarig oder gar pelzig anfühlen. Die Blätter von Woll-Ziest (*Stachys byzantina*) beispielsweise sind so flauschig weich, dass man sie sich am liebsten wie einen Fellhandschuh überstreifen würde. Was man spürt, sind die Trichome.

Die silbernen Blätter der Schmalblättrigen Ölweide (*Elaeagnus angustifolia*) fühlen sich dagegen ein wenig rau an. Das liegt an diesem Mosaik aus flachen, vielfingrigen (peltaten) Trichomen, die ein bisschen aussehen wie kleine Sonnenschirme. Das Foto zeigt die untere (abaxiale) Seite des Blatts, welche eine größere Dichte an Härchen aufweist als die obere (adaxiale) Seite – 100 Prozent Abdeckung auf der Unterseite im Gegensatz zu 37 Prozent auf der Oberseite. Da sich ein Großteil der Stomata (Blattspaltöffnungen) auf der Unterseite des Blatts befindet, verringern die Trichome den Wasserverlust durch Verdunstung.

Diese wundervoll geformten Härchen verleihen dem Blatt auch seinen silberweißen Schimmer. Unter ultraviolettem Licht nehmen Trichome jedoch die psychedelischen Farben an, die man hier auf dem Foto sieht. Blattchlorophyll fluoresziert rot, während Zellulose, Lignin sowie anderes Gewebe und Pigmente in einer bunten Mischung aus Farben fluoreszieren.

Die Morphologie von Trichomen hängt von deren Funktion und dem Lebensraum der Pflanze ab. Während die Trichome von Strandhafer das Mikroklima der Blätter regulieren (siehe Seite 198) und zur Verteidigung beitragen (siehe Seite 250), sind die Trichome der *Deutzia* einfach nur schön (siehe Seite 256 f.).

Schmalblättrige Ölweiden kommen ursprünglich aus den trockenen und halbtrockenen Regionen Eurasiens, sind mittlerweile aber in gemäßigten Klimazonen auf der ganzen Welt heimisch. In Großbritannien sind sie vor allem als Gartenhecken sehr beliebt, aber man findet sie häufig auch wild, weil Vögel die an Oliven erinnernden Steinfrüchte überall verteilen.

Ihren Erfolg als invasive Art verdankt die Ölweide teils ihrer Resistenz gegen Trockenheit, teils der Fähigkeit, auch in ausgesetzten oder verkümmerten Gegenden zu überleben. Untersuchungen im Jahr 2023 haben aber gezeigt, dass ihre wunderhübschen Trichome ebenfalls eine Rolle spielen. Diese sammeln Wasser, indem sie Feuchtigkeit, zum Beispiel Nebel, aus der Luft ziehen und durch das Reflektieren von Sonnenlicht zudem die UV-Strahlung verringern – Anpassungen, die es *Elaeagnus angustifolia* ermöglichen, mit Umweltstress besser zurechtzukommen als seine Konkurrenten.

NÄCHSTE DOPPELSEITE
Sklerite
Als würde man durch ein Kaleidoskop schauen, blinken Myriaden von Formen und Farben in der Dunkelheit. Was man hier sieht, sind kristalline Skelettüberreste (Sklerite) von Weichkorallen, Schwämmen und Seegurken. Biominerale aus Siliziumdioxid (eine organische Form von Glas, wie Opal) und Kalkkristalle werden von Karotinoidpigmenten rot und gelb eingefärbt.
Die Kugeln werden »Sterraster« genannt, die stäbchenförmigen Sklerite »Sanidaster«.

SPINNFÄDEN

Helgoländer Paddelwurm (*Tomopteris helgolandica*)

Ich liebe den englischen Namen des »gossamer worm« (Spinnfadenwurm), weil er so wunderbar die geisterhaft zarte Beschaffenheit dieser fast unsichtbaren Kreatur beschreibt. *Tomopteris* ist ein im Meer lebender Planktonwurm aus der Familie der Vielborster, der seinen ganzen Lebenszyklus im Freiwasser zubringt. Das heißt, er ist holopelagisch.

Da *Tomopteris* in großer Tiefe leben, wo sie einem hohen Druck ausgesetzt sind, lösen sich, wenn sie an die Oberfläche gebracht werden, in ihrem Gewebe gebundene Gase, wodurch die Gasbläschen entstehen, die wir hier in seinem Gedärm sehen. Bei Tiefseetauchern, die zu schnell wieder nach oben kommen, geschieht etwas Ähnliches, und sie bekommen die »Taucherkrankheit«, die lebensgefährlich werden kann. Da sich die Bläschen bei diesem Paddelwurm im Darm bzw. Bauch gebildet hatten, waren sie jedoch unbedenklich, und ich konnte ihn am darauffolgenden Tag wieder in die Freiheit entlassen.

Der sinusförmig gebogene Körper lässt bereits darauf schließen, wie dieser Wurm schwimmt. Er windet sich in wellenförmigen Vorwärtsbewegungen, die vom Schwanz in Richtung Kopf laufen (wie ein Aal oder eine Schlange). Und während der Körper sich von einer Seite zur anderen bewegt, rudert er gleichzeitig in »metachronen« Wellen, die ebenfalls entlang des Körpers vom Schwanz in Richtung Kopf laufen, mit seinen gelenklosen seitlichen »Gliedmaßen« (Parapodien) – man spricht von metachronem Paddeln. Dabei sind die Körperwellen mit den Schlägen der Parapodien auf eine Art synchronisiert, die den Schwimmstil des Paddelwurms einzigartig macht. Und will der Wurm rückwärts schwimmen, kehrt er den Bewegungsablauf einfach um.

Aber der Paddelwurm ist auch noch in anderer Hinsicht einzigartig. Unter den Vielborstern ist er die einzige Spezies mit einem Hydroskelett. Das heißt, sein Körper ist ein mit Flüssigkeit gefüllter Sack, umhüllt von einer dünnen Schicht aus Gelatine und Muskeln. Für ein Tier, das im Wasser lebt, ist das kein Problem, es bedeutet aber, dass es sehr fragil ist. Versucht man, einen Paddelwurm in die Hand zu nehmen, zerfällt er. Diese Fragilität ist teilweise auch seiner Transparenz geschuldet. *Tomopteris* ist sowohl vor seinen Feinden als auch vor seiner Beute gut versteckt, da der Brechungsindex seines gesamten Gewebes nahezu derselbe ist wie der von Wasser. Der Preis für die Unsichtbarkeit ist jedoch, dass der Paddelwurm auf harte, schützende Strukturen wie eine Kollagenkutikula oder Chitinborsten verzichten muss. Transparenz ist ein weitverbreiteter Trick zur Tarnung, sowohl bei Wirbellosen als auch bei Wirbeltieren wie Fischen oder Glasfröschen (siehe Seite 56).

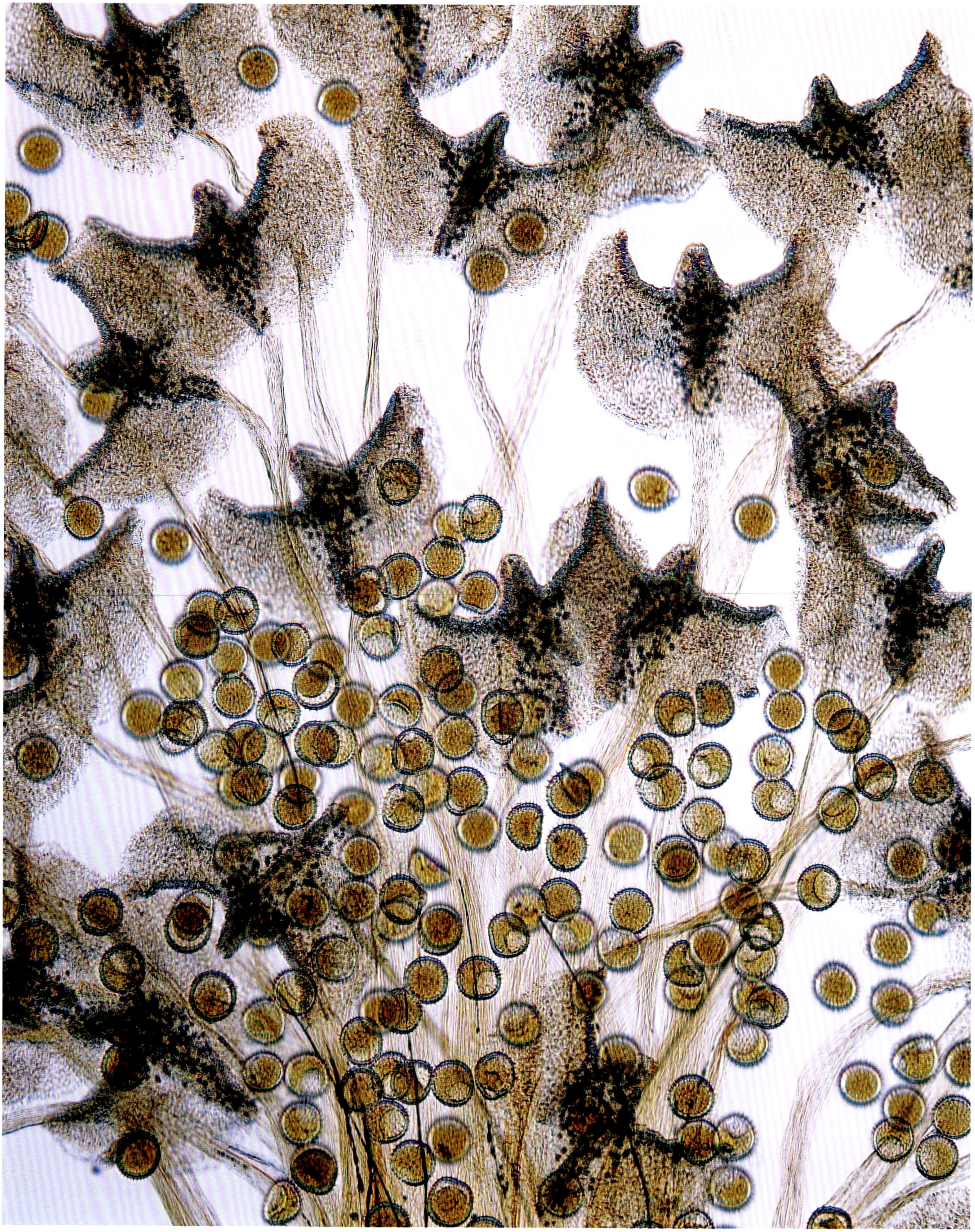

FLEDERMÄUSE

Staubbeutel, Wilde Malve (*Malva sylvestris*)

In Großbritannien sorgen Malvenblüten in Gärten, auf Brachflächen und an Straßenrändern häufig für hübsche violette und rosafarbene Farbkleckse. Sie sind Mitglieder der Familie der Malvaceae, zu der auch Hibiskus, Stockrosen und Durianbäume zählen, und man erkennt sie an den fünf prächtigen, radiärsymmetrischen Blütenblättern um einen zentralen Puschel aus Staubbeuteln, der auf einem Stiel aus Staubfäden sitzt.

Dabei zuzuschauen, wie die Staubbeutel von Malven reifen und ihre Pollen verteilen (Dehiszenz), ist etwas ganz Besonderes. Zuerst reißen die Staubbeutel in der Mitte auf, klappen dann auseinander wie Flügelpaare und entlassen schließlich eine Ladung runder, stacheliger Pollenkörner in die Luft. Wie auf dem Foto unschwer zu erkennen ist, sehen die offenen Staubbeutel dabei aus wie ein Schwarm dem Himmel zustrebender Fledermäuse.

Es sind Momente wie diese, weshalb ich mir die Phänomene der Natur so gerne von Nahem ansehe: Man weiß nie, was einen erwartet. Nur wer ganz genau hinsieht, auch bei Dingen, die er bereits kennt, macht neue Entdeckungen. Als ich die wild in unserem Garten wachsenden Malven entdeckte, war ich anfangs nur von den weißen Puscheln in der Mitte fasziniert – ich hatte keine Ahnung, dass die aufgehenden Staubbeutel eine so unerwartete Form annehmen würden.

Um bestäubende Insekten anzulocken, öffnen sich Malvenblüten schon früh am Morgen, ihre höchste Viabilität (96 Prozent) erreichen die Pollen aber gegen 11 Uhr. Danach nimmt die Viabilität wieder ab. Diese Spitze in der Pollenviabilität fällt mit einer sehr aktiven Phase der Bestäuber gegen 12 Uhr zusammen. Die Narbe ist jedoch erst nach dem zweiten Tag voll empfänglich, wodurch die Zahl der Selbstbefruchtungen verringert wird. Die Pollenkörner sind stachelig, damit sie besser an den Körperhaaren von Bienen und Insekten haften bleiben.

Da Pollen nur für relativ kurze Zeit fruchtbar sind, haben manche Pflanzen die Fähigkeit entwickelt, ihren Blütenstaub nur dann freizugeben, wenn ein Bestäuber in der Nähe ist. Dieser reizt die Staubbeutel, und die Pollen werden explosionsartig freigegeben. Für Kolibris in Brasilien kann das besonders dramatisch werden, wenn sie die Blüte einer *Hypenia macrantha* besuchen, die ihre Pollen mit einem so heftigen Luftstoß abgibt, dass die Pollen konkurrierender Pflanzen, die bereits am Schnabel des Kolibris kleben, einfach weggepustet werden.

ORANGEFARBENE ZÄHNE

Spitze Sumpfdeckelschnecke (*Viviparus contectus*)

Haben Sie schon einmal eine Weinbergschnecke, den Archetyp einer Molluske, beim Fressen beobachtet? Wenn ja, dann wissen Sie, dass sie mit ihrer fließbandähnlichen Raspelzunge – oder Radula –, die mit einer Doppelreihe aus harten »Zähnen« besetzt ist, organisches Material von Oberflächen kratzt. Was wir hier sehen, ist ein Teil der Radula einer Sumpfdeckelschnecke (*Viviparus contectus*), die in langsam fließenden Gewässern und Kanälen in ganz Europa zu finden ist.

Die Radula von Weichtieren (siehe Seite 58 und 280) besteht aus einem komplexen, faserverstärkten Verbundstoff aus Chitin, Proteinfasern und mineralischen und/oder metallischen Zusätzen. Der entscheidende Teil der Radula sind ihre eingebetteten Zahnreihen, deren Zahnstruktur je nach Ernährung der Schnecke variiert. Da die Sumpfdeckelschnecke Algen von Oberflächen kratzt, also eher weiche Nahrung zu sich nimmt, sind ihre Radulazähne – die hier fast wie Pflanzen anmuten – lang und fein. Die Spitzen der Raspelzähne werden durch Sklerotisierung gehärtet, was die Anzahl chemischer Querbrücken zwischen Protein- und Chitinfasern erhöht und für die orangefarbenen Spitzen verantwortlich ist.

Abgenutzte Zahnreihen können dank des Fließbanddesigns der Radula kontinuierlich ersetzt werden. Denn die Radula sitzt auf einem stützenden Muskel (Odontophor), der die Zahnreihen langsam nach vorne schiebt. Ein ähnliches System kennt man von Haien, die ihre abgenutzten Zähne ebenfalls durch dahinter liegende neue Zähne ersetzen.

Bei Schnecken, die festere Nahrung zu sich nehmen, ist die Radula härter und die organische Matrix mit diversen Mineralien und Metallen verstärkt. Die härtesten Radulazähnchen sind mit einer Vielzahl an Elementen biomineralisiert, darunter Eisen, Silizium, Fluor, Kalzium, Natrium, Magnesium, Kupfer und Kalium. Schneckenzähne können also im wahrsten Sinne des Wortes »eisenhart« sein. Das stärkste Biomaterial, das wir kennen, sind die Spitzen der Radulazähnchen von Napfschnecken – eine Verbindung aus Chitin und dem eisenbasierten Mineral Goethit (α-FeO(OH)). Wie ich schon sagte: Hart wie Eisen!

MALEREI

Diatomeen (*Pleurosigma angulatum*)

Diatomeen (*Pleurosigma angulatum*) sind einzellige, planktonische, Photosynthese betreibende Organismen. Ihre gläsernen Hüllen (Frusteln) aus einer hydrierten Form von Siliziumdioxid (Opal) können scheibenförmig (zentrisch) und radiärsymmetrisch sein oder länglich (pennat) und bilateralsymmetrisch. Hier auf dem Foto sind pennate Diatomeen zu sehen.

Diatomeen (Kieselalgen) sind sehr klein. Die größten unter ihnen haben einen Durchmesser von ungefähr 200 µm (0,2 mm), was bedeutet, dass in einem Teelöffel Meerwasser Millionen von Diatomeen schwimmen. Trotz ihrer mikroskopischen Größe geht man davon aus, dass die kollektive Photosynthese der Diatomeen für etwa ein Viertel des Sauerstoffgehalts in unserer Atmosphäre verantwortlich ist und sie ihr einen beträchtlichen Teil des Kohlendioxids entziehen.

Diatomeen zu fotografieren, ist eine Herausforderung, kann aber in wunderschönen Bildern wie diesem hier resultieren, die aussehen wie gemalt. Die glasähnliche Kristallschale der Diatomeen hat einen Brechungsindex (RI) von circa 1,43, während der von Meerwasser bei 1,34 liegt. Da die Differenz zwischen dem RI von Diatomeen und Meerwasser sehr gering ist, wird das Licht, wenn es in die Diatomee eindringt, nur leicht gebrochen, was diese nahezu unsichtbar macht. Wissenschaftler, die Diatomeen unter einem Lichtmikroskop untersuchen wollen, betten diese daher in ein Medium mit einem deutlich höheren Brechungsindex ein, wie beispielsweise in Naphrax (1,73). Dadurch wird der Kontrast zwischen Diatomeen und Medium größer und ihre Strukturen sind besser zu erkennen.

Vor ungefähr hundert Jahren wurde eine Verbindung aus Rubinschwefel mit einem sehr hohen RI von über 2,50 entdeckt: Realgar, ein Arsensulfid. Es ist bis heute als Medium in Gebrauch. Leider neigt es dazu, instabil zu werden, weshalb Objektträger mit in Realgar eingebetteten Diatomeen häufig verderben. Das Foto zeigt einen solchen Objektträger, der um 1900 hergestellt wurde. Ich habe das verdorbene Realgar bewusst eingesetzt, um den Effekt eines Gemäldes zu erzielen – normalerweise möchte man vom Medium auf einem Foto nicht die kleinste Spur sehen, aber hier hilft es, das Bild zu gestalten.

NÄCHSTE DOPPELSEITE

Kupfersalz

Dieser mit der schlichten Beschriftung »New Salt of Copper« versehene viktorianische Objektträger offenbart unter polarisiertem Licht das wunderschöne Muster einer Umkristallisierung, das mich an ein impressionistisches Gemälde von Weidenröschen (*Chamaenerion angustifolium*) oder ähnlichen Blumen erinnert.

LANDKARTEN

Flache Kreiselschnecke (*Steromphala umbilicalis*)

Diese in einem exakten 45-Grad-Winkel zur Horizontalen angeordneten Zahnreihen entlang der Radula einer Flachen Kreiselschnecke (*Steromphala umbilicalis*) haben die perfekte Form, um Algen von den Gezeitenfelsen zu kratzen, auf denen das Tier lebt. Die Radula ist das typische Mundwerkzeug von Weichtieren – mit Ausnahme der Muscheln, deren Radula sich zurückgebildet hat und die stattdessen ihre Kiemen an das Filtrieren von Nahrung angepasst haben.

Weichtiere zählen zur größten heute lebenden Gruppe von Tieren. Sie sind Lebewesen, die extrem vielfältig in ihrer Lebensweise, Körperform und Ernährung sind. Zu ihnen zählen räuberische, hoch intelligente Tintenfische und Kraken bis hin zu pflanzenfressenden Schnecken und Nacktschnecken, die in fast allen Lebensräumen an Land und im Wasser zu finden sind. Diese Diversität spiegelt sich auch in ihren auf bemerkenswerte Weise angepassten Fressorganen wider, die erstaunlich ästhetisch sein können.

Wenn ich in der Natur bin, nehme ich Dinge, die mir ins Auge fallen, gerne in die Hand, um sie mir genauer anzusehen und sie besser zu begreifen. Manchmal bin ich aber auch neugieriger, als gut für mich ist. Bei einem Strandspaziergang in Tobago habe ich, fasziniert von seinen Stacheln, einmal einen toten Kugelfisch aufgehoben und ihm den Finger in den Mund gesteckt, weil ich wissen wollte, ob er Zähne hat. Leider war der Fisch gar nicht tot und schnappte sofort zu. Die Kiefer von Kugelfischen sind dafür gemacht, die Schalen von Weichtieren aufzubrechen und könnten die Knochen eines kleinen Fingers problemlos zermalmen. Ich hatte Glück, ich bin unverletzt geblieben.

Diese Neugier plagte mich schon, als ich noch sehr jung war. Mit neunzehn war ich bei meiner ersten Reise nach Übersee zum Schnorcheln auf den Seychellen und entdeckte dort eine sehr hübsche Muschel. Ich wollte sie meiner Schwester zeigen, und weil ich nichts anderes hatte, um sie zu transportieren, steckte ich sie mir in die Badehose. Heute weiß ich, dass es eine lebende Landkarten-Kegelschnecke (*Conus geographus*) war. Kegelschnecken fressen Fische, und ihre Radulae haben sich zu hohlen Harpunen entwickelt, durch die sie ein Nervengift abgeben (Conotoxin), das die Beute fast augenblicklich bewegungsunfähig macht. Die giftigste dieser Schnecken ist die Landkarten-Kegelschnecke. Sie kann einen Menschen töten. Die Götter müssen es an diesem Tag gut mit mir gemeint haben – ich zeigte meinen Fund meiner Schwester und brachte die Muschel zurück ins Meer, ohne zu ahnen, wie knapp ich einer Katastrophe entgangen war.

WEITERFÜHRENDE LITERATUR

Die nachfolgenden Bücher empfehle ich als zusätzliche Anregung und Hilfe all jenen, die einige der in diesem Buch angesprochenen Themen noch weiter vertiefen möchten. Eine weitere ergiebige Quelle für Primärliteratur ist Google Scholar.

Alexander, R. McNeill (1992) *Exploring Biomechanics: Animals in Motion.* Scientific American Library, New York: W. H. Freeman.

Ball, Philip (1999) *The Self-Made Tapestry: Pattern Formation in Nature.* Oxford: Oxford University Press.

Ball, Philip (2016) Patterns in Nature: *Why the Natural World Looks the Way It Does.* Chicago: University of Chicago Press.

Bejan, Adrian & J. Peder Zane (2012) *Design in Nature: How the Constructal Law Governs Evolution in Biology, Physics, Technology, and Social Organization.* New York: Doubleday, Random House.

Bell, Adrian D. (1991) *Plant Form: An Illustrated Guide to Flowering Plant Morphology.* Oxford: Oxford University Press.

Bonner, John T. (2006) *Why Size Matters: From Bacteria to Blue Whales.* Princeton, Princeton University Press.

Cook, Theodore A. (1914) *The Curves of Life; Being an Account of Spiral Formations and Their Application to Growth in Nature, to Science, and to Art: with Special Reference to the Manuscripts of Leonardo Da Vinci.* London: Constable & Co., Dover Edition 1979.

Devlin, Keith (1994) Mathematics: *The Science of Patterns.* Scientific American Library, New York: W.H. Freeman.

Douady, Stéphane, Jacques Dumais, Christophe Golé & Nancy Pick (2024) *Do Plants Know Math? Unwinding the Story of Plant Spirals, from Leonardo da Vinci to Now.* Princeton: Princeton University Press.

Dusenbery, David B. (2009) *Living at Micro Scale: The Unexpected Physics of Being Small.* Harvard: Harvard University Press.

Eisner, Thomas (2003) *For Love of Insects.* Cambridge, Massachusetts: The Belknap Press, Harvard University Press.

Glaeser, Georg & Gruber, Franz (2024) *Experiencing Geometry, Physics, and Biology.* Edition Angewandte, Berlin: De Gruyter. https://doi.org/10.1515/9783111365787

Glaeser, Georg & Nachtigall, Werner (2019) *The Evolution and Function of Biological Macrostructures.* Berlin, Heidelberg: Springer-Verlag.

Haeckel, E. (1899–1904) *Kunstformen der Natur.* Leipzig und Wien: Verlag des Bibliographischen Instituts. https://www.biodiversitylibrary.org/item/182319#page/7/mode/1up.

Hammer, Øyvind (2016) *The Perfect Shape, Spiral Stories.* Copernicus Cham. https://doi.org/10.1007/978-3-319-47373-4

Johnsen, Sönke (2012) *The Optics of Life: A Biologist's Guide to Light in Nature.* Princeton: Princeton University Press.

Kappraff, Jay (1991) Connections: *The Geometric Bridge Between Art and Science.* 2nd Ed. New York: McGraw-Hill, Inc.

Land, Michael (2018) Eyes to See: *The Astonishing Variety of Vision in Nature.* Oxford: Oxford University Press.

Lee, David (2007) *Nature's Palette: The Science of Plant Color.* Chicago: The University of Chicago Press.

Livio, Mario (2002) *The Golden Ratio: The Story of Phi, the World's Most Astonishing Number.* London: Review, Headline Book Publishing.

Nüsslein-Volhard, Christiane (2019) *Animal Beauty: On the Evolution of Biological Aesthetics.* Cambridge: The MIT Press.

Prum, R. O. (2017) *The Evolution of Beauty: How Darwin's Forgotten Theory of Mate Choice Shapes the Animal World – and Us.* Doubleday.

Stevens, Martin (2016) *Cheats and Deceits: How Animals and Plants Exploit and Mislead.* Oxford: Oxford University Press.

Stevens, Peter S. (1974) *Patterns in Nature.* Boston: Little, Brown & Co.

Stewart, Ian (2001) *What Shape is a Snowflake?* London: Weidenfeld & Nicolson.

Thompson, D'Arcy W. (1942) *On Growth and Form: A New Edition.* Cambridge: Cambridge University Press. Wiederveröffentlicht in der ungekürzten Dover-Edition, 1992.

Turing, Alan M. (1952) *The Chemical Basis of Morphogenesis.* Phil. Trans. R. Soc. Lond. B 237, 37–72. (doi:10.1098/rstb.1952.0012)

Vogel, Steven (2003) *Comparative Biomechanics: Life's Physical World.* Princeton: Princeton University Press.

Wallace, Alfred Russel (1867) *Mimicry, and Other Protective Resemblances Among Animals.* Alfred Russel Wallace Classic Writings, Paper 8. http://digitalcommons.wku.edu/dlps_fac_arw/8

Weyl, Hermann (1952) *Symmetry.* Princeton: Princeton University Press.

REGISTER

A

Acer sp. 156–157
Aceros cassidix 141, 244, 246–247
Actinaria 231
Adlerfarn 146–147
Adlerrochen 236–237
Agalychnis
callidryas 124, 206–207, 214–215
moreletii 124–125
Agelas sp. 232–233
Ahorn 156–157
Alexander, Robert McNeill 169
Algen 14, 17, 25, 31, 59, 76, 92, 117, 127, 274, 281
Allium sativum 166–167
Amazilia tobaci 118–119
Ameise 21, 84, 137, 155, 250
Amerikanischer Bison 242–243
Ammonit 9, 95
Ammophila arenaria 198–199
Anaphes flavipes 121–123
Angiosperme 161, 193
Anostostomatidae 258
Antarktis 68
Anthocharis cardamines 88–89
Antillengrackel 21
Aphrodita aculeata 220–221
Apini 215
Archaeoprepona demophoon 88
Argulus foliaceus 32–33
Arima-Tal, Trinidad 118
Arthroschista hilaralis 88
Ascaris lumbricoides 112
Asselspinne 14, 46–48, 76–77
Asterina gibbosa 66–67
Ästiger Stachelbart 179–181
Aurorafalter 88–89
Australische Brennnessel 250

B

Bachmannocena
apiculate 150–151
quadrangular 150–151
bacteriastrum sp. 74–75
Bako Nationalpark 72
Balanus sp. 110–112, 128–129
Bandwurm 54–55, 248–249
Basstölpel 230
Belize 124, 130
Belousov-Zhabotinsky-Reaktion 172–174, 194, 200–201
Belousov, Boris 200–201
Betula pendula 179–181
Biene 6, 45, 71, 88, 118, 148, 215, 223, 264, 273
Bilateria 56
Bison bison 242–243
Blase 28, 140–143, 147, 148, 150–151, 154–155, 162–163, 165, 193, 210, 270
Blutroter Meerampfer 186–187
Bombyx mori 188–189
Bonner, John Tyler 113
Borneo 18, 212
Bothrops jararaca 25
Branchiura 32
Brasilianischer Kammtang 25
Braulio Carrillio Nationalpark 214
Braunes Langohr 196–197
Brechnussbaum 262–263
Breitmaulnashorn 240–241
Brennnessel 250
Bryophyten 98
Bryozoa 42
Buchsbaum 178–179
Buckelwal 128
Bussard 91
Buteo buteo 91
Buxus sempervirens 178–179
BZ-Reaktion siehe Belousov-Zhabotinsky-Reaktion

C

Calyptra
eustrigata 88
thalictra 88
Cancer pagurus 235
Cardiidae 95
Cebus olivaceus 21
Ceramialen 186
Ceramium ciliatum 117–118, 148–149
Ceratotherium simum 240–241
Cethosia cyane cyane 88
Chamaenerion angustifolium 277–279
Charophyten 14
Cheilostomatida 42
Chelicerata 48, 76
Chiquibul Nationalpark 124, 130
Chlamydomonas 92
Chondrichthyes 231
Chordatiere 14
Citratzyklus 201
Cladonia portentosa 126–127
Clavarioiden 127
Cnidaria 231
Coleridge, Samuel Taylor 198
Columba livia domestica 22–23
Conus geographus 281
Corallina officinalis 182–183
Corallium sp. 219
Corbisena apiculate 150–151
Corculum cardissa 95
Costa Rica 214
Cucullia verbasci 70–71
Culex pipiens 184–185
Cyanobakterien 17, 92, 127, 219
Cyclopodia horsfieldi 254–255
Cyperus papyrus 142, 144–145
Cysticercuslarve 54–55

D

da Vinci, Leonardo 189
Danum-Tal 18, 212
Darwin, Charles 9, 67, 194
Dawsonia 98
Delesseria sanguinea 186–187
Dendroaspis viridis 91
Dendrocnide moroides 250
Desmiden 14, 92
Desmidiales 14
Deutzia sp. 256–258, 267
Diatomeae 10–11, 12–13, 25, 30–31, 36–41, 60, 74–75, 92, 117, 134, 140, 142, 276–277
Diatomee 12, 31, 36
Dickhornschafe 243
Dickmundreuse 108–109
Dictyocha
  calida 150–151
  hexacantha 150–151
Digitalis purpurea monstrosa 48
Diptera 255
Dipylidium caninum 248–249
DNA 17, 36, 75, 82, 224
Dolichandra unguis-cati 62–63
Dreimasterblume 222–223
Dunkle Tigerpython 124
Dytiscus marginalis 104–105, 244–245

E

Einsiedlerkrebs 230
Eisbär 113
Eisenia fetida 21
Elaeagnus angustifolia 266–267
Elphidium sp. 25–27
Enneaphormis 28
  rotula 68–69
Erysimum sp. 250–251
Eschrichtius robustus 128
Euglossini 215
Eumillipes persephone 215

F

Feldhase 55
Feldmaikäfer 190–191
Feuerwurm 250
Fibonacci 83, 87, 102
Fingerhut 48–49
Fingertarn 42
Fischlaus 32–33
Flache Kreiselschnecke 58–59, 280–281
Flannery, Tim 249
Flatterbinse 141, 169–171
Fledermausfliege 254–255
Flughund 255
Foraminifere 25–27, 30–31, 60–61, 82, 95–97
Friedenslilie 214–215
Fruchtfliege 45
Frustel 31, 36, 41, 75, 142, 276–277
Fuchsia sp. 260–261
Fuchsie 260–261

G

Galba truncatula 114–115
Gelbrandkäfer 32, 104–105, 244–245
Gemeine Tellerschnecke 16–17, 92–93
Gemeines Perlboot 86–87
Gesetz von Bernoulli 182
Gestaltprinzip der visuellen Wahrnehmung 72
Glasschwamm 228–230
Gliederfüßer 14, 18, 21, 32, 128, 133, 134, 137, 230, 244
Goldene Seidenspinne 197
Goldener Schnitt 83, 87
Gottesanbeterin 140
Grasfrosch 162–163
Grauwal 128
Grüne Mamba 91
Grüner Leguan 204
Gummiblattskelettierer 132–133
Guttulina communis 60–61
Gymnosperme 161, 193

H

Haeckel, Ernst 31, 151
Hai 6, 59, 82, 231, 236, 274
Helgoländer Paddelwurm 270–271
Heliconius pachinus 88
Heliconius sp. 84–85
Hemiceratoides hieroglyphica 88
Hericium coralloides 179–181
Hermodice carunculata 250
Herzmuscheln 95
Hess, Walter Rudolf 179
Heuschrecke 113, 258
Hexactinellida 228–230
Holothuria 219, 231, 238–239
Honigbienen 215
Hornhelmvogel 141, 244, 246–247
Horntang 116–117, 127, 148–149
Hundertfüßer 13, 14, 18–19, 21, 49, 102, 130–131
Hutaffen 263
Hyalinobatrachium orientale tobagoensis 56–57

I

Iguana iguana 204

J

Jacobaea vulgaris 227
Jakobskraut 227
Jakobskrautbär 202–204, 226–227
Jararaca-Lanzenotter 25, 72–73, 91
Juncus effusus 141, 169–171

K

Käfer 6, 22, 32, 45, 105, 121, 137, 190, 244
Kalkrotalge 182–183
Kammtang 24–25
Kapuzineraffe 21
Kegelschnecke 59, 281
Kemp, Klaus 31
Kiefernholz 161, 192–193
Killerwal 128
Klappenstern 66–67
Kleine Sumpfschnecke 114–115
Kleiner Pinselfüßer 20–21
Kleinfleckige Katzenaugenschlange 124–125
Knoblauchknolle 166–167
Kolibri 22, 42, 118–119, 210–211, 273
Kompostwurm 21
Königskerzen-Mönch (Raupe) 70–71
konvergente Evolution 32, 42, 175
Krake 12–13, 59, 87, 140, 231, 281
Krallentrompete 62–63
Kreuzotter 90–91
Krill 41
Kristall 9, 13, 28–29, 31, 60, 64, 68, 79, 95, 102, 151, 166–167, 174, 201, 216, 219– 220, 224, 235, 240, 260, 263
Kuckucksrochen 208–209
Kugelfisch 281
Kupferbürzelamazilie 118–119, 210–211

L

Lachshering 224–225
Laminaria digitata 42
Lamprocyclas sp. 28–29
Lärche 21
Larix decidua 21
Laternenträger 212–213
Laubfrosch 124–125, 140, 142, 206–207, 209, 214–215
Lepidocyrtus sp. 134–135
Lepidoptera 88
Leptodeira polysticta 124–125
Lepus europaeus 55
  Leucoraja naevus 208–209
Libanasidus vittatus 258
lithistide Demospongiae 64
Litus cynipseus 120–121
Lobocraspis griseifusa 88
Löwenzahn 264–265

M

Macaca
nigra 50, 52–53, 204
radiata 263
Macoglossum stellatarum 22
Malaysia 72
Malva sylvestris 272–273
Malvaceae 273
Mantis religiosa 140
Maurolicus muelleri 224–225
McGarry, Dr. John 249
Meerforelle 32
Meerschaum 140, 142–143, 155, 210
Meeresschnecke 82–83, 86–87, 92, 95, 140
Megalorchestia californiana 113
Megaptera novaeangliae 128
Meiocardia moltkiana 94–95
Melolontha melolontha 190–191
Membranipora membranacea 42–43
Metazoen 232
Mexikanische Grabkröten 124
Micrasterias rotata 14
Mikroalge 14, 219
Monodon monoceros 231
Monokotyledonen 152, 176
Moos 42, 98–99, 102–103
Moosfarn 102–103
Morphofalter 205, 212
Morus bassanus 230
Motte 6, 21–22, 35, 42, 70–71, 82, 88, 113, 132–133, 185, 189, 202–203, 204, 226–227
Mugil curema 164–165
Murray, Cecil D. 179
Myliobatis sp. 236–237
Mymaridae 121
Myotis daubentonii 197

N

Nacktkiemer 231
Napfschnecke 59, 82, 95, 112, 128, 274
Narwal 231
Nassellaria-Radiolarien 28
Nautilidae 87
Nautilus pompilius 86–87
Naviculopsis constricta 150–151
Nephila sp. 197
Nicotiana 22
Nobel, Alfred 75
Nobelpreis 263
Nudibranchia 231
Nupha lutea 9
Nycteribiidae 255
Nymphon gracile 46–48, 76–77

O

Oestergrenia digitata 238–239
Orchideenbiene 215
Orcinus orca 128
Orthoptera 258
Östlicher Glasfrosch 56–57
Oulanka Nationalpark, Finnland 134
Ovis canadensis 243

P

Panthera tigris 138–140, 168–169
Papyrus 141–142, 144–145
Paraponera clavata 250
Paratuposa 121
Parktown-Garnele 258–259
Passiflora pittieri 84–85
Passionsblume 84–85
Passionsblumenfalter 84–85
Patella vulgate 274
Pentatomoidea 133
Pflanze
blühende 98, 102, 193, 223, 264
Königskerze 71
nicht blühende 98
nicht vaskuläre 102, 117
vaskuläre 14, 102, 108, 147, 152, 186
Phallus indusiatus 44–45
Philaenus spumarius 154–155
Photosynthese 36, 41, 63, 166, 176, 186, 204, 277
Phragmites australis 108–109
Pilz 13, 28, 44–45, 127, 134, 179, 180–181
Pinus sylvestris 192–193
Planorbis planorbis 16–17, 92–93
Platyhelminthes 249
Plecotus auritus 196–197
Pleurocera 92
Pleurosigma angulatum 276–277
Plocamium brasiliense 25
Plocamium sp. 25
Pluteuslarve 78–79
Polypedates otilophus 140
Polyxenus
fasciculatus 21
lagurus 20–21
Protisten 31, 179
Pteridium aquilinum 146–147
Pteropus giganteus 263
Pteropus sp. 255, 263
Pycnogonids 46–48, 76–77
Pyrops whiteheadi 212–213
Python bivittatus 124

Q

Quadratkrabbe 12
Qualle 12, 35, 82, 204, 231
Quiscalus niger brachypterus 21

R

Radiolarien 28, 60, 68
Rana temporaria 162–163
Ratte 101, 258, 263
Raupe 13–14, 35, 70–71, 84, 132–133, 189, 227
Regenwurm 130, 231
Rentierflechte 126–127
Rhinophrynus dorsalis 124
Rhodophyta 25, 186
Riesenflughund 263
Riesensegge 142, 144–145
RNA 49, 224
Robinson, Sir Robert 263
Rosen-Seeigel 235
Rotaugenlaubfrosch 124, 206–207, 214–215
Rote Koralle 219
Rote Samtmilbe 136–137, 216–217, 219
Rotnackige Schwarzkopfnatter 130–131
Ruderfußkrebs 41, 148–149
Ruscus aculeatus 152–153

S

Salticus scenicus 50–51
Sassafras albidum 160–161
Sassafrasbaum 160–161, 195
Saucerottia tobaci 210–211
Scharfe Hornschnecke 92
Schilfrohr 88, 102
Schlange 49, 90–91, 102, 124–125, 130–131, 270
Schlangenstern 78–79, 216
Schmalblättrige Ölweide 266–267
Schmeißfliege 45
Schmetterling 6, 13, 35, 45, 71, 82, 84–85, 88–89, 113, 137, 176–178, 204–205, 212, 227
Schnecke 16–17, 35, 58–59, 60, 82–83, 92–93, 114–115, 182, 230, 274–275, 281
Schopfaffe 50, 52–53, 204
Schöterich 250–251
Schwamm 64–65, 76, 142, 219, 228–229, 230–233, 267
Schwarzaugenlaubfrosch 124–125
Schwarzer Schnurfüßer 21
Scott, Robert Falcon 68
Scutigera sp. 18–19
Scutigeromorpha 18
Seeanemone 231
Seegurke 219, 231, 238–239, 267
Seeigel 162, 219, 234–235, 239
Seemaus 220–221
Seepocke 110–112, 128–129
Seerinde 42–43
Seerose 9
Seestern 6, 49, 66–67, 78–79, 216, 219, 231, 239
Seetang 6, 24–25, 42, 59, 128, 142, 148, 182, 186, 220
Seidenspinnerraupe 188–189
Selaginella sp. 102–103
Sepia officinalis 140
Shackleton, Ernest 68
Silberbarbe 164–165
Silicoflagellaten 28, 151

Siphonaperta sp. 25–27
Sklerit 64–65, 79, 219, 228–233, 267–269
Sorex araneus 100–101
Spathiphyllum friedrichsthalii 214–215
Sphaerechinus sp. 234–235
Spilocuscus sp. 249
Spinnenmilbe 137
Spirogyra 14
Spitze Sumpfdeckelschnecke 274–275
Springschwanz 134–135, 137
St. Andrews, Schottland 6, 82, 140, 174, 198, 235, 249
Stachelhäuter 219, 231, 239
Stachellose Biene 45
Stachys byzantina 267
Ständerpilze 45
Stechender Mäusedorn 152–153
Stechmücke 175, 184–185
Steinschwamm 64–65
Steromphala umbilicalis 58–59, 280–281
Stinkwurm 21
Strandfloh 113
Strandhafer 198–199, 267
Strychnos nux-vomica 262–263
Sulidae 230

T

Tachypodoiulus niger 21
Taenia pisiformis 54–55
Talitrus saltator 113
Tantilla alticola 130–131
Taraxacum officinale 264–265
Taschenkrebs 235
Taube 22–23
Taubenschwänzchen 22, 42
Tausendfüßer 14, 20–21, 82
Thompson, D'Arcy Wentworth 34–35, 182–183
Tiger 138–140, 168–169, 194
Tigriopus fulvus 148–149
Tintenfisch 140–141, 281
Tölpel 230
Tomopteris helgolandica 270–271
Torfmoos 98
Toxopneustes pileolus 235
Tradescantia 212, 222
    virginiana 222–223
Tritia incrassata 34–35, 182–183
Triticum aestivum 176–177
Trombidium holosericeum 136–137, 216–217
Tropidolaemus wagleri 72–73
Tropische Riesenameise 250
Tropische Schleierdame 28, 44–45
Tüpfelkuskus 249
Turing, Alan 91, 194, 201
Tyria jacobaeae 202–204, 226–227
Tyson, John 201

U

Uraba lugens 132–133
Ursus maritimus 113
Urtica dioica 250

V

Vampirfalter 88
Van Leeuwenhoek, Antonie 260
Veligerlarve 34–35, 114, 182
Verbascum thapsus 71
Vespula vulgaris 6–7, 156, 158–159
Vielborster 231
Vipera berus 90–91
Viviparus contectus 274–275
Vogel, Steven 13

W

Waglers Lanzenotter 72–73, 92
Wainwright, Stephen 13
Waldspitzmaus 100–101
Wallace, Alfred Russel 194
Wasserfledermaus 197
Weichtier 92
Weidenröschen 277–279
Weißbirke 179–181
Weizen 176–177
Wespe 6–7, 45, 71, 121, 133, 155–158, 194, 205, 227, 250, 264
Wiesenschaumzikade 154–155
Wilde Malve 272–273
Woll-Ziest 267
Woodward, Robert 263

Y

Yellowstone Nationalpark 14

Z

Zebra
    Zebraspringspinne 50–51
    Zebrastreifen 194–195, 201
Zhabotinsky, Anatoly 200–201
Zooxanthellen 219
Zungenmuschel 94–95
Zwergkäfer 121
Zwergwespe 120–123
Zygnematophyceae 14

Die Originalausgabe dieses Buches ist unter dem Titel »The Shape of Nature« 2025 bei UniPress Books Limited, London, Vereinigtes Königreich erschienen.

Diese Ausgabe ist eine von UniPress Books Limited genehmigte Lizenzausgabe.

Aus dem Englischen übersetzt von Katja Hald.

AT Verlag AG, Aarau und München
Lektorat: Petra Holzmann
Druck und Bindearbeiten: C & C Printing

Printed in China

ISBN: 978-3-03902-283-0

Für Herstellung und Einfuhr in die EU: AT Verlag AG, Bahnhofstraße 41, 5000 Aarau, Schweiz, info@at-verlag.ch;
AT Verlag Deutschland, c/o Atmosphären Verlag GmbH, Fruchthof, Gotzinger Straße 52b, 81371 München, Deutschland, info@atverlag.de

www.at-verlag.ch

Der AT Verlag wird vom Bundesamt für Kultur für die Jahre 2021–2025 unterstützt.

Titelbild: Borstenhärchen (Trichome) auf der Blattoberfläche einer Deutzie. Unter ultraviolettem Licht fluoreszieren das Chlorophyll rot und die Trichome blau (Seite 256–258).

Buchrückseite: Ballengewebe einer Tigerpfote. Elastische Kollagenfasern bilden mit Fettzellen gefüllte Kammern (Seite 168–169).

In Erinnerung an meine Eltern
Prof. Arthur Maitland (1928–1994) und
E. Mary Maitland (1930–2021).

> »The rose-finned roach and bluish bream
> And staring ruffe steal up the stream
> Hard by their glutted tyrant, now
> Still as a sunken bough.«
>
> aus *The Pike* von Edmund Blunden

Ich möchte mich bei Jason Hook und dem Team von UniPress bedanken, die mir die Möglichkeit gegeben haben, dieses Buch zu veröffentlichen.

Ich widme es meiner Frau Pamela und meinen Kindern James, Iain und Laura. Danke für eure grenzenlose Unterstützung und Inspiration.

DAVID MAITLAND ist ein international anerkannter Natur- und Wissenschaftsfotograf mit einem Bachelor-Abschluss (BSc Hons) der Universität von St. Andrews und einem Doktortitel in Zoologie der Universität von New South Wales, Sydney. Er ist Mitglied der Royal Photographic Society und hat als Experte für Makrofotografie und Mikroskopie schon in zahlreichen Produktionen der BBC mitgewirkt, unter anderem bei Wonders of Life und Human Universe. David Maitland wurde mit zahlreichen internationalen Fotopreisen ausgezeichnet, darunter Nikon Small World, Sony World Photography Awards, British Photography Awards und Wildlife Photographer of the Year. 2008 erhielt er den Titel European Wildlife Photographer of the Year und war 2015 Gewinner von International Images for Science sowie RPS Gold Medallist. David Maitland lebt in St. Andrews, Schottland.